概率论与数理统计

王　鹏　潘保国　许道军　程　燕　主编

合肥工業大學出版社

内容简介

本书主要介绍概率论与数理统计的基本理论及其在军事上的一些应用．前六章主要介绍概率论的基本知识，包括随机事件及概率、随机变量及其分布、随机变量函数的分布及中心极限定理、概率论在军事上的若干应用、大数定律与中心极限定理等内容；后三章主要介绍数理统计的知识，包括参数估计、统计假设检验、回归分析与方差分析等内容．各章附有适量的习题．

本书是陆军炮兵防空兵学院“概率论与数理统计”课程的教材，使用时可根据不同需要适当增减内容．本书亦可作为工程技术人员的参考用书，特别是可作为军事指挥专业需要掌握概率与统计基本知识的指挥员的自学指导书．

图书在版编目(CIP)数据

概率论与数理统计/王鹏等主编．—合肥：合肥工业大学出版社，2020.11
ISBN 978-7-5650-4970-5

Ⅰ.①概… Ⅱ.①王… Ⅲ.①概率论②数理统计 Ⅳ.①O21

中国版本图书馆 CIP 数据核字(2020)第 185244 号

概率论与数理统计

王 鹏 潘保国 许道军 程 燕 主编　　责任编辑 汪 钵 张择瑞

出 版	合肥工业大学出版社	版 次	2020 年 11 月第 1 版
地 址	合肥市屯溪路 193 号	印 次	2021 年 4 月第 1 次印刷
邮 编	230009	开 本	787 毫米×1092 毫米 1/16
电 话	理工编辑部：0551-62903204	印 张	17
	市场营销部：0551-62903198	字 数	380 千字
网 址	www.hfutpress.com.cn	印 刷	安徽昶颉包装印务有限责任公司
E-mail	hfutpress@163.com	发 行	全国新华书店

ISBN 978-7-5650-4970-5　　定价：42.00 元

编委会

主　编　王　鹏　潘保国　许道军　程　燕

副主编　王振纬　彭宜青　陈国玉　王　敏　李国望
　　　　李　捷　姚晓闺　陈俊霞　吴素琴　李苗苗
　　　　李卿擎　魏　影　石向前

参　编　王媛媛　夏梦雪　张云帆　付芳芳　丁小婷
　　　　卞　革　刘红琴　张海艳　孙　冲　吴让成
　　　　董建房

主　审　王金山　陈之宁　王　俊　周堂春

前　言

本书是为炮兵、防空兵军事指挥专业本科生编写的教材，也可作为其他军事指挥专业以及工程技术类专业的学员学习“概率论与数理统计”课程时的参考书，还可作为炮兵、防空兵连排长及参谋人员的自学用书．

在教材的编写过程中，我们精心研究，始终注意既保证数学体系的完整性，又突出理论联系实际，寻求它们的结合点，处理好它们之间的关系．本书突出了军事应用实例，并把概率论中的术语和常用符号与炮兵、防空兵等军事指挥专业中所使用的术语和常用符号统一起来，增加了炮兵指挥专业中所需要的概率知识，注重把军事问题转化为数学问题的抽象过程的训练。本书还设计了数学实验课的内容．

本书共分 9 章，前 6 章主要介绍概率论的基本知识，包括概率论的基本概念、一维随机变量及其分布、多维随机变量及其分布、随机变量的数字特征、概率论在军事上的若干应用、大数定律与中心极限定理等内容；后 3 章主要介绍数理统计的基本知识，包括参数估计、统计假设检验、回归分析与方差分析等内容．各章均附有适量的习题．

第 1 章由李国望、陈国玉执笔，第 2 章由吴素琴、陈俊霞执笔，第 3 章由李捷、王敏执笔，第 4 章由李苗苗、夏梦雪执笔，第 5 章由程燕、彭宜青执笔，第 6 章由王振纬执笔，第 7 章由姚晓闺、李卿擎执笔，第 8 章由石向前、魏影执笔，第 9 章由许道军执笔．本书由王鹏、潘保国、许道军和程燕总体设计、修改、定稿，王金山、陈之宁教授及王俊、周堂春副教授参与了本书的审校工作，并提出了宝贵的意见，在此表示感谢！

由于编者水平有限，书中疏漏之处在所难免，敬请读者批评指正．

编　者

2019 年 12 月

目　　录

第1章　概率论的基本概念

概率论与数理统计是数学学科的一个分支，它是由社会生产实践的需要发展起来的．客观世界中发生的现象是多种多样的，有一类现象在一定条件下必然发生，如上抛一粒石子必然下落，纯水在标准大气压下加热到100 ℃必然沸腾，等等，这类现象称为**确定性现象**．在自然界和社会中还存在另一类现象，如火炮在相同条件下发射，会产生弹着点的位置不同，即每次发射均无法事先确定该弹着点在什么位置；某种穿甲弹对一定规格的钢板进行穿甲试验，在规定的命中角和选定的速度(指弹丸碰击钢板瞬间的速度)进行多次射击，结果有些穿甲弹穿透了钢板，有些则不能穿透钢板；等等．这类现象在一定条件下可能出现这样的结果，也可能出现那样的结果．虽然在试验之前不能预知确切的结果，但人们经过长期实践并深入研究之后，发现这类现象在大量重复试验和观察下，它的结果呈现出某种规律性．将在个别试验结果中呈现出不确定性、在大量重复试验中其结果又具有统计规律性的现象称为**随机现象**．概率论与数理统计是研究和揭示随机现象统计规律性的一门数学学科，其中概率论主要研究这些统计规律的一般理论，而数理统计则是通过试验数据对统计规律进行分析、估计和推断．

在相同条件下对目标进行多次射击，从理论上讲，每次射击的射角、初速度、弹道系数这三个因素都不会改变，因此它存在一条理想弹道(就是外弹道学研究的弹道)，此弹道在靶面上所得的弹着点称为“**散布中心**”，但在实际射击时，由于各种随机因素的影响，各次射击的弹道与理想弹道是不一致的．它们有的高，有的低，有的左，有的右，或是相互交错，形成一束，称为“**弹道散布**”，反映在靶面上的叫作“**弹着散布**”(见图1-1)．在弹着散布中，对某一次射击，射击人员不能预先确定此发炮弹的具体位置，但在大量重复射击下，弹着散布呈现以下规律性：

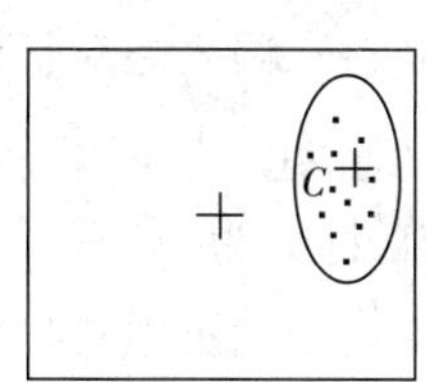

图1-1　弹着散布

(1) 大多数弹着点密集于散布中心附近，远离散布中心的弹着点稀少——这表现为集中性；

(2) 弹着散布对于散布中心概略呈现对称——这表现为对称性；

(3) 弹着散布都局限于一个有限的范围内 —— 这表现为有限性.

弹着散布所呈现的统计规律性可用数学模型表示,称为“正态分布”(后文将详细介绍).

不同的火炮,在相同距离上对立靶射击,所得弹着散布的统计规律是不一样的,这主要反映在集中性上,弹着散布集中性的优劣反映了火炮系统质量的好坏. 从这里也可以看出研究随机现象的重要意义.

概率论与数理统计应用的范围是很广泛的,几乎遍及所有科学技术领域,特别在国防科学技术领域中,概率论与数理统计有着重要的应用. 例如,武器弹药的试验中,试验结果经常表现为随机现象,因此,试验方案的设计,试验结果的处理以及分析,评定武器系统的效能等,都要用到概率与统计的原理和方法. 随着近代科学技术的发展,概率论与数理统计也在日益发展,并且出现了许多分支的学科,如过程论、信息论、试验设计、多元分析等,其应用范围也越来越广泛,在控制论、最优化理论、军事运筹学、系统工程等方面都有着重要的应用.

1.1 随机试验 样本空间 随机事件

1.1.1 随机试验

本书把试验作为一个含义广泛的术语,它包含各种各样的科学试验,甚至对某一事物的某一特征的观察也认为是一种试验.

下面举一些随机试验的例子.

E_1:抛一枚硬币,观察正面 H(有币值的一面)、反面 T 出现的情况;

E_2:抛一颗骰子,观察出现的点数;

E_3:一门火炮对目标发射一发炮弹,观察炸点离目标的远近(远、近或命中);

E_4:一门火炮对目标进行射击,直到命中目标为止,记录弹药消耗的情况;

E_5:一门火炮对目标发射了 3 发炮弹,观察各发炮弹命中的情况(命中目标记为“o”,没命中目标记为“ϕ”);

E_6:一门火炮对目标发射了 3 发炮弹,观察命中目标的次数;

E_7:在一批灯泡中任意抽取一只,测试它的寿命;

E_8:记录某地一昼夜的最高温度和最低温度.

上面举出了八个试验的例子,它们有着共同的特点. 例如试验 E_1 有两种可能结果,出现正面 H 或者反面 T,但在抛掷之前不能确定出现 H,还是出现 T,这个试验可以在相同的条件下反复进行. 再例如弹着散布是在一定的射击条件下(即一定的瞄准诸元,同一批弹药,在比较稳定的大气条件下) 进行多次射击所得到的随机现象. 与随机现象联系在一起的是某种条件下的试验,这些试验具有以下的特点:

(1) 可以在相同的条件下重复进行.

(2) 每次试验的可能结果不止一个,并且能事先明确试验的所有可能的结果.

(3) 进行一次试验之前不能确定哪一个结果出现.

在概率论中,将具有上述三个特点的试验称为**随机试验**,简称**试验**,并用"试验 E"表示.

1.1.2　样本空间

对于随机试验,尽管在每次试验之前不能预知试验的结果,但试验的所有可能的结果组成的集合是已知的. 将随机试验 E 的所有可能的结果组成的集合称为 E 的**样本空间**,记为 S. 样本空间的元素,即 E 的每个结果,称为**样本点**.

下面写出 1.1.1 节中试验 $E_k(k=1,2,3,\cdots,8)$ 的样本空间 S_k.

S_1:{H,T};

S_2:$\{1,2,3,4,5,6\}$;

S_3:{远弹,近弹,命中弹};

S_4:$\{1,2,3,4,\cdots\}$;

S_5:$\{ooo,\phi oo,o\phi o,oo\phi,\phi\phi o,\phi o\phi,o\phi\phi,\phi\phi\phi\}$;

S_6:$\{0,1,2,3\}$;

S_7:$\{l \mid l\geqslant 0\}$;

S_8:$\{(x,y)\mid T_0\leqslant x\leqslant y\leqslant T_1\}$,这里 x 表示最低温度,y 表示最高温度,并设这一地区的温度不会小于 T_0,也不会大于 T_1.

要注意的是:样本空间的元素是由试验的目的所确定的. 例如,在 E_5 和 E_6 中,同是一门火炮对目标发射了三发炮弹,由于试验的目的不一样,观察的着眼点不同,其样本空间也不一样.

1.1.3　随机事件

在进行随机试验时,人们常常关心满足某种条件的样本点所组成的集合. 例如,在 E_4 中,若规定弹药消耗量大于 8 为不合格,则满足"合格"这一条件的样本点组成 S_4 的一个子集 $A=\{1,2,3,4,5,6,7,8\}$,故称 A 为试验 E_4 的一个随机事件. 当且仅当子集 A 中的一个样本点出现时,本次射击为有效.

一般称试验 E 的样本空间 S 的子集为 E 的**随机事件**,简称**事件**. 在每次试验中,当且仅当这一子集中的一个样本点出现时,称这一**事件发生**.

特别地,由一个样本点组成的单点集,称为基本事件. 例如,试验 E_1 有两个基本事件{H}和{T};试验 E_3 有三个基本事件{远弹}、{近弹}和{命中弹}.

样本空间 S 包含所有的样本点,它是 S 自身的子集,在每次试验中它总是发生的,称为**必然事件**. 空集 $\varnothing$ 不包含任何样本点,它也作为样本空间的子集,它在每次试验中都不发生，称为**不可能事件**．

下面看几个事件的例子．

例 1.1 在试验 E_5 中，事件 A_1："第一次发射命中"，即 $A_1=\{o\phi\phi,oo\phi,o\phi o,ooo\}$；事件 A_2："三次发射都命中"，即 $A_2=\{ooo\}$．

在 E_4 中，事件 A_3："弹药消耗量小于 8"，即 $A_3=\{H\mid 1\leqslant H\leqslant 8,H\in\mathbf{N}\}$．

在 E_8 中，事件 A_4："最高温度与最低温度相差 10 ℃"，即 $A_4=\{(x,y)\mid y-x=10,T_0\leqslant x\leqslant y\leqslant T_1\}$．

1.1.4 事件间的关系与事件的运算

事件是一个集合，因而事件间的关系与事件的运算自然按照集合论中集合之间的关系和运算来处理．下面给出这些关系和运算在概率论中的提法，并根据"事件发生"的含义给出它们在概率论中的含义．

设试验 E 的样本空间为 S，而 $A,B,A_k(k=1,2,3,\cdots)$ 是 S 的子集．

(1) 若 $A\subset B$，则称事件 B 包含事件 A，这指的是事件 A 发生必导致事件 B 发生．

若 $A\subset B$ 且 $B\subset A$，即 $A=B$，则称事件 A 与事件 B 相等．

(2) 事件 $A\cup B=\{x\mid x\in A$ 或 $x\in B\}$ 称为事件 A 与事件 B 的**和事件**．当且仅当 A,B 中至少有一个发生时，事件 $A\cup B$ 发生．

类似地，称 $\bigcup\limits_{k=1}^{n}A_k$ 为 n 个事件 $A_1,A_2,\cdots,A_n$ 的和事件；称 $\bigcup\limits_{k=1}^{+\infty}A_k$ 为可列个事件 $A_1,A_2,\cdots$ 的**和事件**．

(3) 事件 $A\cap B=\{x\mid x\in A$ 且 $x\in B\}$ 称为事件 A 与 B 的**积事件**．当且仅当 A,B 同时发生时，事件 $A\cap B$ 发生，$A\cap B$ 也记作 AB．

类似地，称 $\bigcap\limits_{k=1}^{n}A_k$ 为 n 个事件 $A_1,A_2,\cdots,A_n$ 的积事件；称 $\bigcap\limits_{k=1}^{+\infty}A_k$ 为可列个事件 $A_1,A_2,\cdots$ 的**积事件**．

(4) 事件 $A-B=\{x\mid x\in A$ 且 $x\notin B\}$ 称为事件 A 与事件 B 的**差事件**．当且仅当 A 发生、B 不发生时，事件 $A-B$ 发生．

(5) 若 $A\cap B=\varnothing$，则称事件 A 与 B 是**互不相容或互斥的**．这指的是事件 A 与事件 B 不能同时发生．基本事件是两两互不相容的．

(6) 若 $A\cup B=S$ 且 $A\cap B=\varnothing$，则称事件 A 与事件 B **互为逆事件**，又称事件 A 与事件 B 为**对立事件**．这指的是对每次试验而言，事件 A,B 中必有一个发生，且仅有一个发生．A 的对立事件记为 $\overline{A}$，$\overline{A}=S-A$．

(7) 等可能性．在实验 E 中有事件 $A_1,A_2,\cdots,A_n$，当其中各个事件出现的可能性一样时，称这 n 个事件为**等可能事件**．事件的等可能性反映了事物此时具有均匀性与对称性．

(8) 完备性．在试验 E 中有事件 $A_1,A_2,\cdots,A_n$，若试验结果至少必为其中的一个，则称此 n 个事件对试验 E 是**完备的**．

图 1-2 ～ 图 1-7 可直观地表示事件之间的关系与运算．

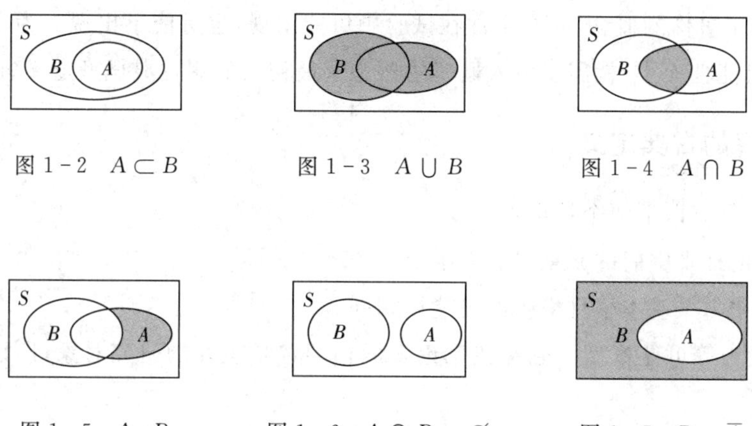

图 1-2　$A \subset B$　　图 1-3　$A \cup B$　　图 1-4　$A \cap B$

图 1-5　$A-B$　　图 1-6　$A \cap B = \varnothing$　　图 1-7　$B=\overline{A}$

在进行事件运算时，经常要用到下述定律．设事件 A,B,C 为事件，则有

交换律：$A \cup B = B \cup A$；$A \cap B = B \cap A$.

结合律：$A \cup (B \cup C) = (A \cup B) \cup C$；

$A \cap (B \cap C) = (A \cap B) \cap C$.

分配律：$A \cup (B \cap C) = (A \cup B) \cap (A \cup C)$；

$A \cap (B \cup C) = (A \cap B) \cup (A \cap C)$.

德·摩根定律：$\overline{A \cup B} = \overline{A} \cap \overline{B}$；$\overline{A \cap B} = \overline{A} \cup \overline{B}$.

例 1.2　试验 E：将一枚硬币抛掷三次，观察出现正面的次数（正面记为 H，反面记为 T）．

解　事件 A_1："第一次出现的是 H"，即 $A_1=\{\text{HHH},\text{HHT},\text{HTH},\text{HTT}\}$，$A_2$："三次出现同一面"，即 $A_2=\{\text{HHH},\text{TTT}\}$，则

$$A_1 \cup A_2 = \{\text{HHH},\text{HHT},\text{HTH},\text{HTT},\text{TTT}\}；A_1 \cap A_2 = \{\text{HHH}\}；$$

$$A_2 - A_1 = \{\text{TTT}\}；\overline{A_1 \cup A_2} = \{\text{THT},\text{TTH},\text{THH}\}.$$

例 1.3　试验 E：抛一枚硬币，观察正面 H、反面 T 出现的情况．

解　事件 A_1："出现正面 H"；事件 A_2："出现反面 T"．则事件 A_1,A_2 为基本事件、对立事件，当然也是互斥的，且 A_1,A_2 为等可能事件．

例 1.4　试验 E：火炮对一个点目标射击一次，观察炸点离目标的远近情况．

解　事件 A_1："命中目标"；事件 A_2："获得远弹"；事件 A_3："获得近弹"．事件 A_1,A_2,A_3 是互斥的、完备的，但不是等可能的．

1.2 概率的直观定义

上节介绍了事件的概念，一个事件在试验中可能出现，也可能不出现．为了度量某个事件 A 出现的可能性大小，就需要引入概率的概念．最初人们用古典概型定义事件的概率．

1.2.1 概率的古典定义

若试验 E 具有以下两个特点：

(1) 试验的样本空间的元素只有有限个；

(2) 试验中每个基本事件发生的可能性相同．

则称这种试验为等可能概型．它在概率论发展初期曾是主要的研究对象，所以也称为**古典概型**．

设试验 E 的样本空间 $S=\{e_1,e_2,\cdots,e_n\}$，并且每个基本事件发生的可能性相同．对于任意事件 A，若 A 包含的基本事件数为 m，则比值 m/n 称为事件 A 出现的**概率**，记为 $P(A)$，即

$$P(A)=\frac{m}{n}=\frac{A\text{ 中包含的基本事件数}}{S\text{ 中基本事件的总数}}. \tag{1-1}$$

此概率亦称**古典概率**．

根据概率的古典定义，可以知道它有以下属性：

(1) 任何事件 A 的概率 $P(A)$ 必是$[0,1]$上的一个数值，即 $0\leqslant P(A)\leqslant 1$；

(2) 必然事件 S 的概率等于 1，即 $P(S)=1$；

(3) 不可能事件 $\varnothing$ 的概率等于 0，即 $P(\varnothing)=0$；

(4) 若事件 A,B 互不相容，则 $P(A\cup B)=P(A)+P(B)$；

一般地，若事件 $A_1,A_2,\cdots,A_n$ 两两互不相容，则有

$$P(A_1\cup A_2\cup\cdots\cup A_n)=P(A_1)+P(A_2)+\cdots+P(A_n);$$

(5) 任一事件 A，有 $P(\overline{A})=1-P(A)$.

古典概率的计算经常要用到如下排列与组合的公式：

(1) 加法原理与乘法原理

加法原理 若一项工作可以由两种不同的过程 A_1 和 A_2 来完成，A_1 过程有 n_1 种方法，A_2 过程有 n_2 种方法，则完成该项工作共有 n_1+n_2 种方法．

乘法原理 若一项工作需依次经过 A_1 和 A_2 两个过程，A_1 过程有 n_1 种方法，A_2 过程有 n_2 种方法，则完成该项工作共有 $n_1\times n_2$ 种方法．

显然这两条原理可以推广到多个过程的场合．

(2) 排列

从包含 n 个元素的总体中取出 r 个来进行排列，这时既要考虑取出的元素，也要顾及其排列顺序.

这种排列可分为两类：第一种是有放回选取，这时每次选取都是在全体元素中进行，同一元素可被重复选中；另一种是无放回选取，这时一个元素一旦被取出，便立刻从总体中除去，因此每个元素至多被选一次，对于后一种情况，必有 $r \leqslant n$.

① 有放回选取时，从 n 个元素中取出 r 个来进行排列，这种排列称为有重复排列，其总数为 n^r.

② 无放回选取时，从 n 个元素中取出 r 个来进行排列，这种排列称为选排列，其总数为 $\mathrm{A}_n^r = n(n-1)(n-2)\cdots(n-r+1)$. 特别地，当 $r=n$ 时，称为全排列，此时 $\mathrm{A}_n^r = n!$.

(3) 组合

从 n 个元素中取出 r 个而不考虑其顺序，称为组合，其总数为

$$\mathrm{C}_n^r = \frac{\mathrm{A}_n^r}{r!} = \frac{n(n-1)\cdots(n-r+1)}{r!} = \frac{n!}{r!\ (n-r)!}.$$

这里 C_n^r 称为组合数或二项系数，它是二项展开式中的系数(规定 $\mathrm{C}_n^0 = 1$).

显然，组合数有以下性质：$\mathrm{C}_n^r = \mathrm{C}_n^{n-r}$.

例 1.5　对于 1.1 节中试验 E_5：

(1) 设事件 A_1 为“恰有一次命中目标”，求 $P(A_1)$；

(2) 设事件 A_2 为“至少有一次命中目标”，求 $P(A_2)$.

解　(1)E_5 的样本空间 $S_5 = \{ooo, \phi oo, o\phi o, oo\phi, \phi\phi o, \phi o\phi, o\phi\phi, \phi\phi\phi\}$，而 $A_1 = \{o\phi\phi, \phi o\phi, \phi\phi o\}$，$S_5$ 中包含有限个元素，且每个基本事件发生的可能性相同，所以 $P(A_1) = \frac{3}{8}$.

(2) 由于 $\overline{A}_2 = \{\phi\phi\phi\}$，所以 $P(A_2) = 1 - P(\overline{A}_2) = 1 - \frac{1}{8} = \frac{7}{8}$.

若考虑 1.1 节中的试验 E_6，它的样本空间 $S_6 = \{0,1,2,3\}$. 由于各个基本事件发生的可能性不相同，就不能用公式(1-1) 来计算 $P(A_1)$ 和 $P(A_2)$.

当样本空间的元素较多时，一般不再将 S 中的元素一一列出，而只需分别求出 S 中与 A 中包含的元素的个数(即基本事件的个数)，再由公式(1-1) 即可求出 A 的概率.

例 1.6　摸球问题.

一袋中有 6 个球，其中 4 个白球、2 个红球. 从袋中取球两次，每次随机地取一个. 考虑两种取球方式：① 第一次取一个球，观察其颜色后放回袋中，搅匀后再取一球. 这种取球方式叫作放回抽样. ② 第一次取球不放回袋中，第二次从剩余的球中再取一球. 这种取球方式叫作不放回抽样. 试分别就上面两种情况，求：

(1) 取到的两个球都是白球的概率；

(2) 取到的两个球颜色相同的概率；

(3) 取到的两个球中至少有一个是白球的概率．

解　试验 E:从袋中取球两次,每次取一个,观察每个球的颜色．

事件 A:两个球都是白球；

事件 B:两个球都是红球；

事件 C:两个球中至少有一只是白球．

则所求为:(1)$P(A)$;(2)$P(A\cup B)$;(3)$P(C)$.

放回抽样：

E 的样本空间 S 的基本事件总数:$n=C_6^1\cdot C_6^1=6\times 6=36$；

事件 A 的基本事件数:$m_A=C_4^1\cdot C_4^1=4\times 4=16$；

事件 B 的基本事件数:$m_B=C_2^1\cdot C_2^1=2\times 2=4$.

(1)$P(A)=\dfrac{16}{36}=\dfrac{4}{9}$；

(2) 因为事件 A 与事件 B 互不相容,所以 $P(A\cup B)=P(A)+P(B)$,又 $P(B)=\dfrac{4}{36}=\dfrac{1}{9}$,所以 $P(A\cup B)=P(A)+P(B)=\dfrac{4}{9}+\dfrac{1}{9}=\dfrac{5}{9}$；

(3)$P(C)=1-P(B)=1-\dfrac{1}{9}=\dfrac{8}{9}$.

不放回抽样：

由读者自行完成．

例 1.7　将 n 个球随机地放入 N 个盒子中去($N\geqslant n$),试求每个盒子至多有一个球的概率(设盒子的容量不限).

解　试验 E:将 n 个球放入 N 个盒子中．事件 A:每个盒子至多有一个球．

E 的样本空间 S 的基本事件总数为 N^n,事件 A 的基本事件数为 C_N^n,则 $P(A)=\dfrac{C_N^n}{N^n}$.

例 1.8　设有 N 件产品,其中有 D 件次品,今从中任取 n 件,问其中恰有 $k(k\leqslant D)$ 件次品的概率是多少?

解　试验 E:从 N 件产品中随机抽取 n 件,不放回抽样．

事件 A:n 件产品中恰有 k 件次品．

样本空间 S 的基本事件总数为 C_N^n,事件 A 的基本事件数为 $C_D^k C_{N-D}^{n-k}$,则

$$P(A)=\frac{C_D^k C_{N-D}^{n-k}}{C_N^n}.$$

此公式在抽样检验中有着重要应用，通常称为**抽样检验公式**，也称为**超几何分布的概率公式**.

例 1.9　将 15 名新生随机地平均分配到 3 个班级中去，这 15 名新生中 3 名是优秀生. 问：

(1) 每一个班级各分到一名优秀生的概率是多少？

(2)3 名优秀生分配在同一个班级的概率是多少？

解　试验 E:将 15 名新生随机地平均分配到 3 个班.

事件 A:每个班各分到一名优秀生.

事件 B:3 名优秀生分配在一个班.

则所求为:(1)$P(A)$;(2)$P(B)$.

样本空间 S 的基本事件总数:$C_{15}^5C_{10}^5C_5^5=\frac{15!}{5!\ 5!\ 5!}$;

事件 A 的基本事件数:$3!\ C_{12}^4C_8^4C_4^4=\frac{3!\ 12!}{4!\ 4!\ 4!}$;

$$P(A)=\frac{3!\ 12!\ /(4!\ 4!\ 4!\ )}{15!\ /(5!\ 5!\ 5!\ )}=\frac{25}{91};$$

事件 B 的基本事件数:$3\cdot C_{12}^5C_7^5C_2^2=\frac{3\times 12!}{2!\ 5!\ 5!}$;

$$P(B)=\frac{3\times 12!\ /(2!\ 5!\ 5!\ )}{15!\ /(5!\ 5!\ 5!\ )}=\frac{6}{91}.$$

例 1.10　(假设检验问题)某接待站在某一星期曾接待过 12 次来访，12 次接待都是在星期二或星期四. 是否可以断定接待的时间有规定？

解　假设接待站的接待时间没有规定，而各来访者在一星期的任一天中去接待站是等可能的.

试验 E:接待站每天都接待来访者.

事件 A:12 次接待都在星期二或星期四.

求 $P(A)$.

样本空间 S 的基本事件总数:7^{12}，事件 A 的基本事件数:2^{12}，则

$$P(A)=\frac{2^{12}}{7^{12}}\approx 0.0000003.$$

$P(A)$ 很小，即在一次试验中事件 A 发生的可能性很小，称这样的事件为**小概率事件**. 人们在长期的实践中总结得到“小概率事件在一次试验中几乎不可能发生”(称之为**实际推断原理**). 这种判断有可能犯错误，但犯错误的可能性很小. 如果小概率事件在一次试验中

发生了，有理由怀疑假设的正确性，从而推断接待站不是每天都接待来访者，即认为其接待时间是有规定的，这种证明方法称为概率意义下的反证法．

1.2.2 概率的统计定义

在古典概型中，“基本事件总数是有限的，所有基本事件是等可能的”是基本假定．实际问题中，往往不满足这个基本假定，或者无法验证是否满足这个基本假定．因此，人们又提出用重复试验的方法确定事件的概率，于是产生了概率的统计定义．首先引入频率的概念．

定义1 在相同的条件下，进行了 n 次试验．在这 n 次试验中，事件 A 发生的次数 n_A 称为事件 A 发生的**频数**．比值 n_A/n 称为事件 A 发生的**频率**，并记成 $f_n(A)$.

由定义易知，频率具有下述基本性质：

(1) $0 \leqslant f_n(A) \leqslant 1$；

(2) $f_n(S)=1, f_n(\varnothing)=0$；

(3) 若 $A_1, A_2, \cdots, A_k$ 是两两互不相容的事件，则

$$f_n(A_1 \cup A_2 \cup \cdots \cup A_k)=f_n(A_1)+f_n(A_2)+\cdots+f_n(A_k).$$

此外，频率有一个显著的特点：对于不同的试验次数，事件 A 的频率可能有不同的值，或是尽管保持试验次数相同，重新进行这样的试验时，频率也会取不同的数值．这个特点表明：频率的值具有波动性．但是，频率还有另一个特点，就是随着试验次数的增大具有稳定性，即随着试验次数的增大，频率的值波动性愈来愈小，逐渐稳定于某个数值．

例 1.11 （掷硬币试验）将一枚硬币抛掷 n 次，统计出币值面朝上的次数 n_H，从而得到频率 $f_n(H)$. 当试验次数越来越大时，$f_n(H)$ 就逐渐稳定于1/2. 这种试验历史上有人做过，得到下表所示的数据：

试验者	n	n_H	$f_n(H)$
德·摩根	2048	1061	0.5181
蒲　丰	4040	2048	0.5069
K. 皮尔逊	12000	6019	0.5016
K. 皮尔逊	24000	12012	0.5005
罗曼诺夫斯基	80640	39699	0.4923

例 1.12 （射击试验）射击人员使用步枪对100米处的立靶射击，靶面上画一个区域表示图标，射击时命中目标记为事件 A. 事件 A 出现的可能性可以用命中率（事件 A 的频率）来度量．在相同瞄准条件下进行重复射击，设射击了 n 发，命中目标的弹数为 μ 发，则命中率 $f_n(A)$ 为

$$f_n(A)=\mu/n.$$

当射击次数 n 愈大,命中率逐渐稳定于某个数值 p_0,这个数值是事件 A 出现可能性大小的一个度量,它称为事件 A 出现的概率．命中概率 p 的大小是由事件 A 的内在性质所决定的,是客观存在的,不依赖于具体试验的结果．命中概率 p 依赖于:

(1) 火力系统(弹药)的质量(即弹着散布集中性的好坏);

(2) 射击时的瞄准条件(瞄准点位置与瞄准误差);

(3) 目标区域的位置、大小、形状．

这些条件一定时,命中目标的概率 p 随之确定．在多次重复射击中,当射击次数 n 很大时,命中率 $f_n(A)=\mu/n$ 就能很近似地把 p 反映出来．

概率的统计定义　事件 A 出现的频率 $f_n(A)=\mu/n$ 在试验次数 n 无限增大时,它逐渐稳定于某个数值 p,此数值称为事件 A 出现的**概率**,记为 $P(A)$,即 $P(A)=p$.

根据概率的统计定义,可得出它的三个性质:

(1) $0\leqslant P(A)\leqslant 1$;

(2) 对必然事件 S, $P(S)=1$;

(3) 对不可能事件 $\varnothing$, $P(\varnothing)=0$.

概率的统计定义提供了一个近似求概率的方法:对事件 A 进行多次独立重复试验,求出事件 A 的频率 μ/n,在试验次数 n 较大时,可近似认为

$$P(A)\approx\frac{\mu}{n}.$$

古典概率考虑的是有限个基本事件的情形．统计概率虽可考虑无限个基本事件,但实际上不能进行无穷次独立重复试验．因此,历史上又出现了第三种定义和计算概率的方法,这就是几何概率．

1.2.3　几何概率

设某一随机试验 E 的样本空间可以用欧氏空间的某一区域 Ω 表示,这个区域可以是一维的、二维的,甚至可以是 n 维的．此时,基本事件是区域 Ω 中的一个点,随机事件是区域 Ω 中的一个子域．假定区域 Ω 本身以及区域 Ω 中任一可能出现的子域 D 都是可以度量的,其度量大小是有限的,用 $\mu(\Omega)$ 和 $\mu(D)$ 表示．例如,一维区间的长度,二维区域的面积,三维区域的体积…… 并且假定任一事件 A(它是 Ω 中的一个子域)出现的概率仅与子域 A 的度量大小 $\mu(A)$ 成正比,而与子域 A 的位置及形状无关(这一假定相当于古典概型中的等可能性).

定义 2　设某一事件 A 的度量大小为 $\mu(A)$,则事件 A 出现的概率定义为

$$P(A)=\frac{\mu(A)}{\mu(\Omega)},$$

称此概率为**几何概率**．

几何概率也有类似于古典概率和统计概率的三条性质．

例 1.13 飞机轰炸一圆形掩蔽部，其半径 $r=10$ m. 假定所有炸弹均匀地落在长短主半轴 $a=65$ m，$b=40$ m 的椭圆面积内，且掩蔽部亦在此范围内，问投掷一颗炸弹命中掩蔽部的概率是多少？

解 令 $B=\{$命中掩蔽部$\}$，则

$$P(B)=\frac{\pi r^2}{\pi ab}=\frac{r^2}{ab}\approx 3.85\%.$$

例 1.14 （会面问题）两人相约 7 点到 8 点之间在某地会面，先到者等候另一人 20 分钟，未会面就可离去，试求这两人能会面的概率？

解 以 x,y 分别表示两人到达时刻（7 点设为零时刻），则会面的充要条件为 $|x-y|\leqslant 20$. 这是一几何概率问题，可能的全体结果是边长为 60 的正方形里的点，能会面的点为图 1-8 中的阴影部分，所求概率为 $p=\dfrac{60^2-40^2}{60^2}=\dfrac{5}{9}$.

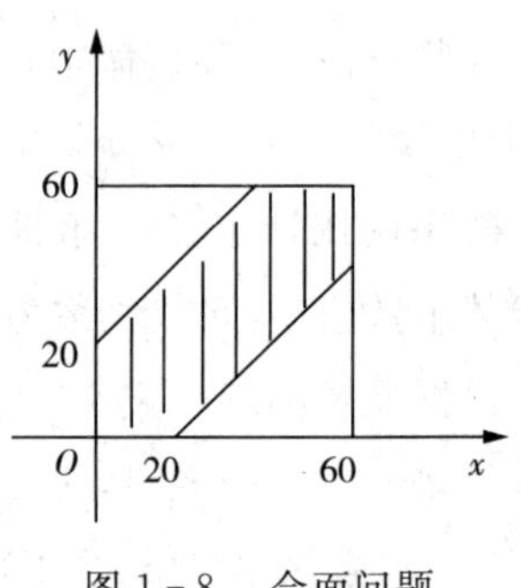

图 1-8 会面问题

1.3 概率的公理化定义

上文已经分别讨论了概率的统计定义、古典定义、几何定义以及其所应具备的基本性质，对概率有了一定的了解. 但这三个定义都有一定的局限性，古典定义和几何定义都各自只适用于一类概率模型，不具备普遍性；而统计定义虽然可以适用于一切试验，但它却是一个立足于人们直觉的不精确的实验定义，由此并不能精确计算事件的概率. 因而概率论在相当长的一段时间内只是一门不成熟的数学学科. 为使概率论获得严格的理论基础，许多人为此做出了不懈努力，1933 年苏联数学家柯尔莫哥洛夫提出了概率论公理化结构，从而产生了概率论的又一个定义 —— 公理化定义. 这个结构综合了前人的成果，明确定义了基本概念，使概率论成为严谨的数学分支，对概率论的迅速发展起到了重要作用.

1.3.1 概率的公理化定义

定义 3 设 E 是随机试验，S 是它的样本空间. 对于 E 的每一事件 A 赋予一个实数，记为 $P(A)$，称为事件 A 的**概率**，如果集合函数 $P(\cdot)$ 满足下列性质：

(1) 非负性：对于每一个事件 A，有 $P(A)\geqslant 0$；

(2) 规范性：$P(S)=1$；

(3) 可列可加性：设 $A_1,A_2,\cdots$ 是两两互不相容的事件，即对于 $i\neq j$，$A_iA_j=\varnothing$，$i,j=1,2,\cdots$，则有

$$P(A_1\cup A_2\cup\cdots)=P(A_1)+P(A_2)+\cdots,\tag{1-2}$$

公式(1-2)称为概率的**可列可加性**.

这里的“集合函数”是指:在公理化结构中,概率是针对事件定义的,即对应于事件域中的每一个元素 A,有一个实数 $P(A)$ 与之对应,一般把这种从集合到实数的映射称为集合函数.

1.3.2　概率性质

由概率的定义可以推得概率的一些重要性质.

性质 1　$P(\varnothing)=0$.

证明　令 $A_n=\varnothing(n=1,2,\cdots)$,则 $\bigcup\limits_{n=1}^{+\infty}A_n=\varnothing$,且 $A_iA_j=\varnothing,i\neq j$.

由概率的可列可加性得 $P(\varnothing)=P\left(\bigcup\limits_{n=1}^{+\infty}A_n\right)=\sum\limits_{n=1}^{+\infty}P(A_n)=\sum\limits_{n=1}^{+\infty}P(\varnothing)$,而实数 $P(\varnothing)\geqslant 0$,故由此知 $P(\varnothing)=0$.

性质 2　若 $A_1,A_2,\cdots,A_n$ 是两两互不相容的事件,则有

$$P(A_1\cup A_2\cup\cdots\cup A_n)=P(A_1)+P(A_2)+\cdots+P(A_n).\tag{1-3}$$

公式(1-3)称为概率的**有限可加性**.

证明　令 $A_{n+1}=A_{n+2}=\cdots=\varnothing$,则有 $A_iA_j=\varnothing,i\neq j,i,j=1,2,\cdots$

由公式(1-2)得

$$\begin{aligned}P(A_1\cup A_2\cup\cdots\cup A_n)&=P\left(\bigcup_{k=1}^{+\infty}A_k\right)=\sum_{k=1}^{+\infty}P(A_k)=\sum_{k=1}^{n}P(A_k)+0\\&=P(A_1)+P(A_2)+\cdots+P(A_n).\end{aligned}$$

性质 3　设 A,B 是两个事件,若 $A\subset B$,则有

$$P(B-A)=P(B)-P(A),\tag{1-4}$$

$$P(B)\geqslant P(A).\tag{1-5}$$

证明　由 $A\subset B$ 知 $B=A\cup(B-A)$,且 $A(B-A)=\varnothing$,再由概率的有限可加性得

$$P(B)=P(A)+P(B-A).$$

公式(1-4)得证.又由概率的定义,由 $P(B-A)\geqslant 0$ 知 $P(B)\geqslant P(A)$,公式(1-5)得证.

性质 4　对于任一事件 A,有 $P(A)\leqslant 1$.

证明　因 $A\subset S$,由性质 3 得

$$P(A)\leqslant P(S)=1.$$

性质 5　对于任一事件 A,有

$$P(\overline{A})=1-P(A).$$

证明　因 $A\cup\overline{A}=S$,且 $A\overline{A}=\varnothing$,由公式(1-3)得 $1=P(S)=P(A\cup\overline{A})=P(A)+P(\overline{A})$,故 $P(\overline{A})=1-P(A)$.

性质 6 对于任意两事件 A,B,有

$$P(A\cup B)=P(A)+P(B)-P(AB). \tag{1-6}$$

证明 因 $A\cup B=A\cup(B-AB)$,且 $A\cap(B-AB)=\varnothing$,$AB\subset B$,故由公式(1-3)及公式(1-4)得

$$P(A\cup B)=P(A)+P(B-AB)=P(A)+P(B)-P(AB),$$

公式(1-6)还能推广到多个事件的情况.例如,设 A_1,A_2,A_3 为任意三个事件,则有

$$P(A_1\cup A_2\cup A_3)=P(A_1)+P(A_2)+P(A_3)-P(A_1A_2)-P(A_2A_3)-P(A_3A_1)+P(A_1A_2A_3). \tag{1-7}$$

一般地,对于任意 n 个事件 $A_1,A_2,\cdots,A_n$,可以用归纳法证得

$$P(A_1\cup A_2\cup\cdots\cup A_n)=\sum_{i=1}^{n}p(A_i)-\sum_{1\leqslant i<j\leqslant n}P(A_iA_j)+\sum_{1\leqslant i<j<k\leqslant n}P(A_iA_jA_k)+\cdots+(-1)^{n-1}P(A_1A_2\cdots A_n). \tag{1-8}$$

1.4 全概率公式与贝叶斯公式

一般来说,条件概率就是在一定的条件下所计算的概率.从广义上说,任何概率都是条件概率,因为我们是在一定的试验中去考虑事件的概率的,而试验则规定有条件.在概率论中,规定试验的那些基础条件被看作是不变的.如果不再加入其他条件或假定,则算出的概率就叫作"无条件概率",就是通常所说的概率.而"条件概率"是指另外附加的条件,其形式可归结为"已知某事件发生了".

1.4.1 条件概率

条件概率是概率论中的一个重要而实用的概念,所考虑的是事件 A 已发生的条件下事件 B 的概率.先举一个例子.

例 1.15 两台车床加工同一批机械零件见下表(单位:个):

	合格品数	次品数	总　计
第一台车床加工零件数	35	5	40
第二台车床加工零件数	50	10	60
总　计	85	15	100

从这 100 个零件中任取 1 个零件,则取得合格品(设为事件 B)的概率为

$$P(B)=\frac{85}{100}=0.85.$$

如果已知取出的零件是第一台车床加工的(设为事件 A),则条件概率为

$$P(B\mid A)=\frac{35}{40}=0.875.$$

另外,易知

$$P(A)=\frac{40}{100},P(AB)=\frac{35}{100},P(B\mid A)=\frac{35/100}{40/100}=\frac{35}{40}=0.875,$$

故有

$$P(B\mid A)=\frac{P(AB)}{P(A)}.$$

对于一般古典概型问题,若仍以 $P(B\mid A)$ 记事件 A 已经发生的条件下事件 B 发生的概率,则关系式(1-9)仍然成立.事实上,设试验的基本事件总数为 n,A 所能包含的基本事件数为 $m(m>0)$,AB 所包含的基本事件数为 k,即有

$$P(B\mid A)=\frac{k}{m}=\frac{k/n}{m/n}=\frac{P(AB)}{P(A)}.$$

一般情况下,将上述关系式作为条件概率的定义.

定义 4　设 A,B 是两个事件,且 $P(A)>0$,称

$$P(B\mid A)=\frac{P(AB)}{P(A)} \tag{1-9}$$

为在事件 A 发生的条件下事件 B 发生的**条件概率**.

不难验证,条件概率 $P(\cdot\mid A)$ 符合概率定义中的三个条件,即

(1) **非负性**:对于每一事件 B,有 $P(B\mid A)\geqslant 0$;

(2) **规范性**:对于必然事件 S,有 $P(S\mid A)=1$;

(3) **可列可加性**:设 $B_1,B_2,\cdots$ 是两两互不相容的事件,则有

$$P(\bigcup_{i=1}^{+\infty}B_i\mid A)=\sum_{i=1}^{+\infty}P(B_i\mid A).$$

显然,1.3 节中对概率所做证明的一些重要结果都适用于条件概率.

例 1.16　某产品一盒共 10 个,其中 3 个次品.从中取 2 个,每次取 1 个,做不放回抽样.求第一次取到次品后,第二次取到次品的概率.

解　试验 E:从盒中取 2 个,每次取 1 个,做不放回抽样.

事件 A:第一次取到次品.

事件 B:第二次取到次品.

(1) 用公式求解

样本空间 S 的基本事件总数：$C_{10}^1C_9^1=90$；

事件 AB 的基本事件数：$C_3^1C_2^1=6$；

事件 A 的基本事件数：$C_3^1C_9^1=27$.

可得 $P(A)=\frac{27}{90}$，$P(AB)=\frac{6}{90}$，从而 $P(B\mid A)=\frac{P(AB)}{P(A)}=\frac{6}{27}=\frac{2}{9}$.

(2) 用条件概率的定义(缩小样本空间) 求解

当 A 发生以后，盒子里剩下 9 个产品，其中 2 个次品．在这种情况下，考虑事件 B 发生的概率，事件 B 指的是取到次品．

这时，样本空间 S 的基本事件总数：$C_9^1=9$，事件 B 的基本事件数：$C_2^1=2$，所以，$P(B\mid A)=\frac{2}{9}$.

在计算条件概率时，一般用缩小样本空间的方法求解．

1.4.2　乘法定理

由条件概率的定义可得下述定理．

乘法定理：设 $P(A)>0$，则有

$$P(AB)=P(A)\cdot P(B\mid A). \tag{1-10}$$

同理，设 $P(B)>0$，则有

$$P(AB)=P(B)\cdot P(A\mid B). \tag{1-11}$$

公式(1-10)、公式(1-11) 可用来计算两个事件乘积的概率，又称为**乘法公式**．公式(1-10) 容易推广到多个事件的积事件的情况．例如，设 A,B,C 为事件，且 $P(AB)>0$，则有

$$P(ABC)=P(A)P(B\mid A)P(C\mid AB). \tag{1-12}$$

在这里，注意到由假设 $P(AB)>0$ 可推得 $P(A)\geqslant P(AB)>0$.

通常设 $A_1,A_2,\cdots,A_n$ 为 n 个事件，$n\geqslant 2$，且 $P(A_1A_2\cdots A_{n-1})>0$，则有

$$P(A_1A_2\cdots A_n)=P(A_1)P(A_2\mid A_1)P(A_3\mid A_1A_2)\cdots P(A_n\mid A_1\cdots A_{n-1}). \tag{1-13}$$

例 1.17　弹药箱中有 5 发炮弹，其中 4 发弹重是标准的，1 发弹重符号为“+”，任意取出 3 发炮弹，求都是标准弹的概率．

解　设事件 A_i 表示“取出的第 i 发为标准弹，$i=1,2,3$”.

事件 C 表示“取出的 3 发弹都是标准弹”.

易知 $C=A_1A_2A_3$，则

$$P(C)=P(A_1A_2A_3)=P(A_1)P(A_2\mid A_1)P(A_3\mid A_1A_2)=\frac{4}{5}\cdot\frac{3}{4}\cdot\frac{2}{3}=\frac{2}{5}.$$

例 1.18　设某光学仪器厂制造的透镜，第一次落下时打破的概率为 1/2；若第一次落下时未打破，第二次落下时打破的概率为 7/10；若前两次落下时未打破，第三次落下时打破的概率为 9/10. 试求透镜落下三次而未打破的概率 .

解　以 $A_i(i=1,2,3)$ 表示事件“透镜第 i 次落下打破”，以 B 表示事件“透镜落下三次而未打破”.

解法一：因为 $B=\overline{A_1}\,\overline{A_2}\,\overline{A_3}$，所以

$$P(B)=P(\overline{A_1}\,\overline{A_2}\,\overline{A_3})=P(\overline{A_1})P(\overline{A_2}\mid\overline{A_1})P(\overline{A_3}\mid\overline{A_1}\,\overline{A_2})$$
$$=\left(1-\frac{1}{2}\right)\left(1-\frac{7}{10}\right)\left(1-\frac{9}{10}\right)=\frac{3}{200}.$$

解法二：按题意，$\bar{B}=A_1\cup\bar{A}_1A_2\cup\bar{A}_1\bar{A}_2A_3$，而 $A_1,\bar{A}_1A_2,\bar{A}_1\bar{A}_2A_3$ 是两两互不相容的事件，故有

$$P(\bar{B})=P(A_1)+P(\bar{A}_1A_2)+P(\bar{A}_1\bar{A}_2A_3).$$

已知 $P(A_1)=\frac{1}{2},P(A_2\mid\overline{A_1})=\frac{7}{10},P(A_3\mid\overline{A_1}\,\overline{A_2})=\frac{9}{10}$，即有

$$P(\overline{A_1}A_2)=P(A_2\mid\overline{A_1})P(\overline{A_1})=\frac{7}{10}\left(1-\frac{1}{2}\right)=\frac{7}{20},$$

$$P(\overline{A_1}\,\overline{A_2}A_3)=P(\overline{A_1})P(\overline{A_2}\mid\overline{A_1})P(A_3\mid\overline{A_1}\,\overline{A_2})=\left(1-\frac{1}{2}\right)\left(1-\frac{7}{10}\right)\frac{9}{10}=\frac{27}{200},$$

$$P(\bar{B})=\frac{1}{2}+\frac{7}{20}+\frac{27}{200}=\frac{197}{200},P(B)=1-\frac{197}{200}=\frac{3}{200}.$$

1.4.3　全概率公式

每一个随机试验，它的全体基本事件可以用各种不同的方法分成若干类(此时是对样本空间进行划分)，任一复合事件都可以用这几类基本事件的组合而得到 .

例 1.19　有 100 支步枪，分为三个等级 . 甲等：经过精密校正，共 80 支，这类步枪对立靶射击的命中概率为 0.99；乙等：初步校正，共 15 支，这类步枪对立靶射击的命中概率为 0.8；丙等：未校正，共 5 支，这类步枪对立靶射击的命中概率为 0.5. 今任取一支步枪射击，求命中立靶的概率 .

解　试验 E 表示“任取一支步枪射击”；事件 A 表示“命中立靶”.

对于事件 A，试验 E 的样本空间可分成三类：B_1 表示用甲等枪射击；B_2 表示用乙等枪射击；B_3 表示用丙等枪射击 .

此时，事件 A 可以写成

$$A=B_1A\cup B_2A\cup B_3A.$$

由于事件 B_1,B_2,B_3 对试验 E 是互斥的、完备的，故有

$$
\begin{aligned}
P(A) &= P(B_1A)+P(B_2A)+P(B_3A) \\
&= P(B_1)P(A \mid B_1)+P(B_2)P(A \mid B_2)+P(B_3)P(A \mid B_3) \\
&= \frac{80}{100}\times 0.99+\frac{15}{100}\times 0.80+\frac{5}{100}\times 0.50=0.937.
\end{aligned}
$$

这个例子表明，某个事件 A 的出现可能有各种原因，这些原因称为“假定事件”，简称“假定”，也称为试验 E 的样本空间的一个“划分”. 显然，这些假定事件是相斥且完备的，每个假定对事件 A 的出现作出一定的贡献. 当然事件 A 出现的概率等于各个假定下事件 A 的条件概率与各个假定出现的概率的乘积之和，可表示为下述的全概率公式.

首先给出划分的定义：

定义 5　设 S 为试验 E 的样本空间，$B_1, B_2, \cdots, B_n$ 为 E 的一组事件. 若

(1) $B_iB_j=\varnothing, i\neq j, i,j=1,2,\cdots,n$;

(2) $B_1\cup B_2\cup\cdots\cup B_n=S$;

则称 $B_1, B_2, \cdots, B_n$ 为**样本空间 S 的一个划分**.

定义中的(1)(2)反映了假定事件 $B_1, B_2, \cdots, B_n$ 是互斥且完备的. 对每次试验，事件 B_1, $B_2, \cdots, B_n$ 中必有一个且仅有一个发生. 例如，例 1.19 中的事件 B_1, B_2, B_3 就是试验 E 的一个划分.

定理 1(全概率公式)　设试验 E 的样本空间为 S，A 为 E 的事件，$B_1, B_2, \cdots, B_n$ 为 S 的一个划分，且 $P(B_i)>0\ (i=1,2,\cdots,n)$，则

$$
P(A)=\sum_{i=1}^{n}P(B_i)\cdot P(A \mid B_i). \tag{1-14}
$$

公式(1-14)称为**全概率公式**.

在很多实际问题中，$P(A)$ 不是直接求得，但却容易找到 S 的一个划分 $B_1, B_2, \cdots, B_n$，且 $P(B_i)$ 和 $P(A \mid B_i)$ 或是已知的，或是容易求得的，那么就可以根据公式(1-14)求出 $P(A)$.

证明　$A=AS=A(B_1\cup B_2\cup\cdots\cup B_n)=AB_1\cup AB_2\cup\cdots\cup AB_n$，由假设 $P(B_i)>0$ $(i=1,2,\cdots,n)$，且 $(AB_i)(AB_j)=\varnothing, i\neq j$，得到

$$
\begin{aligned}
P(A) &= P(AB_1)+P(AB_2)+\cdots+P(AB_n) \\
&= P(A \mid B_1)P(B_1)+P(A \mid B_2)P(B_2)+\cdots+P(A \mid B_n)P(B_n).
\end{aligned}
$$

全概率公式中的概率 $P(A)$ 称为**全概率**，它的本质是一种平均概率. 因为事件 A 的出现依赖于各个假定 $B_1, B_2, \cdots, B_n$. 在各个假定下事件 A 的条件概率 $P(A \mid B_i)$ 是不同的，概率 $P(A)$ 是这些概率的加权平均值.

例 1.20　某炮兵营有 18 名瞄准手，定级考核后，一等瞄准手 3 名，二等瞄准手 6 名，三等瞄准手 9 名. 已知这三种等级瞄准手命中目标的概率分别为 0.90, 0.75, 0.40. 现在任意令一名瞄准手射击一次，试求命中目标的概率.

解　$B_i=\{$第 i 等瞄准手进行射击$\}(i=1,2,3)$，则

$$P(B_1)=\frac{3}{18},P(B_2)=\frac{6}{18},P(B_3)=\frac{9}{18},$$

$A=\{$命中目标$\}$，则

$$P(A\mid B_1)=0.90,P(A\mid B_2)=0.75,P(A\mid B_3)=0.40,$$

$$P(A)=\sum_{i=1}^{3}P(B_i)P(A\mid B_i)=\frac{3}{18}\times 0.90+\frac{6}{18}\times 0.75+\frac{9}{18}\times 0.40=0.60.$$

实际含义：在题设条件下，每次任意令一个瞄准手射击一次，经多次射击后平均每 100 次中有 60 次命中目标．

例 1.21　一批产品分别装在以下两个箱中：甲箱中有 20 件产品，其中 12 件正品、8 件次品；乙箱中有 10 件产品，其中 7 件正品、3 件次品．今在甲箱中取出两件产品放入乙箱，求在乙箱中取出一件产品为正品的概率．

解　设事件 $A=\{$从乙箱中取出一件产品为正品$\}$，事件 A 的概率与先前在甲箱中取出两个产品放入乙箱的情况有关，即对事件 A，存在这样三个相斥且完备的假定：

$B_1=\{$从甲箱取出两件正品放入乙箱$\}$；

$B_2=\{$从甲箱取出一件正品和一件次品放入乙箱$\}$；

$B_3=\{$从甲箱取出两件次品放入乙箱$\}$.

则

$$P(B_1)=\frac{12}{20}\times\frac{11}{19}=\frac{132}{380},$$

$$P(B_2)=\frac{12}{20}\times\frac{8}{19}+\frac{8}{20}\times\frac{12}{19}=\frac{192}{380},$$

$$P(B_3)=\frac{8}{20}\times\frac{7}{19}=\frac{56}{380},$$

$$P(A\mid B_1)=\frac{9}{12},P(A\mid B_2)=\frac{8}{12},P(A\mid B_3)=\frac{7}{12},$$

$$P(A)=\sum_{i=1}^{3}P(B_i)P(A\mid B_i)=\frac{132}{380}\times\frac{9}{12}+\frac{192}{380}\times\frac{8}{12}+\frac{56}{380}\times\frac{7}{12}=\frac{3116}{4560}\approx 0.68.$$

1.4.4　贝叶斯(Bayes)公式

在全概率公式中，对事件 A 存在 n 个相斥且完备的假定：$B_1,B_2,\cdots,B_n$，它们的概率分别为

$$P(B_1),P(B_2),\cdots,P(B_n),$$

这些概率不依赖于事件 A,它们是在试验前按照问题来确定的,称为**试验前的假定概率**,简称**先验概率**．这些概率总和为 1,即

$$\sum_{i=1}^{n} P(B_i) = 1.$$

若事件 A 出现了,考虑在事件 A 出现的条件下,各个假定的条件概率为

$$P(B_1 \mid A), P(B_2 \mid A), \cdots, P(B_n \mid A),$$

这些概率称为**试验后的假定概率**,简称**后验概率**．

贝叶斯公式提供了计算这些后验概率的方法．为了理解这些概率的意义,我们先分析一个例子．

例 1.22 100 支步枪分为三等,见下表:

等　级	数目(支)	射击中靶概率
1	70	0.99
2	20	0.80
3	10	0.40

现任选一支步枪进行射击,结果脱靶,问此枪为各个等级的概率分别是多少?

解 设事件 $A=\{$射击脱靶$\}$;$B_i=\{$射击的枪为第 i 等级$(i=1,2,3)\}$.

据题意,欲求下述三个条件概率:$P(B_1 \mid A), P(B_2 \mid A), P(B_3 \mid A)$. 根据乘法定理有

$$P(B_iA) = P(A)P(B_i \mid A) = P(B_i)P(A \mid B_i), i=1,2,3.$$

于是

$$P(B_i \mid A) = \frac{P(B_i)P(A \mid B_i)}{P(A)}, i=1,2,3.$$

$P(A)$ 用全概率公式计算,即

$$P(A) = \sum_{i=1}^{3} P(B_i)P(A \mid B_i).$$

最后得出

$$P(B_i \mid A) = \frac{P(B_i)P(A \mid B_i)}{\sum_{i=1}^{3} P(B_i)P(A \mid B_i)}, i=1,2,3.$$

为了方便计算,列出下面的计算表格．

B_i	$P(B_i)$	$P(A \mid B_i)$	$P(B_i)P(A \mid B_i)$	$P(B_i \mid A)$
B_1	70/100	0.01	0.007	7/107
B_2	20/100	0.20	0.040	40/107
B_3	10/100	0.60	0.060	60/107
$\sum$	1	—	$P(A)=0.107$	—

计算结果表明：射击（一次）不中靶后，此枪为一等枪的概率是 7/107，为二等枪的概率是 40/107，为三等枪的概率是 60/107. 由上表可以看出事件 A 出现前后各个假定概率的变化. 在事件 A（射击脱靶）出现前，此枪为一等枪的概率为 70/100，为二等枪的概率为 20/100，为三等枪的概率为 10/100. 此枪为一等枪的概率最大，因为一等枪最多. 但事件 A 出现后（射击脱靶），此枪为三等枪的概率大大增加了，为 60/107，此枪为一等枪的概率大大减小了，为 7/107. 假定概率的这种变化与实际情况是符合的.

试验后的假定概率（后验概率）的计算公式称为**贝叶斯公式**.

定理 2（贝叶斯公式）　设试验 E 的样本空间为 S. A 为 E 的事件，$B_1,B_2,\cdots,B_n$ 为 S 的一个划分，且 $P(A)>0$，$P(B_i)>0(i=1,2,\cdots,n)$，则

$$P(B_i \mid A)=\frac{P(B_i)P(A \mid B_i)}{\sum_{i=1}^{n}P(B_i)P(A \mid B_i)},i=1,2,\cdots,n. \tag{1-15}$$

公式(1-15)称为**贝叶斯公式**. $P(B_i \mid A)(i=1,2,\cdots,n)$ 称为**试验后的假定概率**，简称**后验概率**. $B_1,B_2,\cdots,B_n$ 亦称为对事件 A 存在的 n 个相斥且完备的假定.

证明　由条件概率的定义及全概率公式得

$$P(B_i \mid A)=\frac{P(B_iA)}{P(A)}=\frac{P(B_i)P(A \mid B_i)}{\sum_{i=1}^{n}P(B_i)P(A \mid B_i)},i=1,2,\cdots,n.$$

特别地，在公式(1-14)、公式(1-15)中取 $n=2$，并将 B_1 记为 B，此时 B_2 就是 $\overline{B}$，那么全概率公式和贝叶斯公式分别成为

$$P(A)=P(A \mid B)P(B)+P(A \mid \overline{B})P(\overline{B}), \tag{1-16}$$

$$P(B \mid A)=\frac{P(AB)}{P(A)}=\frac{P(A \mid B)P(B)}{P(A \mid B)P(B)+P(A \mid \overline{B})P(\overline{B})}. \tag{1-17}$$

这两个公式也是常用的公式.

例 1.23　条件同例 1.20，现任令 1 名瞄准手射击 1 次，结果命中了目标，问这名瞄准手是一、二、三等瞄准手的概率各是多少？

解　已求得命中目标的全概率为

$$P(A)=\sum_{i=1}^{3}P(B_i)P(A\mid B_i)=0.60,$$

所以,在命中的条件下,分别是一、二、三等瞄准手的条件概率为

$$P(B_1\mid A)=\frac{P(B_1)P(A\mid B_1)}{\sum_{i=1}^{3}P(B_i)P(A\mid B_i)}=0.25,$$

$$P(B_2\mid A)\approx 0.42,P(B_3\mid A)\approx 0.33.$$

实际含义:在题设条件下,每次任令 1 名瞄准手射击 1 次,经过多次射击,在获得命中目标的射击中,平均每 100 次约有 25 次是一等瞄准手射击的,约有 42 次是二等瞄准手射击的,约有 33 次是三等瞄准手射击的. 而对命中目标的某一次射击来说,最大可能是由二等瞄准手射击的. 这个判断改变了原先的假设:最大可能是由三等瞄准手射击的,因其先验概率 $P(B_3)=0.5$,最大.

例 1.24 根据以往的临床记录,某种诊断癌症的试验具有以下的效果:若以 A 表示事件"试验反应为阳性",以 C 表示事件"被诊断者患有癌症",则有

$$P(A\mid C)=0.95,P(\overline{A}\mid \overline{C})=0.95,$$

现在对自然界人群进行普查,设被试验的人患有癌症的概率为 0.005,即 $P(C)=0.005$,试求 $P(C\mid A)$.

解 已知 $P(A\mid C)=0.95,P(A\mid \overline{C})=1-P(\overline{A}\mid \overline{C})=0.05,P(C)=0.005,P(\overline{C})=0.995$,由贝叶斯公式得

$$P(C\mid A)=\frac{P(A\mid C)P(C)}{P(A\mid C)P(C)+P(A\mid \overline{C})P(\overline{C})}\approx 0.087.$$

本题的结果表明,虽然 $P(A\mid C)=0.95,P(\overline{A}\mid \overline{C})=0.95$,这两个概率都比较高. 但若将此试验用于普查,则有 $P(C\mid A)\approx 0.087$,亦即其正确性只有 8.7%(平均1000个具有阳性反应的人中大约只有87人患有癌症). 如果不注意到这一点,将会得出错误的诊断. 这也说明,将 $P(A\mid C)$ 和 $P(C\mid A)$ 弄混乱会造成不良的后果.

1.5 独立性

一般来讲,条件概率 $P(B\mid A)$ 与概率 $P(B)$ 是不等的,即事件 A,B 中某个事件的发生对另一个事件的发生是有影响的. 但在许多实际问题中常会遇到两个事件中任何一个事件发生都不会对另一个事件发生的概率产生影响,此时 $P(B\mid A)=P(B)$.

1.5.1 独立性

设 A,B 是试验 E 的两个事件,若 A 的发生对 B 的发生的概率没有影响,反之,B 的发生

对A的发生的概率也没有影响，称事件A与事件B为相互独立的事件．例如，有 2 名射手互不依赖地对射靶射击，现在考虑下面两个事件：

$$A=\{\text{第一名射手命中射靶}\};B=\{\text{第二名射手命中射靶}\}.$$

显然，第一名射手命中或不命中并不影响第二名射手的中靶概率，或者说，第二名射手的中靶概率不取决于第一名射手是否命中射靶，反之亦是如此．这时，事件A与事件B是相互独立的事件．

显然，当事件A与事件B相互独立时：

$$P(B \mid A)=P(B), P(A)>0,$$

$$P(A \mid B)=P(A), P(B)>0,$$

且$P(AB)=P(A)P(B)$.

定义 6　设A,B是两个事件，如果具有等式

$$P(AB)=P(A)P(B) \tag{1-18}$$

则称事件A,B为相互独立的事件．

容易证明：(1) 若事件A与事件B相互独立，则A与$\bar{B}$，$\bar{A}$与B，$\bar{A}$与$\bar{B}$也相互独立．

(2) 若$P(A)>0$，$P(B)>0$，则A,B相互独立与A,B互不相容不能同时成立．

定理 3　设A,B是两个事件，且$P(A)>0$. 若A,B相互独立，则$P(B \mid A)=P(B)$，反之亦然．

定理的正确性是显然的．

下面将独立性的概念推广到三个事件的情况．

定义 7　设A,B,C是三个事件，如果具有等式

$$\begin{cases} P(AB)=P(A)P(B), \\ P(BC)=P(B)P(C), \\ P(AC)=P(A)P(C), \end{cases} \tag{1-19}$$

则称三个事件A,B,C两两独立．

一般地，当事件A,B,C两两独立时，等式$P(ABC)=P(A)P(B)P(C)$不一定成立．

定义 8　设A,B,C是三个事件，如果具有等式

$$\begin{cases} P(AB)=P(A)P(B), \\ P(BC)=P(B)P(C), \\ P(AC)=P(A)P(C), \\ P(ABC)=P(A)P(B)P(C), \end{cases} \tag{1-20}$$

则称A,B,C为相互独立的事件．

一般地，设 $A_1,A_2,\cdots,A_n$ 是 n 个事件，如果对于任意 $k(1<k\leqslant n)$，$1\leqslant i_1<i_2<\cdots<i_k\leqslant n$，具有等式

$$P(A_{i_1}A_{i_2}\cdots A_{i_k})=P(A_{i_1})P(A_{i_2})\cdots P(A_{i_k}) \tag{1-21}$$

则称 $A_1,A_2,\cdots,A_n$ 为相互独立的事件．

注意，在公式(1－21)中包含的等式总数为

$$\mathrm{C}_n^2+\mathrm{C}_n^3+\cdots+\mathrm{C}_n^n=(1+1)^n-\mathrm{C}_n^1-\mathrm{C}_n^0=2^n-n-1.$$

在实际应用中，对于事件的独立性，往往不是根据定义来判断，而是根据实际意义来加以判断的．

1.5.2　独立性的应用

求相互独立事件中至少有一个发生的概率．

原理　若 $A_1,A_2,\cdots,A_n$ 是相互独立的事件，由于

$$\overline{A_1\cup A_2\cup\cdots\cup A_n}=\overline{A_1}\,\overline{A_2}\cdots\overline{A_n},$$

因此

$$P(A_1\cup A_2\cup\cdots\cup A_n)=1-P(\overline{A_1}\,\overline{A_2}\cdots\overline{A_n})=1-P(\overline{A_1})P(\overline{A_2})\cdots P(\overline{A_n}).$$

特别地，若 $P(A_1)=P(A_2)=\cdots=P(A_n)=p$，则

$$P(A_1\cup A_2\cup\cdots\cup A_n)=1-(1-p)^n.$$

例 1.25　某门火炮用不变的诸元对目标连续发射 3 发炮弹，假定每发射 1 发炮弹命中目标的概率都等于 0.4. 试求：

(1)3 发炮弹都命中目标的概率；

(2) 只有 1 发炮弹命中目标的概率；

(3) 至少命中 1 发的概率．

解　设 $B_i=\{$第 i 发炮弹命中目标$\}(i=1,2,3)$；

$A_i=\{$发射 3 发炮弹命中 i 发$\}(i=0,1,2,3)$；

$C=\{$至少命中 1 发$\}$.

由题意，各发炮弹是否命中目标是相互独立的，即事件 B_1,B_2,B_3 是相互独立的．

(1)3 发炮弹都命中目标，即 $A_3=B_1B_2B_3$，所以

$$P(A_3)=P(B_1B_2B_3)=P(B_1)P(B_2)P(B_3)=0.4^3=0.064.$$

(2) 只有1发炮弹命中目标,即 $A_1 = B_1\overline{B_2}\,\overline{B_3} \cup \overline{B_1}B_2\overline{B_3} \cup \overline{B_1}\,\overline{B_2}B_3$,且 $B_1\overline{B_2}\,\overline{B_3}$,$\overline{B_1}B_2\overline{B_3}$,$\overline{B_1}\,\overline{B_2}B_3$ 是互斥事件,故

$$P(A_1) = P(B_1\overline{B_2}\,\overline{B_3}) + P(\overline{B_1}B_2\overline{B_3}) + P(\overline{B_1}\,\overline{B_2}B_3)$$

$$= 0.4\times(1-0.4)(1-0.4) + (1-0.4)\times0.4\times(1-0.4) + (1-0.4)(1-0.4)\times0.4 = 0.432.$$

(3) 至少命中 1 发与 3 发都不命中是对立事件,所以

$$P(C) = 1 - P(\overline{B_1}\,\overline{B_2}\,\overline{B_3}) = 1 - (1-0.4)(1-0.4)(1-0.4) = 1 - 0.216 = 0.784.$$

例 1.26　设有 2 门高射炮,每门击中飞机的概率都是 0.6,求:

(1)2 门高射炮同时发射一发炮弹而击中飞机的概率是多少?

(2) 若有一架敌机入侵领空,欲以 99% 以上的概率击中它,问至少需要多少门高射炮?

解　设 A_i ={第 i 门高射炮发射一发炮弹而击中飞机}($i=1,2,\cdots$).

(1)$P(A_1 \cup A_2) = 1 - P(\overline{A_1 \cup A_2}) = 1 - P(\overline{A_1}\,\overline{A_2}) = 1 - P(\overline{A_1})P(\overline{A_2}) = 1 - 0.4^2 = 0.84.$

(2) 设至少需要 n 门高射炮,由题知,

$$\begin{aligned} P(A_1 \cup A_2 \cup \cdots \cup A_n) &= 1 - P(\overline{A_1 \cup A_2 \cup \cdots \cup A_n}) \\ &= 1 - P(\overline{A_1}\,\overline{A_2}\cdots\overline{A_n}) \\ &= 1 - P(\overline{A_1})P(\overline{A_2})\cdots P(\overline{A_n}) \\ &= 1 - 0.4^n > 0.99. \end{aligned}$$

即 $0.4^n < 0.01$,解得,$n > \dfrac{\ln 0.01}{\ln 0.4} \approx 5.026$,则至少需要 6 门高射炮.

习　题　一

1. 设 S 为试验 E 的样本空间,A,B,C 为事件,且

$$S = \{1,2,3,4,5,6,7,8,9,10\}, A = \{2,4,6,8,10\},$$

$$B = \{1,2,3,4,5\}, C = \{5,6,7,8,9,10\}.$$

试求:$A \cup B$,AB,ABC,$\overline{A} \cup C$,$\overline{A} \cup A$.

2. 设 S 为试验 E 的样本空间,A,B 为事件,且

$$S = \{0 \leqslant x \leqslant 5\}, A = \{1 \leqslant x \leqslant 2\}, B = \{0 \leqslant x \leqslant 2\}.$$

试求:$A \cup B$,AB,$B - A$,$\overline{A}$,$\overline{A} \cup A$,$\overline{A}A$.

3. 设 A,B,C 为三个随机事件,用 A,B,C 的运算关系表示下列各事件:

(1) 仅 A 发生;

(2)A 与 B 都发生,C 不发生;

(3)A,B,C 三个事件都发生;

(4) 至少有一个发生;

(5) 至少有两个发生；

(6) 恰有一个发生；

(7) 恰有两个发生；

(8) 没有一个发生；

(9) 不多于两个发生．

4. 若事件 A 与事件 B 互不相容，试问事件 A 和事件 B 是否对立？反之怎样？

5. 若事件 A 发生的概率为 0.7，是否能说在 10 次试验中 A 发生了 7 次？

6. 有一批产品共 10 件，其中有 3 件废品，从中任取 2 件，这 2 件都是废品的概率是多少？

7. 房间里有10个人，分别佩戴从1号至10号的纪念章，任选3人记录其纪念章的号码．(1) 求最小号码为 5 的概率；(2) 求最大号码为 5 的概率．

8. 某油漆公司发出 17 桶油漆，其中白漆 10 桶、黑漆 4 桶、红漆 3 桶，在搬运中所有标签脱落，交货人随意将这些油漆发给顾客．问一个定了 4 桶白漆、3 桶黑漆和 2 桶红漆的顾客能按所定颜色如数得到货物的概率是多少？

9. 在 1500 个产品中有 400 个次品、1100 个正品．任取 200 个，试求：(1) 恰有 90 个次品的概率；(2) 至少有 2 个次品的概率．

10. 设有 n 间房，分给 n 个不同的人，每个人都以同等可能进入每一间房，而且每间房里的人数没有限制．试求不出现空房的概率．

11. 将 3 个球随机放入 4 个杯子中，求杯子中球的最大个数分别为 1,2,3 的概率．

12. 在半径为 R 的圆内画平行弦，如果这些弦与垂直于弦的直径的交点在该直径上的位置是等可能的，求任意画的弦的长度大于 R 的概率．

13. 把长度为 a 的棒任意折成三段，求它们可能构成一个三角形的概率．

14. 甲、乙两艘轮船驶向一个不能同时停泊两艘轮船的码头停泊，它们在一个昼夜内到达的时刻是等可能的．如果甲船的停泊时间是一小时，乙船的停泊时间是两小时，求它们中的任何一艘都不需要等候码头空出的概率．

15. 掷两个骰子，已知两个骰子点数之和为 7，求其中有一个为 1 点的概率(用两种方法).

16. 已知在 10 只晶体管中有 2 只次品，在其中取 2 次，每次任取 1 只做不放回抽样．求下列事件的概率：

(1)2 只都是正品；

(2)2 只都是次品；

(3)1 只是正品，1 只是次品；

(4) 第二次取出的是次品．

17. 袋中有 10 个球，9 个白球、1 个红球，10 个人依次从袋中各取 1 个球，每人取一个球后不再放回袋中，问第一个人、第二个人 …… 最后一个人取得白球和红球的概率各是多少？

18. 试比较下列概率的大小：

$$P(A),P(A\cup B),P(AB),P(A)+P(B).$$

19. 设一个人群中有 37.5% 的人血型为 A 型，20.9% 为 B 型，33.7% 为 O 型，7.9% 为 AB 型．已知在少量输血时能允许输血的血型配对如下表．现在在人群中任选一人为输血者，再任选一人为受输血者，问少量输血能成功的概率是多少?

受血者 \ 输血者	A 型	B 型	AB 型	O 型
A 型	√	×	×	√
B 型	×	√	×	√
AB 型	√	√	√	√
O 型	×	×	×	√
√:允许输血		×:不允许输血		

20. 有两箱同种类的零件．第一箱共 50 个,其中 10 个一等品;第二箱共 30 个,其中 18 个一等品．现从两箱中任意挑出一箱,然后从该箱中取零件两个,每次任取一个,做不放回抽样．试求:(1) 第一次取到的零件是一等品的概率;(2) 第一次取到的零件是一等品的条件下,第二次取到的也是一等品的概率．

21. 发报台分别以概率 0.6 及 0.4 发出信号"•"及"—"．由于通信系统受到干扰,当发出信号"•"时,收报台分别以概率 0.8 及 0.2 收到信号"•"及"—";又当发出信号"—"时,收报台分别以概率 0.9 及 0.1 收到信号"—"及"•"．求:

(1) 当收报台收到信号"•"时,发报台确系发出信号"•"的概率;

(2) 当收报台收到信号"—"时,发报台确系发出信号"—"的概率．

22. 已知男性中有 5% 是色盲患者,女性中有 0.25% 是色盲患者．现从男女人数相等的人群中随机地挑选一人,恰好是色盲患者,问此人是男性的概率是多少?

23. 有一个盒子中装有 15 个乒乓球,其中有 9 个新球,在第一次比赛时任意取出 3 个球,比赛后仍放回原盒中,在第二次比赛时同样任意取 3 个球,求第二次取出的 3 个球均为新球的概率．

24. 三人独立地去破译一份密码,已知各人能译出的概率分别为 1/5,1/3,1/4．问三人中至少有一人能将此密码译出的概率是多少?

25. 甲、乙、丙三人同时对飞机进行射击,三人击中的概率分别为 0.4,0.5,0.7．飞机被一人击中而被击落的概率为 0.2;被两人击中而被击落的概率为 0.6;若三人都击中,飞机必定被击落．求飞机被击落的概率．

26. 一架长机、两架僚机一同飞往目的地进行轰炸,但要达到目的地,非有无线电导航不可．假设只有长机具有此项设备．一旦到达目的地,各机将独立地进行轰炸,且各机炸毁目标的概率均为 0.3,在到达目的地之前,必须经过高射炮阵地上空,此时任一飞机被击落的概率为 0.2,求目标被炸毁的概率．

27. 假设每次射击命中率为 0.2,必须进行多少次独立射击才能使至少击中一次的概率不小于 0.9? 进行多少次独立射击能使至少击中一次的概率不小于 0.99?

28. 设有甲、乙、丙三名射手,互不依赖地对同一射靶射击,已知这 3 名射手射击 1 次命中射靶的概率分别为 0.9,0.8 和 0.6,现三名射手同时各射击 1 次,试求命中射靶的概率．

29. 两门火炮互不相干地同时对同一钢筋混凝土工事进行射击,已知第一、第二炮的命中概率分别为 0.8,0.7,现在两门火炮各发射 1 发．试求至少命中 1 发的概率．

30. 某炮对混凝土工事进行射击,每次发射都是独立进行的．已知每发射一发的命中概率都等于 0.05,若破坏目标只需一发命中弹．试求发射 30 发炮弹破坏目标的概率．

31. 假定目标纵深很小，只能使用远弹或近弹．已知每发射一发是近弹的概率都等于 0.4，现独立发射 4 发．试求出现近弹数 0，1，2，3，4 的概率．

32. 甲、乙两个篮球运动员投篮命中率分别为 0.7 及 0.6，每人投篮三次．求：

(1) 两人进球数相等的概率；

(2) 甲比乙进球数多的概率．

33. 一批产品共五个，检查质量时，任取两个来检查，发现取出的产品都是合格品．如果在检查以前每个产品是合格品或次品是等可能的，求关于这批产品中合格数的各种不同的假设概率．

34. 电话站为 300 个电话用户服务，在一小时内每一个电话用户使用电话的概率等于 0.01，求在一小时内有 4 个用户使用电话的概率．

35. 电子计算机内装有 2000 个同样的电子管，每个电子管损坏的概率等于 0.0005，如果任一电子管损坏时，计算机即停止工作，求计算机停止工作的概率．

36. 纺织厂里一个女工负责 800 个纱锭，在纱锭旋转时，由于偶然的原因，纱会被扯断．设在某一段时间内每个纱锭上的纱被扯断的概率等于 0.005. 求在这段时间内断纱次数不大于 10 次的概率．

37. 100 台车床彼此独立工作，每台车床的实际工作时间占全部工作时间的 80%. 求：

(1) 任意时刻有 70 ～ 86 台车床在工作的概率；

(2) 任意时刻有 80 台以上车床在工作的概率．

第 2 章　一维随机变量及其分布

2.1　随机变量

第 1 章介绍了随机事件及其概率，建立了随机试验的数学模型．为了更方便地从数量方面研究随机现象的统计规律，本章将进一步引入随机变量的概念，通过引入随机变量的概念，建立随机现象与其他数学分支的桥梁，使概率论成为一门真正的数学学科．

2.1.1　随机变量的定义

在随机现象中，有很大一部分问题与数值有关系，例如，在产品检验问题中，人们关心的是抽样中出现的废品数；在车间供电问题中，人们关心的是某时刻正在工作的车床数；一门火炮对目标进行射击，人们关注的是命中目标弹药消耗的情况；等等．但有些随机现象的结果则不是数值，为了更深入地研究随机现象，现在来讨论如何引入一个对应法则，将随机试验的每一个结果与实数对应起来，也就是用某一变量取得的各种不同的数值来描述随机试验的结果．下面从例题开始讨论．

例 2.1　在“抛硬币”的试验中，样本空间 $S=\{\mathrm{H},\mathrm{T}\}$，H 表示正面朝上，T 表示反面朝上．为了便于研究，引入变量，并定义函数 $X=X(e)=\begin{cases}1, e=\mathrm{H},\\ 0, e=\mathrm{T},\end{cases}$ 显然，X 是定义在样本空间 $S=\{\mathrm{H},\mathrm{T}\}$ 上的一个函数，函数 X 的值域 $R_X=\{0,1\}$．这样，每个样本点就与实数对应了．

例 2.2　火炮以一定的射击诸元进行射击．若以炮位为原点，射击方向为 x 轴，则射击时获得炸点的距离坐标 X 便可用来描述弹着散布这一随机现象．区间 $(0,+\infty)$ 中的任意数值均为 X 的可能值，并且任给实数 $x\in(0,+\infty)$，$\{X\leqslant x\}$ 表示“炸点距离小于 x”．

定义 1　设随机试验 E 的样本空间 $S=\{e\}$，若对于每一个 $e\in S$，有一个实数 $X(e)$ 与之对应，这样就得到一个定义在 S 上的单值实值函数 $X=X(e)$，称为**随机变量**（**Random Variable**）．

图 2-1 画出了样本点 e 与实数 $X=X(e)$ 对应的示意图.

本书一般以大写字母如 $X,Y,Z,W,\cdots$ 表示随机变量,而以小写字母 $x,y,z,w,\cdots$ 表示实数.

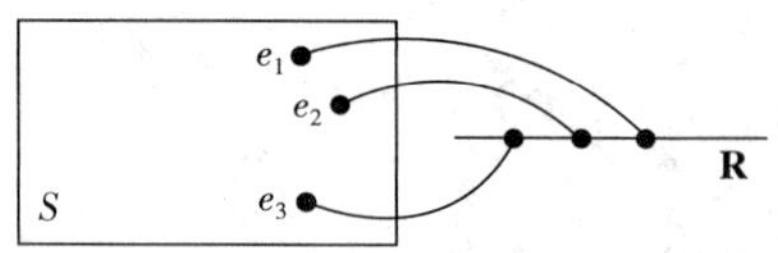

图 2-1　样本点与实数对应的示意图

随机变量与随机事件之间有着密切的联系.随机变量满足某个关系式,就表示一个事件,如例 2.1 中,$\{X=1\}$ 表示"出现正面"这一事件,而当随机现象的结果可用随机变量来描述时,随机事件能够用随机变量的一个关系式来表示.事件 $\{X=1\}$ 与事件 $A=\{$出现正面 H$\}$,事件 $\{X=0\}$ 与事件 $\overline{A}=\{$出现反面 T$\}$ 是一致的,且 $P\{X=1\}=P(A)=\frac{1}{2},P\{X=0\}=P(\overline{A})=\frac{1}{2}$.

例 2.3　火炮对目标射击 4 发炮弹,命中数 u 为一随机变量.$\{u=2\}$ 表示"恰好命中两发",$\{u\geqslant 1\}$ 表示"至少命中一发",$\{u=0\}$ 表示"一发也没命中".

例 2.4　对纵深为 (a,b) 的目标射击,射程 X 是一随机变量.$\{a<X<b\}$ 表示"命中目标",$\{X<a\}$ 表示"近弹",$\{X>b\}$ 表示"远弹".

综上所述,随机变量是将基本事件数量化,是可以取不同数值的集合,这个集合依赖于样本空间和对应法则(对应法则指的是数量化方法,是人为规定的).在试验前只知道它可能取值的范围,而不能预知它取什么值,且它的取值有一定的概率.这些特性显示了随机变量与普通函数有着本质的差异.

2.1.2　随机变量的类型

对于随机变量,本书只研究两种类型:离散型随机变量与连续型随机变量.如随机变量的所有可能取值是有限个或可列无限个,则称此随机变量是**离散型随机变量**.例 2.1、例 2.3 中的随机变量就是离散型的.如随机变量的所有可能取值充满一个区间,通常称此随机变量为**连续型随机变量**,它的严格定义将在下文给出.例 2.2、例 2.4 中的随机变量就是连续型的.

2.2　离散型随机变量

要掌握一个离散型随机变量 X 的统计规律,必须且只需知道 X 的所有可能取值以及取每一个可能值的概率.

2.2.1　概率分布

设离散型随机变量 X 所有可能的取值为 $x_k(k=1,2,\cdots)$,X 取各个可能值的概率即事件 $\{X=x_k\}$ 的概率为

$$P\{X=x_k\}=p_k, k=1,2,\cdots \tag{2-1}$$

则称公式(2－1)为离散型随机变量 X 的**概率分布**或**分布律**．显然 p_k 满足以下两个条件：

(1) $p_k \geqslant 0, k=1,2,\cdots$；

(2) $\sum_{k=1}^{+\infty} p_k = 1$.

分布律也可以用表格的形式来表示：

X	x_1	x_2	$\cdots$	x_n	$\cdots$
p_k	p_1	p_2	$\cdots$	p_n	$\cdots$

上表直观地表示了随机变量 X 取各个值的概率规律．X 取各个值各占一些概率，这些概率合起来是1．可以想象成：概率1以一定的规律分布在各个可能值上．这就是式(2－1)被称为分布律的缘故．

例2.5　一袋中装有5个球，编号为1,2,3,4,5．在袋中同时取3个球，以 X 表示取出的3个球中的最大编号．写出随机变量 X 的分布律．

解　X 可能取的值为3,4,5.

$$P\{X=3\}=\frac{1}{C_5^3}=\frac{1}{10}, P\{X=4\}=\frac{C_3^2}{C_5^3}=\frac{3}{10}, P\{X=5\}=\frac{C_4^2}{C_5^3}=\frac{6}{10}.$$

所以，以表格形式写出的分布律为

X	3	4	5
p_k	1/10	3/10	6/10

显然

$$p_k \geqslant 0, k=1,2,3.$$

$$\sum_{k=1}^{3} p_k = 1.$$

下面介绍一些常见的离散型随机变量的概率分布．

2.2.2　几种常见的分布

1.(0－1)分布

(0－1)分布的实际背景：只有两个可能结果的随机试验．例如，

E_1：抛一硬币，$S_1=\{H,T\}$；

E_2:射击一次,$S_2=\{$命中,未中$\}$;

E_3:观察一台机器,$S_3=\{$正常,故障$\}$;

E_4:取一个产品,$S_4=\{$正品,次品$\}$.

抽象出有两个可能值的随机变量 $X(e)$:

$$X(e)=\begin{cases}1, e=e_1,\\0, e=e_2.\end{cases}$$

$$P\{X=1\}=p, P\{X=0\}=1-p, 0<p<1.$$

它的分布律是:$P\{X=k\}=p^k(1-p)^{1-k}, k=0,1, 0<p<1$,则称 X 服从(0-1)分布.

(0-1)分布的分布律也可写成:

X	0	1
p_k	$1-p$	p

(0-1)分布的作用:使只有两个可能结果的随机试验统一描述,统一研究.

2. 二项分布

设试验 E 只有两个可能的结果:A 及 $\overline{A}$,则称 E 为**伯努利(Bernoulli)试验**. 设 $P(A)=p, 0<p<1$,此时 $P(\overline{A})=1-p$. 将 E 独立重复地进行 n 次,则称这一串重复的独立试验为 ***n* 重伯努利试验**.

这里"重复"是指在每次试验中 $P(A)=p$ 保持不变;"独立"是指各次试验的结果互不影响,即若以 C_i 记第 i 次试验的结果,C_i 为 A 或 $\overline{A}, i=1,2,\cdots,n$,则

$$P(C_1C_2\cdots C_i)=P(C_1)P(C_2)\cdots P(C_i), i=2,3,\cdots,n.$$

n 重伯努利试验是一种很重要的数学模型,它有广泛的应用,是研究最多的模型之一.

二项分布的实际背景:n 重伯努利试验. 例如,E_1:一枚硬币在相同条件下抛 n 次;E_2:一门火炮在相同条件下发射 n 次.

以 X 表示 n 重伯努利试验中事件 A 发生的次数,X 是一个随机变量,可能取的值为 $0,1,2,\cdots,n$. 由于各次试验是相互独立的,因此事件 A 在指定的 $k(0\leqslant k\leqslant n)$ 次试验中发生,在其他 $n-k$ 次试验中 A 不发生(例如在前 k 次试验中 A 发生,而后 $n-k$ 次试验中 A 不发生)的概率为

$$\underbrace{p\cdot p\cdots p}_{k}\cdot\underbrace{(1-p)\cdot(1-p)\cdots(1-p)}_{n-k}=p^k(1-p)^{n-k}.$$

这种指定的方式共有 C_n^k 种,它们是两两互不相容的,故在 n 次试验中 A 发生 k 次的概率为 $C_n^k p^k q^{n-k}$,其中:n 是重复试验的次数,p 是每次试验中事件 A 发生的概率,$q=1-p$,k 是 n 次试验中事件 A 发生的次数,即有

$$P\{X=k\}=C_n^k p^k q^{n-k}, k=0,1,2,\cdots,n \tag{2-2}$$

显然

$$P\{X=k\}\geqslant 0, k=0,1,2,\cdots,n,$$

$$\sum_{k=0}^{n} C_n^k p^k q^{n-k}=(p+q)^n=1.$$

注意到 $C_n^k p^k q^{n-k}$ 恰好是二项式 $(p+q)^n$ 的展开式中出现 p^k 的一项，故称随机变量 X 服从参数为 n,p 的**二项分布**，记为 $X\sim B(n,p)$.

特别，当 $n=1$ 时，二项分布就是(0-1)分布．

例 2.6　某批产品有10%的次品，进行重复抽样检验，共取得10个样品．试写出样本次品数 X 的概率分布．

解　由于是重复抽样检验，所以每次检验是重复、独立的．而每次检验结果只可能是次品或正品．所以 $X\sim B(10,0.1)$，故

$$P\{X=k\}=C_{10}^k\times 0.1^k\times 0.9^{10-k}, k=0,1,2,\cdots,10.$$

列出分布律：

X	0	1	2	3	4	5	6	$\geqslant 7$
p_k	0.3487	0.3874	0.1937	0.0574	0.0112	0.0015	0.0001	≈ 0

从上表可看出，当 k 增加时，p_k 先是随之增加至极大值(本题在 $k=1$ 时达到极大值)，随后单调减少．一般来说，对于固定的 n 及 p，二项分布 $B(n,p)$ 都具有这样的性质．

例 2.7　某人进行射击，设每次射击的命中率为0.02，独立射击400次，试求至少击中2次的概率．

解　将每次射击看成1次试验，每次试验只有两种结果，且每次试验是重复独立的，因此这是一个400重伯努利试验．设击中的次数为 X，则 $X\sim B(400,0.02)$.

$$P\{X=k\}=C_{400}^k\times 0.02^k\times 0.98^{400-k}, k=0,1,\cdots,400,$$

$$P\{X\geqslant 2\}=1-P\{X=0\}-P\{X=1\}=1-0.98^{400}-400\times 0.02\times 0.98^{399}.$$

显然，上式计算起来很复杂，下面给出一个当 n 很大、p 很小时的近似公式，这就是有名的二项分布的泊松逼近．

泊松(Poisson)定理　设 $\lambda>0$ 是常数，n 是任意正整数．设 $np_n=\lambda$，则对于任意固定的非负整数 k，有

$$\lim_{n\to\infty} C_n^k p_n^k (1-p_n)^{n-k}=\frac{\lambda^k e^{-\lambda}}{k!}.$$

证明　由 $p_n=\lambda/n$，有

$$C_n^k p_n^k (1-p_n)^{n-k} = \frac{n(n-1)\cdots(n-k+1)}{k!}\left(\frac{\lambda}{n}\right)^k\left(1-\frac{\lambda}{n}\right)^{n-k}$$

$$= \frac{\lambda^k}{k!}\left[1\cdot\left(1-\frac{1}{n}\right)\left(1-\frac{2}{n}\right)\cdots\left(1-\frac{k-1}{n}\right)\right]\left(1-\frac{\lambda}{n}\right)^n\left(1-\frac{\lambda}{n}\right)^{-k}.$$

对任意固定的 k，当 $n\to+\infty$ 时，

$$\left[1\cdot\left(1-\frac{1}{n}\right)\left(1-\frac{2}{n}\right)\cdots\left(1-\frac{k-1}{n}\right)\right]\to 1,$$

$$\left(1-\frac{\lambda}{n}\right)^n\to e^{-\lambda},\left(1-\frac{\lambda}{n}\right)^{-k}\to 1.$$

所以，

$$\lim_{n\to\infty} C_n^k p_n^k (1-p_n)^{n-k} = \frac{\lambda^k e^{-\lambda}}{k!}.$$

显然，定理中 $np_n=\lambda$（常数）意味着当 n 很大时，p_n 必定很小．所以，当 n 很大（$\geqslant 20$）、p 很小（$\leqslant 0.05$）时用以下近似公式：

$$C_n^k p^k (1-p)^{n-k} \approx \frac{\lambda^k e^{-\lambda}}{k!}，其中\ \lambda=np. \tag{2-3}$$

现利用近似公式来计算例 2.7 中的 $P\{X\geqslant 2\}$．因为

$$P\{X=k\}=C_n^k\times 0.02^k\times 0.98^{n-k}\approx\frac{8^k e^{-8}}{k!},$$

所以，

$$P\{X=0\}\approx e^{-8},P\{X=1\}\approx 8e^{-8},$$

$$P\{X\geqslant 2\}=1-P\{X<2\}\approx 1-e^{-8}-8e^{-8}\approx 0.997.$$

这个概率很接近 1，表明：其一，尽管每次射击的命中率很小（为 0.02），但如果射击 400 次，则击中目标至少 2 次几乎是可以肯定的．这说明，一个事件尽管在一次试验中发生的概率很小，但是只要试验次数很多而且试验是独立进行的，那么该事件的发生几乎是肯定的，所以小概率事件也不可轻视．其二，如射手在 400 次射击中击中的次数竟不到 2 次，由于 $P\{X<2\}\approx 0.003$ 很小，根据实际推断原理，可怀疑"每次射击的命中率为 0.02"这一假设不合理，即认为该射手射击的命中率不到 0.02.

例 2.8　设有 80 门同类型火炮，每门是相互独立的，发生故障的概率都是 0.01，且一门炮的故障由一人处理，则要考虑两种配备机械师的方法：其一，由 4 人维护，每人各负责 20 门；其二，由 3 人共同维护 80 门．试比较这两种方法在火炮发生故障时不能及时维修的概率．

解　按第一种方法：

以 X 记"第 1 人维护的 20 门火炮中同一时刻发生故障的火炮数"，以 $A_i(i=1,2,3,4)$ 表

示事件“第 i 人维护 20 门火炮中发生故障不能及时维修”，则 80 门炮中发生故障而不能及时维修的概率为

$$P(A_1 \cup A_2 \cup A_3 \cup A_4) \geqslant P(A_1) = P\{X \geqslant 2\},$$

而 $X \sim B(20, 0.01)$，$\lambda = np = 0.2$，故有

$$P\{X \geqslant 2\} \approx \sum_{k=2}^{80} \frac{0.2^k e^{-0.2}}{k!} = 0.0175,$$

即有 $P(A_1 \cup A_2 \cup A_3 \cup A_4) \geqslant 0.0175$.

按第二种方法：

以 Y 记“80 门炮中同一时刻发生故障的门数”，则 $Y \sim B(80, 0.01)$，而 $\lambda = np = 0.8$，故 80 门中发生故障而不能及时维修的概率为

$$P\{Y \geqslant 4\} \approx \sum_{k=4}^{80} \frac{0.8^k e^{-0.8}}{k!} = 0.0091.$$

我们发现：后一种情况尽管人员减少了，但工作质量反而提高了，该例表明合理应用概率方法有助于更有效地使用人力、物力等资源．

例 2.9　甲地需要与乙地的 10 个电话用户联系，每一个用户在一分钟内平均占线 12 秒，并且各个用户是否使用电话是相互独立的．为了在任意时刻使得电话用户在用电话时能够接通的概率为 0.99，至少应设置多少条电话线路？

解　每一个电话用户在任意时刻使用电话的概率为 $p = \frac{12}{60} = 0.2$. 设任意时刻 10 个用户中使用电话的用户数为 X. 由于各个用户是否使用电话是相互独立的，而且每一个用户任意时刻使用电话的概率均为 0.2，故 $X \sim B(10, 0.2)$，从而

$$P\{X = k\} = C_{10}^k \times 0.2^k \times 0.8^{10-k}, k = 0, 1, \cdots, 10.$$

设有 m 条线路，使得任意时刻用户能够通话的概率为 0.99，那么 m 应当满足

$$P\{X \leqslant m\} = 0.99,$$

由于

$$P\{X \leqslant m\} = \sum_{k=0}^{m} P\{X = k\} = \sum_{k=0}^{m} C_{10}^k \times 0.2^k \times 0.8^{10-k},$$

于是

$$\sum_{k=0}^{m} C_{10}^k \times 0.2^k \times 0.8^{10-k} = 0.99, \text{即 } m = 5.$$

所以，至少设置 5 条线路就可以保证任意时刻用户使用电话时能够通话的概率为 0.99.

3. 泊松(Poisson) 分布

设随机变量 X 所有可能的取值为 $0, 1, 2, \cdots$，而取各个值的概率为

$$P\{X=k\}=\frac{\lambda^k e^{-\lambda}}{k!},k=0,1,2,\cdots \tag{2-4}$$

其中 $\lambda>0$ 是常数,则称 X 服从参数为 λ 的**泊松分布**,记为 $X\sim P(\lambda)$.

易知,$P\{X=k\}\geqslant 0,k=0,1,2,\cdots$,且有

$$\sum_{k=0}^{+\infty}P\{X=k\}=\sum_{k=0}^{+\infty}\frac{\lambda^k e^{-\lambda}}{k!}=e^{-\lambda}\sum_{k=0}^{+\infty}\frac{\lambda^k}{k!}=e^{-\lambda}e^{\lambda}=1.$$

由泊松定理知,当试验次数 $n\to+\infty$ 时,若事件 A 每次出现的概率 $p_n=\frac{\lambda}{n}\to 0$,此时事件 A 出现的次数 X 服从泊松分布.服从泊松分布的随机变量很多,例如,一个时间间隔内某电话交换台收到的电话的呼唤次数,十字路口单位时间内过往的汽车数,一本书一页中的印刷错误数,纺织厂生产的一定数量布匹上的疵点,铸件的砂眼数,放射性物质放出的粒子在时间 $(0,t)$ 内到达指定区域的个数等.

泊松分布和二项分布有着密切的关系.根据泊松定理知,二项分布的极限分布就是泊松分布,它显示了泊松分布在理论上的重要性.

例 2.10 某公安局在长度为 t 的时间间隔内收到的紧急呼救的次数 X 服从参数为 $0.5t$ 的泊松分布,与时间间隔的起点无关(时间以小时计).

(1) 求某一天中午 12 时至下午 3 时没有收到紧急呼救的概率.

(2) 求某一天中午 12 时至下午 5 时至少收到 1 次紧急呼救的概率.

解 由于 $X\sim P(0.5t)$,则

(1) 因为 $t=3$,则 $X\sim P(1.5)$,从而

$$P\{X=0\}=\frac{1.5^0 e^{-1.5}}{0!}=e^{-1.5}.$$

(2) 因为 $t=5$,则 $X\sim P(2.5)$,从而

$$P\{X\geqslant 1\}=1-P\{X=0\}=1-e^{-2.5}.$$

4. 几何分布

每次试验时,事件 A 出现的概率均为 p,进行独立重复试验,事件 A 出现就终止试验.记随机变量 X 为所需试验次数,则 X 的概率分布为

$$P\{X=k\}=q^{k-1}p,k=1,2,\cdots. \tag{2-5}$$

其中 $p=1-q$.

由于序列 $\{q^{k-1}p\}$ 为几何序列,公比为 p,故称此分布为**几何分布**,记为 $X\sim GE(p)$.

显然满足:

(1) $P\{X=k\}\geqslant 0$;

(2) $\sum_{k=1}^{+\infty}P\{X=k\}=\sum_{k=1}^{+\infty}q^{k-1}p=p\cdot\frac{1}{1-q}=1.$

几何分布的一个重要应用就是弹药消耗量的分布．火炮对目标射击，假定单发命中率为 p，各发射击是独立进行的，摧毁目标所需弹药消耗量 X 就服从几何分布 $GE(p)$.

2.3　随机变量的分布函数

对于非离散型随机变量 X，由于其可能取值不能一一列举出来，因而就不能像离散型随机变量那样用分布律来描述它．另外，在实际中，对于有些随机变量，例如误差 ε、元件的寿命 T 等，不是对误差 $\varepsilon=0.05$ mm、寿命 $T=1213.5$ h 的概率感兴趣，而是考虑误差落在某个区间内的概率、寿命 T 大于某个数的概率．因而我们去研究随机变量所取的值落在区间 $(x_1,x_2]$ 的概率 $P\{x_1<X\leqslant x_2\}$．但由于

$$P\{x_1<X\leqslant x_2\}=P\{X\leqslant x_2\}-P\{X\leqslant x_1\},$$

所以只需知道 $P\{X\leqslant x_2\}$ 和 $P\{X\leqslant x_1\}$ 就可以了．由此本书引入随机变量的分布函数的概念．

2.3.1　分布函数的概念

设 X 是一个随机变量，x 是任意实数，函数

$$F(x)=P\{X\leqslant x\},-\infty<x<+\infty \tag{2-6}$$

称为 X 的**分布函数**．

注意：无论 X 是什么样的随机变量，其分布函数总是存在的．在分布函数 $F(x)$ 中，自变量 x 不必是随机变量的可能值，$F(x)$ 是一个普通函数．

对于任意实数 $x_1,x_2(x_1<x_2)$ 有

$$P\{x_1<X\leqslant x_2\}=P\{X\leqslant x_2\}-P\{X\leqslant x_1\}=F(x_2)-F(x_1). \tag{2-7}$$

因此，若已知 X 的分布函数，就可以计算出 X 落在任意区间 $(x_1,x_2]$ 上的概率，从这个意义上说，分布函数完整地描述了随机变量的统计规律性．

如将 X 看成数轴上点的坐标，那么分布函数 $F(x)$ 在 x 处的函数值就表示 X 落在区间 $(-\infty,x)$ 上的概率．

2.3.2　分布函数的性质

(1)$F(x)$ 是一个不减函数．

事实上，由公式(2-6)知：对任意 x_1,x_2，如 $x_2>x_1$，则有

$$F(x_2)-F(x_1)=P\{x_1<X\leqslant x_2\}\geqslant 0.$$

(2)$0\leqslant F(x)\leqslant 1$，且 $F(-\infty)=\lim\limits_{x\to-\infty}F(x)=0, F(+\infty)=\lim\limits_{x\to+\infty}F(x)=1$.

我们仅从几何上加以说明，在图 2-2 中，将区间端点 x 沿着数轴无限向左移动(即 $x\to$

$-\infty$)，则“随机点 X 落在点 x 左边”这一事件趋于不可能事件，从而其概率趋于 0，即有 $F(-\infty)=0$；又若将点 x 无限右移(即 $x\to+\infty$)，则“随机点 X 落在点 x 左边”这一事件趋于必然事件，从而其概率趋于 1，即有 $F(+\infty)=1$.

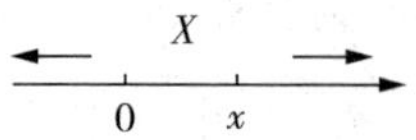

图 2-2　x 沿数轴无限左移或右移

(3) $F(x+0)=F(x)$，即 $F(x)$ 是右连续的．

反之，可证具备上述三条性质的函数 $F(x)$ 必是某个随机变量的分布函数．

一般地，设离散型随机变量 X 的分布律为

$$P\{X=x_k\}=p_k,k=1,2,\cdots.$$

由概率的可加性得 X 的分布函数为

$$F(x)=P\{X\leqslant x\}=\sum_{x_k\leqslant x}P\{X=x_k\}=\sum_{x_k\leqslant x}p_k.$$

这里的和式是对所有满足 $x_k\leqslant x$ 的 k 求和，分布函数 $F(x)$ 在 $x=x_k(k=1,2,\cdots)$ 处有跳跃，跳跃值为 p_k.

例 2.11　设随机变量 X 的分布律如下：

X	-1	2	3
p_k	1/4	1/2	1/4

求 X 的分布函数，并求 $P\{X\leqslant \frac{1}{2}\}$，$P\{\frac{3}{2}<X\leqslant\frac{5}{2}\}$，$P\{2\leqslant X\leqslant 3\}$，$P\{2\leqslant X<3\}$.

解　由概率的有限可加性，得所求分布函数为

$$F(x)=P\{X\leqslant x\}=\begin{cases}0, & x<-1,\\ \frac{1}{4}, & -1\leqslant x<2,\\ \frac{3}{4}, & 2\leqslant x<3,\\ 1, & x\geqslant 3.\end{cases}$$

$F(x)$ 的图像如图 2-3 所示，它呈阶梯形，$x=-1,2,3$ 为跳跃点．从图中还可看出 $F(x)$ 是右连续的．

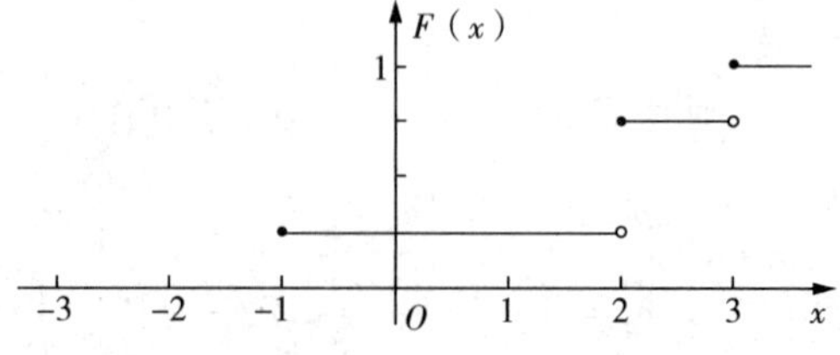

图 2-3　例 2.11 中 $F(x)$ 的图像

$$P\{X \leqslant \frac{1}{2}\} = F\left(\frac{1}{2}\right) = \frac{1}{4},$$

$$P\{\frac{3}{2} < X \leqslant \frac{5}{2}\} = F\left(\frac{5}{2}\right) - F\left(\frac{3}{2}\right) = \frac{3}{4} - \frac{1}{4} = \frac{1}{2},$$

$$P\{2 \leqslant X < 3\} = P\{X = 2\} = \frac{1}{2},$$

$$P\{2 \leqslant X \leqslant 3\} = P\{X = 2\} + P\{X = 3\} = \frac{3}{4}.$$

注意：对离散型随机变量而言，$P\{a \leqslant X \leqslant b\}$，$P\{a \leqslant X < b\}$ 以及 $P\{a < X \leqslant b\}$ 不一定相等，从例 2.11 中可显然看出．X 落在区间 I 上的概率 $P\{X \in I\} = \sum\limits_{x_k \in I} p_k$，这里和式对所有 $x_k \in I$ 的 p_k 求和．

例 2.12　一个靶子是半径为 2 m 的圆盘，设击中靶上任意同心圆盘上的点的概率与该圆盘的面积成正比，并设射击都能中靶，以 X 表示弹着点与圆心的距离．试求随机变量 X 的分布函数．

解　若 $x < 0$，则 $\{X \leqslant x\}$ 是不可能事件，于是

$$F(x) = P\{X \leqslant x\} = 0.$$

若 $0 \leqslant x < 2$，由题意，$P\{0 \leqslant X \leqslant x\} = kx^2$，$k$ 是某一常数，为了确定 k 的值，取 $x=2$，有 $P\{0 \leqslant X \leqslant 2\} = 2^2 k$，但已知 $P\{0 \leqslant X \leqslant 2\} = 1$，故得 $k = 1/4$，即

$$P\{0 \leqslant X \leqslant x\} = \frac{x^2}{4}.$$

于是

$$F(x) = P\{X \leqslant x\} = P\{X < 0\} + P\{0 \leqslant X \leqslant x\} = \frac{x^2}{4}.$$

若 $x \geqslant 2$，由题意 $\{X \leqslant x\}$ 是必然事件，于是

$$F(x) = P\{X \leqslant x\} = 1.$$

综上所述，即得 X 的分布函数为

$$F(x) = \begin{cases} 0, & x < 0, \\ \dfrac{x^2}{4}, & 0 \leqslant x < 2, \\ 1, & x \geqslant 2. \end{cases}$$

$F(x)$ 的图像是一条连续的曲线，如图 2-4 所示．

另外，容易看到本例中的分布函数 $F(x)$ 对于任意 x 可以写成以下形式：

$$F(x)=\int_{-\infty}^{x}f(t)\mathrm{d}t,$$

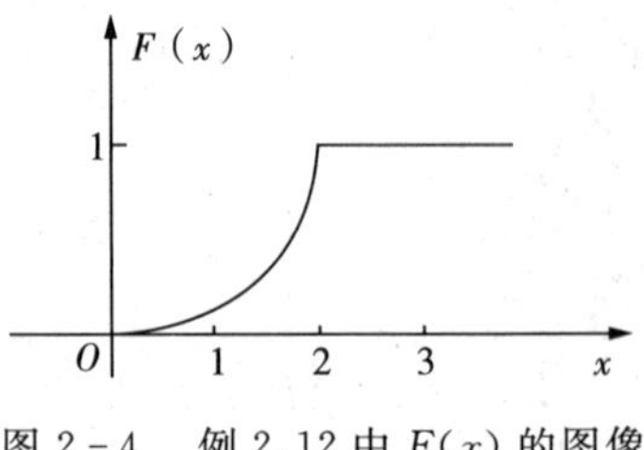

图 2－4　例 2.12 中 $F(x)$ 的图像

其中

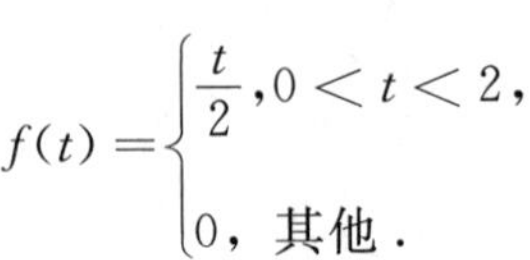

$$f(t)=\begin{cases}\dfrac{t}{2},0<t<2,\\0，其他.\end{cases}$$

这就是说，$F(x)$ 恰是非负函数 $f(t)$ 在区间$(-\infty,x]$上的积分，这种情况称 X 为连续型随机变量．下一节将给出连续型随机变量的一般定义．

2.4　连续型随机变量

除了离散型随机变量外，还有一类重要的随机变量，例如身高、体重、子弹的长度等．这类随机变量的值可以是某个区间中的任意值，甚至可以是任意实数．这种随机变量就是本节要研究的连续型随机变量．

2.4.1　概率密度函数

一般如上节例 2.12 中的随机变量那样，如果对于随机变量 X 的分布函数 $F(x)$，存在非负可积函数 $f(x)(-\infty<x<+\infty)$，使得对于任意实数 x 均有

$$F(x)=\int_{-\infty}^{x}f(t)\mathrm{d}t,\tag{2-8}$$

则称 X 为**连续型随机变量**，$f(x)$ 为**概率密度函数或密度函数**．

由定义可知，密度函数 $f(x)$ 应具有以下性质．

(1) 非负性：$f(x)\geqslant 0$；

(2) 归一性：$\int_{-\infty}^{+\infty}f(x)\mathrm{d}x=1$；

(3) 对任意实数 $a,b(a\leqslant b)$，

$$p\{a<X\leqslant b\}=F(b)-F(a)=\int_{a}^{b}f(x)\mathrm{d}x;$$

(4) 若 $f(x)$ 在 x 点处连续，则有 $F'(x)=f(x)$.

反之，若 $f(x)$ 具有性质(1) 和性质(2)，引入 $F(x)=\int_{-\infty}^{x}f(t)\mathrm{d}t$，则它是某一个随机变量 X 的分布函数，$f(x)$ 是 X 的概率密度函数．

由性质(4) 知，在 $f(x)$ 的连续点 x 处，有

$$f(x)=\lim_{\Delta x\to 0^{+}}\frac{F(x+\Delta x)-F(x)}{\Delta x}=\lim_{\Delta x\to 0^{+}}\frac{P\{x<X\leqslant x+\Delta x\}}{\Delta x}.\tag{2-9}$$

从这里可以看出，概率密度的定义与物理学中的线密度的定义相似，这就是称 $f(x)$ 为概率密度的缘故．

由公式(2-9)知，若不计高阶无穷小，有

$$P\{x < X \leqslant x + \Delta x\} \approx f(x)\Delta x, \tag{2-10}$$

表示 X 落在小区间 $(x, x+\Delta x]$ 上的概率可近似地等于 $f(x)\Delta x$.

例 2.13　设随机变量 X 的概率密度为

$$f(x) = \begin{cases} Ax^2 e^{-kx}, k > 0, 0 \leqslant x < +\infty, \\ 0, \quad\quad 其他. \end{cases}$$

(1) 求系数 A；

(2) 计算随机变量落于区间 $\left(0, \dfrac{1}{k}\right)$ 内的概率．

解　(1) 利用密度函数的归一性得

$$\int_0^{+\infty} Ax^2 e^{-kx} dx = 1,$$

于是有 $2A/k^3 = 1$，即 $A = k^3/2$.

(2) $P\left\{0 < X < \dfrac{1}{k}\right\} = \dfrac{k^3}{2}\displaystyle\int_0^{\frac{1}{k}} x^2 e^{-kx} dx = 1 - \dfrac{5}{2e} \approx 0.086.$

注：(1) 若 X 为连续型随机变量，则 $F(x)$ 是连续的．

(2) 若 X 为连续型随机变量，则对任意实数 a，都有 $P\{X=a\}=0$. 事实上，设 X 的分布函数为 $F(x)$，若 $\Delta x > 0$，则由 $\{X=a\} \subset \{a - \Delta x < X \leqslant a\}$ 得

$$0 \leqslant P\{X=a\} \leqslant P\{a - \Delta x < X \leqslant a\} = F(a) - F(a - \Delta x).$$

令 $\Delta x \to 0$，注意到 $F(x)$ 是连续的，即得

$$P\{X = a\} = 0, \tag{2-11}$$

于是，对任意实数 $a < b$，有

$$P\{a \leqslant X < b\} = P\{a < X \leqslant b\} = P\{a \leqslant X \leqslant b\} = P\{a < X < b\}$$

$$= \int_a^b f(x) dx = F(b) - F(a).$$

在这里，事件 $\{X=a\}$ 并非不可能事件，但有 $P\{X=a\}=0$. 这就是说，如果 A 是不可能事件，则有 $P(A)=0$；反之，若 $P(A)=0$，并不一定意味着 A 是不可能事件．

下文提到一个随机变量 X 的“概率分布”时，若 X 是连续型随机变量，指的是它的概率密度，若 X 是离散型随机变量，指的是它的分布律．

2.4.2 几种常见的分布

1. 均匀分布

设连续型随机变量 X 具有概率密度

$$f(x)=\begin{cases}\dfrac{1}{b-a}, a\leqslant x\leqslant b,\\ 0, \quad 其他,\end{cases} \tag{2-12}$$

则称 X 在区间 $[a,b]$ 上服从**均匀分布**,记为 $X\sim U[a,b]$.

它的分布函数为

$$F(x)=\begin{cases}0, \quad x<a,\\ \dfrac{x-a}{b-a}, a\leqslant x<b,\\ 1, \quad x\geqslant b.\end{cases} \tag{2-13}$$

$f(x)$ 和 $F(x)$ 的图像分别如图 2-5、图 2-6 所示.

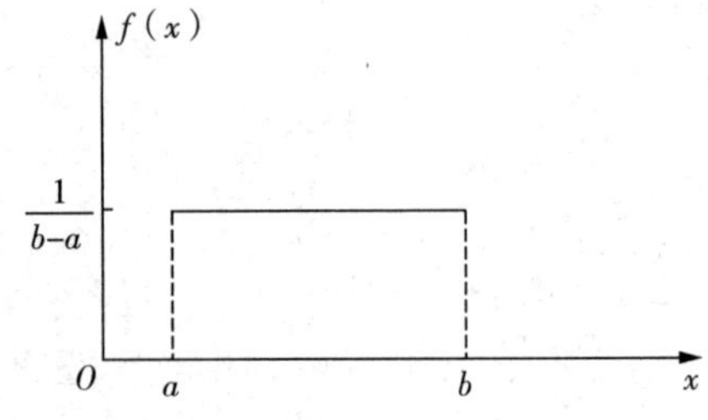

图 2-5 均匀分布中 $f(x)$ 的图像

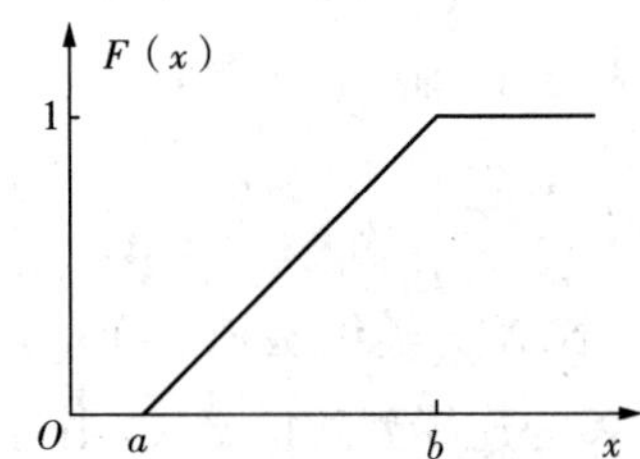

图 2-6 均匀分布中 $F(x)$ 的图像

在区间 $[a,b]$ 上服从均匀分布的随机变量 X 具有下述意义的等可能性,即它落在区间 $[a,b]$ 中任意等长度的子区间内的可能性是相同的,或者说它落在子区间内的概率只依赖于子区间的长度而与子区间的位置无关. 事实上,对于任意长度为 l 的子区间 $(c,c+l)$,$a\leqslant c<c+l\leqslant b$,有

$$P\{c<X<c+l\}=\int_c^{c+l}f(x)\mathrm{d}x=\int_c^{c+l}\frac{1}{b-a}\mathrm{d}x=\frac{l}{b-a}.$$

例 2.14 使用秒表时产生的误差 X 是一个随机变量,它服从 $[-0.1,0.1]$ 上的均匀分布. 求 X 的概率密度及误差的绝对值在 0.05 秒之内的概率.

解 X 的概率密度为

$$f(x)=\begin{cases}\dfrac{1}{0.1-(-0.1)}=5, |x|<0.1,\\ 0, \quad 其他.\end{cases}$$

所以，$P\{|X|<0.05\}=\int_{-0.05}^{0.05}5\mathrm{d}x=0.5$.

2. 指数分布

若随机变量 X 具有概率密度

$$f(x)=\begin{cases}\lambda \mathrm{e}^{-\lambda x}, & x>0,\\ 0, & x\leqslant 0.\end{cases} \tag{2-14}$$

其中常数 $\lambda>0$，则称 X 服从参数为 λ 的**指数分布**，记为 $X\sim E(\lambda)$.

易知 $f(x)\geqslant 0$，且 $\int_{-\infty}^{+\infty}f(x)\mathrm{d}x=1$. 图 2-7 中画出了 $\lambda=3,\lambda=1,\lambda=\frac{1}{2}$ 时 $f(x)$ 的图像.

它的分布函数为

$$F(x)=\begin{cases}1-\mathrm{e}^{-\lambda x}, & x>0,\\ 0, & x\leqslant 0.\end{cases} \tag{2-15}$$

指数分布有广泛的应用，常用它来作为没有明显衰老现象的各种“寿命”分布，如电子元件的寿命、随机服务系统的服务时间等. 指数分布之所以有这种功能，是因为它和离散情况下的几何分布一样，具有“无记忆性”. 它的直观意义是有些元件在使用过程中损坏与否同过去使用的历史无关. 例如保险丝，它的损坏不是因为使用时它逐渐磨损、变细、衰老而造成的，而是电流过大造成的，只要现在没有损坏，它还可以和新的一样使用.

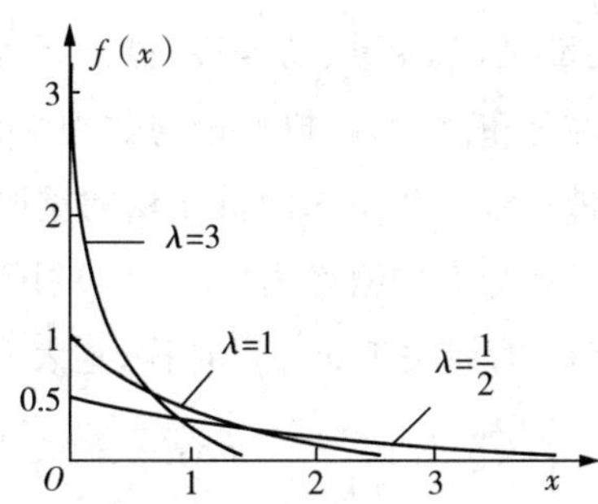

图 2-7 指数分布中 λ 取特殊值时 $f(x)$ 的图像

设 X 是某一元件的寿命，若元件已经使用了 s 小时，它总共至少能使用 $s+t$ 小时的概率，与从开始使用算起至少能使用 t 小时的概率相等. 这就是说，元件对它已使用的 s 小时没有记忆.

下面的定理说明指数分布具有此性质，而且在连续型随机变量中，只有指数分布才具有此性质.

定理 1 设 X 服从参数为 λ 的指数分布，则对于任意 $s,t>0$，有

$$P\{X>s+t\mid X>s\}=P\{X>t\}. \tag{2-16}$$

证明 若 X 服从参数为 λ 的指数分布，则对于任意的 $x>0$，有

$$P\{X>x\}=1-F(x)=\mathrm{e}^{-\lambda x},$$

于是，对任意 $s,t>0$，有

$$P\{X>s+t \mid X>s\}=\frac{P\{(X>s+t)\cap(X>s)\}}{P\{X>s\}}$$

$$=\frac{P\{X>s+t\}}{P\{X>s\}}=\frac{\mathrm{e}^{-\lambda(s+t)}}{\mathrm{e}^{-\lambda s}}=\mathrm{e}^{-\lambda t}=P(x>t).$$

3. 正态分布

设连续型随机变量 X 的概率密度为

$$f(x)=\frac{1}{\sqrt{2\pi}\sigma}\mathrm{e}^{-\frac{(x-\mu)^2}{2\sigma^2}},\quad -\infty<x<+\infty, \tag{2-17}$$

其中 $\mu,\sigma(\sigma>0)$ 为常数,则称 X 服从参数为 μ 和 σ^2 的**正态分布或高斯(Gauss)分布**,记为 $X\sim N(\mu,\sigma^2)$.

在自然现象和社会现象中,大量随机变量都服从或近似服从正态分布. 例如,一个地区同龄人的身高和体重,大批制造的同一产品的尺寸如长度、高度、宽度、直径等,海洋波浪的高度,半导体热噪声电流或电压等. 正态分布在军事中也有着极其重要的应用,如炸点坐标、测量误差、弹重、初速度、膛压等均服从正态分布. 正态分布是一种常见的分布,也是最重要的分布之一,在概率论与数理统计的理论研究和实际应用中起着特别重要的作用. 第5章将进一步说明正态随机变量的重要性.

正态分布中概率密度 $f(x)$ 的图像如图 2-8 所示,它具有以下性质:

(1) 曲线关于 $x=\mu$ 对称,这表明对于任意 $h>0$,有

$$P\{\mu-h<X\leqslant\mu\}=P\{\mu<X\leqslant\mu+h\}.$$

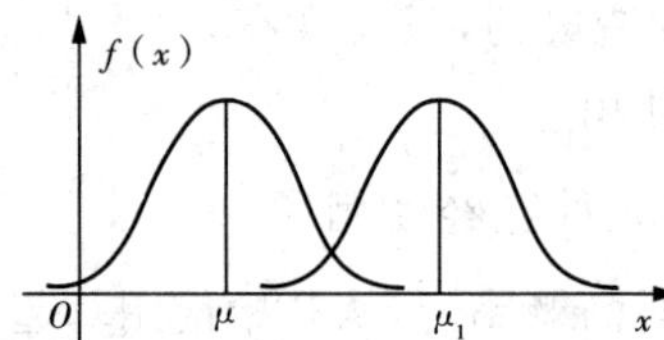

图 2-8　正态分布中 $f(x)$ 的图像

(2) 当 $x=\mu$ 时,$f(x)$ 取到最大值,为

$$f(\mu)=\frac{1}{\sqrt{2\pi}\sigma},$$

x 离 μ 越远,$f(x)$ 的值越小. 这表明对于同样长度的区间,当区间离 μ 越远,X 落在这个区间上的概率越小. 在 $x=\mu\pm\sigma$ 处曲线有拐点,曲线以 x 轴为渐近线.

(3) 如果固定 σ,改变 μ 的值,则图像沿着 x 轴平移,而不改变其形状(见图 2-8),可见正态分布的概率密度曲线 $y=f(x)$ 的位置完全由参数 μ 所确定,μ 称为位置参数.

如果固定 μ,改变 σ 的值,由于最大值为 $f(\mu)=\dfrac{1}{\sqrt{2\pi}\sigma}$,可知当 σ 越小时,图像变得越尖(见图 2-9),因而落在 μ 附近的概率越大.

若 $X \sim N(\mu,\sigma^2)$，则 X 落在区间$[x_1,x_2]$内的概率为

$$P\{x_1 \leqslant X \leqslant x_2\} = \frac{1}{\sqrt{2\pi}\sigma}\int_{x_1}^{x_2} e^{-\frac{(x-\mu)^2}{2\sigma^2}} dx.$$

由公式(2-17)得 X 的分布函数为

$$F(x) = \frac{1}{\sqrt{2\pi}\sigma}\int_{-\infty}^{x} e^{-\frac{(t-\mu)^2}{2\sigma^2}} dt. \tag{2-18}$$

$F(x)$ 的图像如图 2-10 所示.

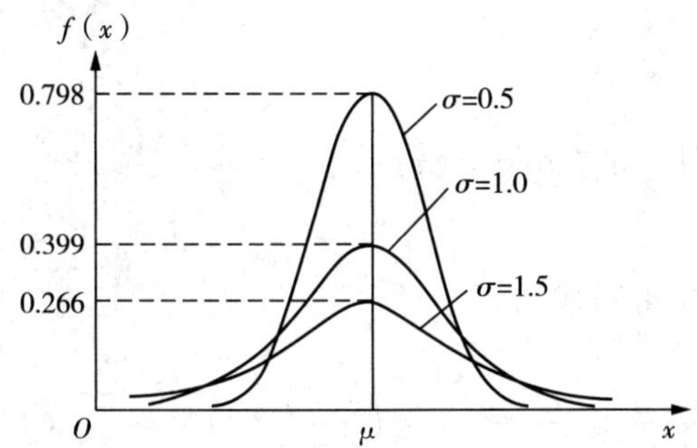

图 2-9　正态分布中固定 μ、改变 σ

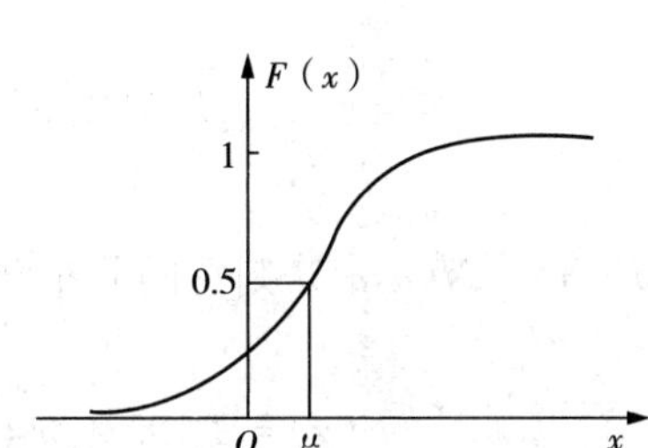

图 2-10　正态分布中 $F(x)$ 的图像

特别地，当 $\mu=0,\sigma=1$ 时，称 X 服从标准正态分布，它的概率密度函数(见图 2-11)为

$$\varphi(x) = \frac{1}{\sqrt{2\pi}} e^{-\frac{x^2}{2}}. \tag{2-19}$$

其分布函数 $\Phi(x)$ 为

$$\Phi(x) = P\{X \leqslant x\} = \frac{1}{\sqrt{2\pi}}\int_{-\infty}^{x} e^{-\frac{t^2}{2}} dt. \tag{2-20}$$

易知

$$\Phi(-x) = 1 - \Phi(x). \tag{2-21}$$

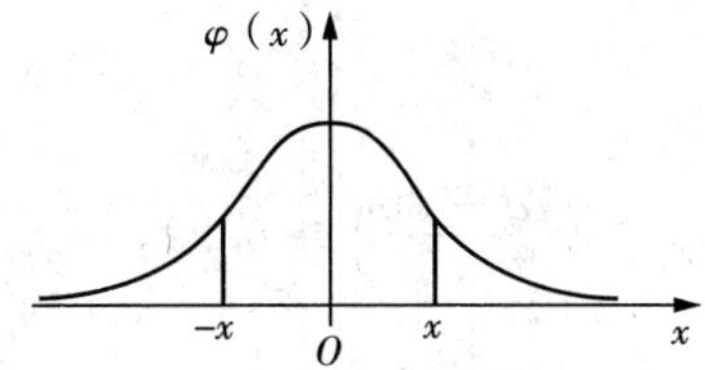

图 2-11　标准正态分布的概率密度函数

$\Phi(x)$ 的计算可查附录二.

一般地，若 $X \sim N(\mu,\sigma^2)$，只要通过一个线性变换就能将它转化成标准正态分布．

引理 若 $X \sim N(\mu,\sigma^2)$，则 $Z=\dfrac{X-\mu}{\sigma} \sim N(0,1)$.

证明 $Z=\dfrac{X-\mu}{\sigma}$ 的分布函数为

$$P\{Z \leqslant x\}=P\left\{\frac{X-\mu}{\sigma} \leqslant x\right\}=P\{X \leqslant \mu+\sigma x\}=\frac{1}{\sqrt{2\pi}\sigma}\int_{-\infty}^{\mu+\sigma x} \mathrm{e}^{-\frac{(t-\mu)^2}{2\sigma^2}}\,\mathrm{d}t.$$

令 $u=\dfrac{t-\mu}{\sigma}$，得

$$P\{Z \leqslant x\}=\frac{1}{\sqrt{2\pi}}\int_{-\infty}^{x} \mathrm{e}^{-\frac{u^2}{2}}\,\mathrm{d}u=\Phi(x).$$

于是，若 $X \sim N(\mu,\sigma^2)$，则它的分布函数 $F(x)$ 可写成

$$F(x)=P\{X \leqslant x\}=P\left\{\frac{X-\mu}{\sigma} \leqslant \frac{x-\mu}{\sigma}\right\}=\Phi\left(\frac{x-\mu}{\sigma}\right). \tag{2-22}$$

例 2.15 将一温度调节器放置在贮存着某种液体的容器内，调节器定在 d(℃)，液体的温度 X(℃) 是一个随机变量，且 $X \sim N(d,0.5^2)$．(1) 若 $d=90$ ℃，求 X 小于 89 ℃ 的概率．(2) 若要求保持液体的温度至少为 80 ℃ 的概率不低于 0.99，问 d 至少为多少？

解 (1) 所求概率为

$$P\{X<89\}=P\left\{\frac{X-90}{0.5}<\frac{89-90}{0.5}\right\}=\Phi\left(\frac{89-90}{0.5}\right)=\Phi(-2)$$

$$=1-\Phi(2)=1-0.9772=0.0228.$$

(2) 按题意所求 d 满足

$$0.99 \leqslant P\{X>80\}=P\left\{\frac{X-d}{0.5}>\frac{80-d}{0.5}\right\}=1-P\left\{\frac{X-d}{0.5} \leqslant \frac{80-d}{0.5}\right\}=1-\Phi\left(\frac{80-d}{0.5}\right),$$

即

$$\Phi\left(\frac{d-80}{0.5}\right) \geqslant 0.99,$$

因此

$$\frac{d-80}{0.5} \geqslant 2.327,$$

故

$$d \geqslant 81.1635.$$

为了便于今后在数理统计中的应用，对于标准正态分布随机变量，引入上 α 分位点的定义．

设 $X \sim N(0,1)$，若 z_α 满足条件 $p\{X > z_\alpha\} = \alpha$，$0 < \alpha < 1$，则称点 z_α 为标准正态分布的**上 α 分位点**（见图 2-12）.

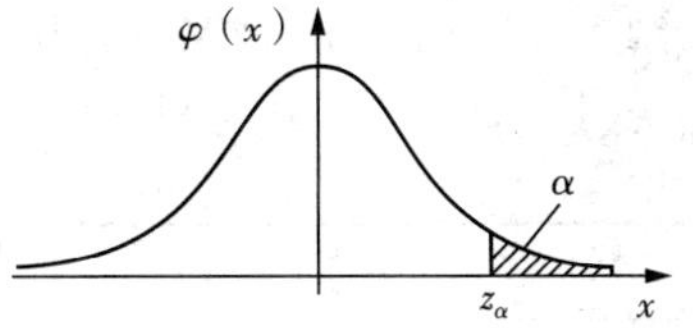

图 2-12　标准正态分布的上 α 分位点

另外，由 $\varphi(x)$ 的图像的对称性，可知 $z_{1-\alpha} = -z_\alpha$.

2.5　随机变量的函数的分布

在许多实际问题中需要计算随机变量的函数的分布．如在统计物理中，质量为 m 的分子，其运动速度是一个随机变量 v，它的概率分布已经确定，此分子的动能 $E=\frac{1}{2}mv^2$ 是随机变量的函数，需要进一步求出 E 的概率分布．在这一节中，将讨论如何由已知随机变量 X 的概率分布求它的函数 $Y=g(X)$（$g(x)$ 是已知的连续函数）的概率分布，其中 Y 是随机变量，每当随机变量 X 取 x 时，Y 的取值为 $y=g(x)$.

2.5.1　离散型随机变量的函数

设 X 是离散型随机变量，其分布律如下：

X	x_1	x_2	…	x_n	…
p_k	p_1	p_2	…	p_n	…

则随机变量函数 $Y=f(X)$ 也是离散型随机变量．记 $y_i=f(x_i)$，$i=1,2,\cdots$.

如果诸 y_i 的值互不相同，则随机变量 Y 的分布律如下：

Y	$y_1=f(x_1)$	$y_2=f(x_2)$	…	$y_n=f(x_n)$	…
p_k	p_1	p_2	…	p_n	…

此处可能有些 $f(x_i)$ 的值相等，应当将那些相等的值分别对应的概率相加，就得到 Y 的分布律．

例 2.16　设 X 的分布律如下：

X	0	1	2	3	4	5
p_k	1/12	1/6	1/3	1/12	2/9	1/9

求下列随机变量函数的分布律：

(1)$Y=2X+1$；(2)$Y=(X-2)^2$.

解　(1) 由于 $Y=2X+1$ 为单调函数，故不同的 X 值对应于不同的 Y 值，于是 Y 的分布律如下：

Y	1	3	5	7	9	11
p_k	1/12	1/6	1/3	1/12	2/9	1/9

(2) 由于 $Y=(X-2)^2$ 不是单调函数，数值如下：

X	0	1	2	3	4	5
Y	4	1	0	1	4	9

将相同的 Y 值合并，对应的概率相加，便得 $Y=(X-2)^2$ 的分布律如下：

Y	0	1	4	9
p_k	1/3	1/4	11/36	1/9

2.5.2　连续型随机变量的函数

在连续场合求随机变量函数 $Y=g(X)$ 的分布虽然复杂一些，但是利用分布函数及其性质，按一定步骤也是容易求得的.

例 2.17　设随机变量 X 具有概率密度

$$f_X(x)=\begin{cases}\dfrac{x}{8}, 0<x<4,\\ 0, \text{其他}.\end{cases}$$

求 $Y=2X+8$ 的概率密度.

解　分别记 X,Y 的分布函数为 $F_X(x),F_Y(y)$. 下面先来求 $F_Y(y)$.

$$F_Y(y)=P\{Y\leqslant y\}=P\{2X+8\leqslant y\}=P\left\{X\leqslant\frac{y-8}{2}\right\}=F_X\left(\frac{y-8}{2}\right),$$

将 $F_Y(y)$ 关于 y 求导，于是得 $Y=2X+8$ 的概率密度为

$$f_Y(y)=f_X\left(\frac{y-8}{2}\right)\left(\frac{y-8}{2}\right)'$$

$$=\begin{cases}\dfrac{y-8}{32}, 8<y<16,\\ 0, \quad\text{其他}.\end{cases}$$

例2.18　设随机变量X具有概率密度$f_X(x)$，$-\infty<x<+\infty$，求$Y=X^2$的概率密度．

解　分别记X,Y的分布函数为$F_X(x)$，$F_Y(y)$，下面先来求$F_Y(y)$．因为$Y=X^2$，故$y\leqslant 0$时，$F_Y(y)=0$．当$y>0$时，有

$$F_Y(y)=P\{Y\leqslant y\}=P\{-\sqrt{y}\leqslant X\leqslant\sqrt{y}\}=\int_{-\sqrt{y}}^{\sqrt{y}}f_X(x)\,\mathrm{d}x,$$

将$F_Y(y)$关于y求导，由此得到Y的概率密度为

$$f_Y(y)=\begin{cases}\dfrac{1}{2\sqrt{y}}\left[f_X(\sqrt{y})+f_X(-\sqrt{y})\right], & y>0,\\ 0, & y\leqslant 0.\end{cases}\tag{2-23}$$

例如，设$X\sim N(0,1)$，其概率密度为

$$\varphi(x)=\frac{1}{\sqrt{2\pi}}\mathrm{e}^{-\frac{x^2}{2}},\ -\infty<x<+\infty,$$

由公式(2-23)得$Y=X^2$的概率密度为

$$f_Y(y)=\begin{cases}\dfrac{1}{\sqrt{2\pi}}y^{-\frac{1}{2}}\mathrm{e}^{-\frac{y}{2}}, & y>0,\\ 0, & y\leqslant 0.\end{cases}$$

此时称Y服从自由度为1的χ^2分布．

解题的关键步骤是在"$Y\leqslant y$"中即在"$g(X)\leqslant y$"中解出X，从而得到一个与"$g(X)\leqslant y$"等价的X的不等式，以后者代替"$g(X)\leqslant y$"．例如，在例2.17中以"$X\leqslant\dfrac{y-8}{2}$"代替"$2X+8\leqslant y$"；在例2.18中，当$y>0$时，以"$-\sqrt{y}\leqslant X\leqslant\sqrt{y}$"代替"$X^2\leqslant y$"．一般来说，可以用这样的方法求连续型随机变量函数的分布函数或概率密度函数．下面仅对$Y=g(X)$，其中函数$g(x)$是严格单调函数的情况，写出一般的结果．

定理2　设随机变量X具有概率密度$f_X(x)$，$-\infty<x<+\infty$，$y=g(x)$处处可导且恒有$g'(x)>0$(或恒有$g'(x)<0$)，则$Y=g(X)$是连续型随机变量，其概率密度为

$$f_Y(y)=\begin{cases}f_X[h(y)]\,|h'(y)|, & \alpha<y<\beta,\\ 0, & \text{其他}.\end{cases}\tag{2-24}$$

其中$\alpha=\min\{g(-\infty),g(+\infty)\}$，$\beta=\max\{g(-\infty),g(+\infty)\}$，$h(y)$是$g(x)$的反函数．

这里只证$g'(x)>0$的情况．此时，$g(x)$在$(-\infty,+\infty)$上是严格单调递增的，可知它的反函数$x=h(y)$在(α,β)上也单调递增，并且可导．

因为$Y=g(X)$在(α,β)内取值，故当$y\leqslant\alpha$时，$F_Y(y)=P\{Y\leqslant y\}=0$；当$y\geqslant\beta$时，$F_Y(y)=P\{Y\leqslant y\}=1$．

当 $\alpha < y < \beta$ 时，$F_Y(y) = P\{Y \leqslant y\} = P\{g(X) \leqslant y\} = P\{X \leqslant h(y)\} = F_X[h(y)]$.

将 $F_Y(y)$ 关于 y 求导，即得到 Y 的概率密度为

$$f_Y(y) = \begin{cases} f_X[h(y)]h'(y), & \alpha < y < \beta, \\ 0, & \text{其他}. \end{cases} \tag{2-25}$$

$g'(x) < 0$ 的情况可以同样地证明，此时有

$$f_Y(y) = \begin{cases} f_X[h(y)][-h'(y)], & \alpha < y < \beta, \\ 0, & \text{其他}. \end{cases} \tag{2-26}$$

合并公式(2-25)、公式(2-26)，公式(2-24)得证.

例 2.19 设随机变量 $X \sim N(\mu, \sigma^2)$. 试证明 X 的线性函数 $Y = aX + b(a \neq 0)$ 也服从正态分布.

证明 X 的概率密度为

$$f_X(x) = \frac{1}{\sqrt{2\pi}\sigma} e^{-\frac{(x-\mu)^2}{2\sigma^2}}, -\infty < x < +\infty,$$

由 $y = g(x) = ax + b$ 解得 $x = h(y) = \dfrac{y-b}{a}, -\infty < y < +\infty$，并且有 $h'(y) = \dfrac{1}{a}$，由公式(2-24)得 $Y = aX + b$ 的概率密度为

$$f_Y(y) = \frac{1}{|a|} f_X\left(\frac{y-b}{a}\right), -\infty < y < +\infty,$$

即

$$f_Y(y) = \frac{1}{|a|} \cdot \frac{1}{\sqrt{2\pi}\sigma} e^{\frac{\left(\frac{y-b}{a}-\mu\right)^2}{2(a\sigma)^2}} = \frac{1}{|a|\sqrt{2\pi}\sigma} e^{-\frac{[y-(b+a\mu)]^2}{2(a\sigma)^2}}, -\infty < x < +\infty,$$

即有

$$Y = aX + b \sim N(a\mu + b, (a\sigma)^2).$$

特别地，取 $a = \dfrac{1}{\sigma}, b = -\dfrac{\mu}{\sigma}$ 得到 $Y = \dfrac{X-\mu}{\sigma} \sim N(0,1)$.

习 题 二

1. 一个盒子装有 10 只晶体管，其中有 4 只次品和 6 只正品，随机地抽出 1 只测试，直到 4 只次品晶体管都找到为止，求所需要的测试次数 X 的分布律.

2. 甲、乙两个排都拥有加农炮 3 门和榴弹炮 2 门，现从甲排任意调 1 门炮到乙排，再从乙排取 4 门炮，求从乙排中取出 4 门炮中包含的榴弹炮数 X 的分布律，并画出分布律的图像.

3. 进行重复独立试验，设每次试验成功的概率为 p，失败的概率为 $q = 1-p(0 < p < 1)$. 将试验进行到出现 r 次成功为止，以 Y 表示所需的试验次数，求 Y 的分布律(此时称 Y 服从以 r, p 为参数的帕斯卡分布).

4. 一栋大楼装有5台同类型的供水设备．调查表明，在任一时刻 t，每台设备被使用的概率为0.1，在同一时刻：

(1) 恰有2台设备被使用的概率是多少?

(2) 至少有3台设备被使用的概率是多少?

(3) 至多有3台设备被使用的概率是多少?

(4) 至少有1台设备被使用的概率是多少?

5. 某商店出售某种商品，据历史记录分析，月销售量服从参数为5的泊松分布，问：在月初进货时要库存多少件此种商品才能以0.999的概率满足顾客的需要?

6. 某车间有100台同样类型的机器，在一小时内每台机器需要工人照看的概率为0.025，求能以90%的概率保证一小时内需要工人照看的机器最多不超过多少台?(用泊松定理计算)

7. 甲、乙两人投篮，投中的概率分别为0.6，0.7．今各投3次．求：

(1) 两人投中次数相等的概率；

(2) 甲比乙投中次数多的概率．

8. 设随机变量 X 的分布律如下：

X	0	1	2
p_k	1/3	1/6	1/2

求：(1)X 的分布函数并画出图像；

(2)$P\{X\leqslant \frac{1}{2}\}$，　$P\{1<X\leqslant \frac{3}{2}\}$，　$P\{1\leqslant X\leqslant \frac{3}{2}\}$.

9. 设连续型随机变量 X 的概率密度为

$$f(x)=\begin{cases}\dfrac{C}{\sqrt{1-x^2}}, & |x|<1,\\ 0, & |x|\geqslant 1.\end{cases}$$

求：(1) 常数 C；

(2)X 的取值落在区间$(-0.5,0.5)$内的概率；

(3)X 的分布函数 $F(x)$.

10. 设随机变量 X 的概率密度为

$$f(x)=\begin{cases}x, & 0\leqslant x<1,\\ 2-x, & 1\leqslant x<2,\\ 0, & \text{其他}.\end{cases}$$

求 X 的分布函数 $F(x)$，并画出 $f(x)$ 及 $F(x)$ 的图像．

11. 设连续型随机变量 X 的分布函数为

$$F(x)=\begin{cases}A+Be^{-\frac{x^2}{2}}, & x>0,\\ 0, & x\leqslant 0.\end{cases}$$

求：(1) 系数 A 与系数 B；

(2)X的概率密度$f(x)$；

(3)X的取值落在(1,2)内的概率.

12. 设顾客在某银行的窗口等待的时间X(以分钟计)服从指数分布,其概率密度为

$$f_X(x)=\begin{cases}\frac{1}{5}e^{-x/5}, & x>0,\\ 0, & x\leqslant 0.\end{cases}$$

某顾客在窗口等待服务,若超过10分钟,他就离开.他一个月到银行5次,以Y表示一个月内他未等到服务而离开窗口的次数,写出分布律,并求$P\{Y\geqslant 1\}$.

13. 设K在(0,5)内服从均匀分布,求x的方程

$$4x^2+4Kx+K+2=0$$

有实根的概率.

14. 设$X\sim N(3,2^2)$.

(1)求$P\{2<X\leqslant 5\}$,$P\{-4<X\leqslant 10\}$,$P\{|X|>2\}$,$P\{|X|>3\}$；

(2)确定c,使得$P(X<c)=P(X>c)$；

(3)设d满足$P(X>d)\geqslant 0.9$,问d至多为多少?

15. 某机器生产的螺栓的长度(以厘米为单位)服从参数$\mu=10.05$,$\sigma=0.06$的正态分布,规定长度在范围10.05 ± 0.12内为合格,求一螺栓为不合格品的概率.

16. 一工厂生产的某种元件的寿命X(以小时计)服从参数为$\mu=10.05$,$\sigma(\sigma>0)$的正态分布,若要求$P(120<X\leqslant 200)\geqslant 0.80$,允许$\sigma$最大为多少?

17. 设在一电路中,电阻两端的电压服从$N(120,2^2)$,今独立测量了5次,试确定有2次测定值落在区间[118,122]之外的概率.

18. 设随机变量的分布律如下:

X	-2	-1	0	1	2
p_k	0.15	0.2	0.3	0.2	0.15

试求$Y=X^2$的分布律.

19. 设$X\sim N(3,2^2)$.

(1)求$Y=e^X$的概率密度；

(2)求$Y=2X^2+1$的概率密度；

(3)求$Y=|X|$的概率密度.

20.(1)设随机变量X的概率密度为$f(x)$,$x\in\mathbf{R}$.求$Y=X^3$的概率密度；

(2)设随机变量X的概率密度为

$$f(x)=\begin{cases}e^{-x}, & x>0,\\ 0, & \text{其他}.\end{cases}$$

求$Y=X^2$的概率密度.

21. 设X服从指数分布,具有分布密度函数为

$$f(x)=\begin{cases}\lambda e^{-\lambda x}, & x\geqslant 0,\\ 0, & x<0.\end{cases}$$

证明 $Y=X^{\frac{1}{a}}$ $(a>0, a$ 为常数) 具有分布密度函数

$$f_Y(x)=\begin{cases}\alpha\lambda x^{\alpha-1}e^{-\lambda x^{\alpha}}, & x>0,\\ 0, & \text{其他}.\end{cases}$$

这个分布称为韦布尔(Weibull) 分布.

22. 设随机变量 X 的概率密度为

$$f(x)=\begin{cases}\dfrac{2x}{\pi^2}, & 0<x<\pi,\\ 0, & \text{其他}.\end{cases}$$

求 $Y=\sin X$ 的概率密度.

23. 设电流 I 是一个随机变量,它均匀分布在 9 A 至 11 A 之间. 若此电流通过 2 Ω 的电阻,在其上消耗的功率 $W=2I^2$. 求 W 的概率密度.

第3章　多维随机变量及其分布

3.1　二维随机变量

以上只限于讨论一个随机变量的情况，但在实际问题中，有些随机试验的结果需要同时用两个或两个以上的随机变量来描述．例如，为了研究某一地区学龄前儿童的发育情况，对这一地区的儿童进行抽查，每个儿童都能观察他的身高 H 和体重 W．在这里，样本空间 $S=\{e\}=\{$某地区的全部学龄前儿童$\}$，而 $H(e)$ 和 $W(e)$ 是定义在 S 上的两个随机变量．又如炮弹弹着点的位置需要由它的横坐标和纵坐标来确定，而横坐标和纵坐标是定义在同一个样本空间的两个随机变量．

设 E 是一个随机试验，它的样本空间是 $S=\{e\}$，设 $X=X(e)$ 和 $Y=Y(e)$ 是定义在 S 上随机变量，由它们构成的一个向量 (X,Y) 叫作**二维随机向量**或**二维随机变量**(见图 3-1)．第2章讨论的随机变量叫一维随机变量．

二维随机变量 (X,Y) 并非两个随机变量 X,Y 的简单组合，它还与这两个随机变量之间的关系有关．因此，依次研究 X 或 Y 的性质是不够的，还需将 (X,Y) 看成一个整体进行研究．

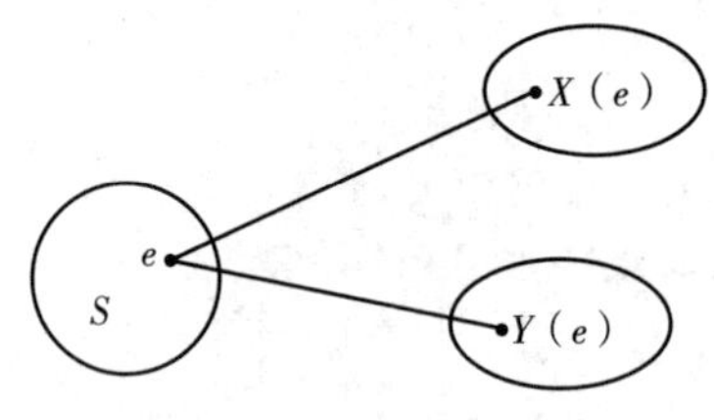

图 3-1　二维随机变量

和一维的情况类似，也可借助“分布函数”来研究二维随机变量．

定义1　设 (X,Y) 是二维随机变量，对于任意实数 (x,y)，二元函数

$$F(x,y)=P\{(X\leqslant x)\cap(Y\leqslant y)\}=P\{X\leqslant x,Y\leqslant y\}$$

称为二维随机变量 (X,Y) 的**分布函数**，或称为随机变量 X 和 Y 的**联合分布函数**．

如将二维随机变量 (X,Y) 看成平面上随机点的坐标，那么分布函数 $F(x,y)$ 在点 (x,y) 处的函数值就是随机点 (X,Y) 落在如图 3-2 所示的无穷矩形区域内的概率．

依照上述解释，容易算出随机点(X,Y)落在矩形域$\{(x,y)\mid x_1<X\leqslant x_2,y_1<Y\leqslant y_2\}$的概率为

$$P\{x_1<X\leqslant x_2,y_1<Y\leqslant y_2\}$$
$$=F(x_2,y_2)-F(x_2,y_1)+F(x_1,y_1)-F(x_1,y_2).\quad(3-1)$$

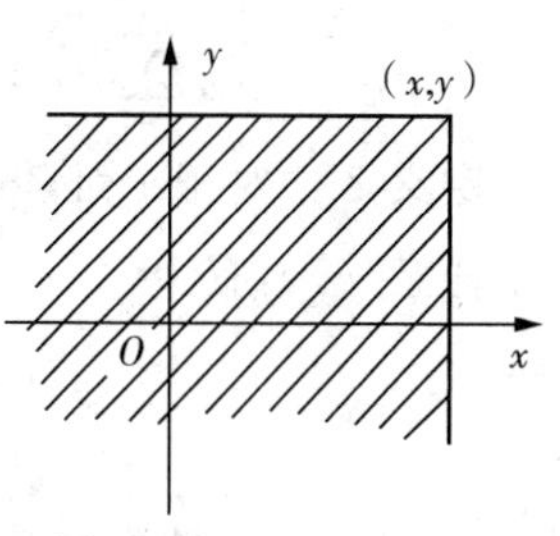

图3-2　无穷矩形区域

分布函数$F(x,y)$具有以下性质：

(1)$F(x,y)$是变量x和y的不减函数，即对于任意固定的y，当$x_2>x_1$时，有$F(x_2,y)\geqslant F(x_1,y)$；对于任意固定的$x$，当$y_2>y_1$时，有$F(x,y_2)\geqslant F(x,y_1)$.

(2)$0\leqslant F(x,y)\leqslant 1$. 对于任意固定的$y$，有$F(-\infty,y)=0$；对于任意固定的$x$，有$F(x,-\infty)=0$，且有$F(-\infty,-\infty)=0$，$F(+\infty,+\infty)=1$.

这可从几何上加以说明．如当$x\to+\infty$，$y\to+\infty$时，图3-2中的无穷矩形扩展至全平面，“随机点(X,Y)落在其中”这一事件趋于必然事件，其概率趋于1，即$F(+\infty,+\infty)=1$. 其余的也可类似说明．

(3)$F(x+0,y)=F(x,y)$，$F(x,y+0)=F(x,y)$，即$F(x,y)$关于x和y都是右连续的．这与一维随机变量的分布函数是一致的．

如果二维随机变量(X,Y)的所有可能值是有限对或可列无限对，则称(X,Y)是**二维离散型随机变量**．

定义2　设二维离散型随机变量(X,Y)所有可能的取值为(x_i,y_j)，$i,j=1,2,\cdots$，记$P\{X=x_i,Y=y_j\}=p_{ij}$，则由概率的定义有

$$p_{ij}\geqslant 0,\ \sum_{i=1}^{+\infty}\sum_{j=1}^{+\infty}p_{ij}=1.$$

称$P\{X=x_i,Y=y_j\}=p_{ij}$，$i,j=1,2,\cdots$为二维离散型随机变量(X,Y)的**分布律**，或称为随机变量X和Y的**联合分布律**．

例3.1　将一枚硬币抛掷三次，以X表示在三次中出现正面的次数，以Y表示三次中出现正面次数与出现反面次数之差的绝对值．试写出X和Y的联合分布律．

解　X可能取的值是“0,1,2,3”，Y可能取的值是“1,3”，显然

$$P\{X=1,Y=1\}=3/8,P\{X=0,Y=1\}=0,$$

将(X,Y)可能取值的概率一一算出，得X和Y的联合分布律如下：

Y \ X	0	1	2	3
1	0	3/8	3/8	0
3	1/8	0	0	1/8

显然，$p_{ij}\geqslant 0,\sum_{i=1}^{+\infty}\sum_{j=1}^{+\infty}p_{ij}=1$.

定义 3　对于二维随机变量(X,Y)的分布函数$F(x,y)$，如存在非负的函数$f(x,y)$，使对于任意x,y，有

$$F(x,y)=\int_{-\infty}^{y}\int_{-\infty}^{x}f(x,y)\mathrm{d}x\mathrm{d}y,$$

则称(X,Y)是**连续型的二维随机变量**，函数$f(x,y)$称为二维随机变量(X,Y)的**概率密度**，或称为随机变量X和Y的**联合概率密度**.

显然，概率密度$f(x,y)$具有以下性质：

(1) $f(x,y)\geqslant 0$.

(2) $\int_{-\infty}^{+\infty}\int_{-\infty}^{+\infty}f(x,y)\mathrm{d}x\mathrm{d}y=F(+\infty,+\infty)=1$.

(3) 若$f(x,y)$在点(x,y)连续，则有

$$\frac{\partial^2 F(x,y)}{\partial x\partial y}=f(x,y).$$

(4) 设G是xOy平面上的一个区域，点(X,Y)落在G内的概率为

$$P\{(X,Y)\in G\}=\iint_G f(x,y)\mathrm{d}x\mathrm{d}y. \tag{3-2}$$

例 3.2　设二维随机变量(X,Y)的概率密度为

$$f(x,y)=\begin{cases}A\mathrm{e}^{-(2x+3y)}, & x>0,y>0,\\ 0, & \text{其他}.\end{cases}$$

试求：

(1) 系数A；

(2) (X,Y)落在三角形区域$R:x\geqslant 0,y\geqslant 0,2x+3y\leqslant 6$内的概率；

(3) (X,Y)的分布函数.

解　(1)

$$\int_{-\infty}^{+\infty}\int_{-\infty}^{+\infty}f(x,y)\mathrm{d}x\mathrm{d}y=A\int_{0}^{+\infty}\int_{0}^{+\infty}\mathrm{e}^{-(2x+3y)}\mathrm{d}x\mathrm{d}y=1,$$

求得$A=6$.

(2) $P\{(X,Y)\in R\}=\iint_R f(x,y)\mathrm{d}x\mathrm{d}y=\int_0^3\mathrm{d}x\int_0^{\frac{6-2x}{3}}6\mathrm{e}^{-(2x+3y)}\mathrm{d}y=1-7\mathrm{e}^{-6}\approx 0.983$.

(3) 分布函数为

$$F(x,y)=\int_{-\infty}^{y}\int_{-\infty}^{x}f(x,y)\mathrm{d}x\mathrm{d}y=\begin{cases}\int_0^x\mathrm{d}x\int_0^y\mathrm{e}^{-(2x+3y)}\mathrm{d}y, & x>0,y>0\\ 0, & \text{其他}\end{cases}$$

$$=\begin{cases}(1-e^{-2x})(1-e^{-3y}), x>0, y>0,\\ 0, & \text{其他}.\end{cases}$$

以上关于二维随机变量的讨论不难推广到 $n(n>2)$ 维随机变量的情况，它也会具有类似于二维随机变量的分布函数的性质．

3.2 边缘分布

二维随机变量 (X,Y) 作为一个整体，具有分布函数 $F(x,y)$. 而 X 和 Y 都是随机变量，各自也有分布函数，将它们分别记为 $F_X(x)$，$F_Y(y)$，依次称为二维随机变量 (X,Y) 关于 X 和关于 Y 的**边缘分布函数**．边缘分布函数可以由 (X,Y) 的分布函数 $F(x,y)$ 所确定，事实上，$F_X(x)=P\{X\leqslant x\}=P\{X\leqslant x, Y<+\infty\}=F(x,+\infty)$，即 $F_X(x)=F(x,+\infty)$.

就是说，只要在函数 $F(x,y)$ 中令 $y\to+\infty$ 就能得到 $F_X(x)$. 同理，

$$F_Y(y)=F(+\infty,y). \tag{3-3}$$

对于离散型随机变量，知道 X 的分布律为

$$P\{X=x_i\}=\sum_{j=1}^{+\infty}p_{ij}, i=1,2,\cdots.$$

同样，Y 的分布律为

$$P\{Y=y_j\}=\sum_{i=1}^{+\infty}p_{ij}, j=1,2,\cdots.$$

记

$$p_{i\cdot}=P\{X=x_i\}=\sum_{j=1}^{+\infty}p_{ij}, i=1,2,\cdots,$$

$$p_{\cdot j}=P\{Y=y_j\}=\sum_{i=1}^{+\infty}p_{ij}, j=1,2,\cdots.$$

分别称 $p_{i\cdot}(i=1,2,\cdots)$ 和 $p_{\cdot j}(j=1,2,\cdots)$ 为 (X,Y) 关于 X 和关于 Y 的**边缘分布律**（注意：记号 $p_{i\cdot}$ 中的"."表示 $p_{i\cdot}$ 是由 p_{ij} 关于下标 j 求和后得到的；同样，$p_{\cdot j}$ 是由 p_{ij} 关于下标 i 求和后得到的）.

对于连续型随机变量 (X,Y)，设它的概率密度为 $f(x,y)$，由于

$$F_X(x)=F(x,+\infty)=\int_{-\infty}^{x}\int_{-\infty}^{+\infty}f(x,y)\mathrm{d}y\mathrm{d}x,$$

由分布函数与概率密度的关系知道，X 是一个连续型随机变量，且其概率密度为

$$f_X(x)=\int_{-\infty}^{+\infty} f(x,y)\mathrm{d}y. \tag{3-4}$$

同样,Y 也是一个连续型随机变量,其概率密度为

$$f_Y(y)=\int_{-\infty}^{+\infty} f(x,y)\mathrm{d}x. \tag{3-5}$$

分别称 $f_X(x)$,$f_Y(y)$ 为(X,Y)关于 X 和关于 Y 的边缘概率密度.

例 3.3 求例 3.1 中(X,Y)的边缘分布律.

解 列表如下:

Y \ X	0	1	2	3	$p_{\cdot j}$
1	0	3/8	3/8	0	6/8
3	1/8	0	0	1/8	2/8
$p_{i\cdot}$	1/8	3/8	3/8	1/8	1

即

$$p_{1\cdot}=1/8,p_{2\cdot}=3/8,p_{3\cdot}=3/8,p_{4\cdot}=1/8,$$

$$p_{\cdot 1}=3/4,p_{\cdot 2}=1/4.$$

通常将边缘分布律写在联合分布律表格的边缘,如上表所示,这也是"边缘分布律"名词的来源.

由联合分布律可确定边缘分布律,但单独根据边缘分布律却无法得知联合分布律的具体情况.

例 3.4 求例 3.2 中的边缘概率密度.

解 X 的边缘概率密度为

$$f_X(x)=\int_{-\infty}^{+\infty} f(x,y)\mathrm{d}y,$$

当 $x\leqslant 0$ 时,显然 $f_X(x)=0$;当 $x>0$ 时,则有

$$f_X(x)=\int_0^{+\infty} 6\mathrm{e}^{-(2x+3y)}\mathrm{d}y=2\mathrm{e}^{-2x}.$$

所以得到

$$f_X(x)=\begin{cases}2\mathrm{e}^{-2x}, & x>0,\\ 0, & x\leqslant 0.\end{cases}$$

同理可得,Y 的边缘概率密度为

$$f_Y(y)=\begin{cases}3\mathrm{e}^{-3y}, & y>0,\\ 0, & y\leqslant 0.\end{cases}$$

例 3.5　设二维随机变量 (X,Y) 的概率密度为

$$f(x,y)=\begin{cases}\mathrm{e}^{-y}, & 0<x<y,\\ 0, & \text{其他}.\end{cases}$$

求边缘概率密度．

解　$$f_X(x)=\int_{-\infty}^{+\infty}f(x,y)\mathrm{d}y=\begin{cases}\int_x^{+\infty}\mathrm{e}^{-y}\mathrm{d}y=-\mathrm{e}^{-y}\big|_x^{+\infty}=\mathrm{e}^{-x}, & x>0,\\ 0, & \text{其他}.\end{cases}$$

$$f_Y(y)=\int_{-\infty}^{+\infty}f(x,y)\mathrm{d}x=\begin{cases}\int_0^{y}\mathrm{e}^{-y}\mathrm{d}x=y\mathrm{e}^{-y}, & y>0,\\ 0, & \text{其他}.\end{cases}$$

3.3　多维随机变量的条件分布

在前面讨论条件概率时指出，任何事件的概率都是“有条件的”，因此，一个随机变量 X 的条件概率分布就是在某种给定的条件下 X 的概率分布．例如，考虑一批出厂子弹，从中随机抽取一颗，分别以随机变量 X 和 Y 记其子弹口径和枪口初速度，它们都有一定的概率分布，如果在限制条件 $5.6\leqslant X\leqslant 5.8$ 下求 Y 的条件分布，就要从这一批子弹中把口径在 5.6 mm 至 5.8 mm 之间的那些子弹挑选出来，在这些挑出的子弹中再求枪口初速度 Y 的分布．这个分布与不假设这个条件的分布会明显不同，比如，在条件分布中枪口初速度最大者的概率会显著增加．在许多问题中，变量往往是彼此有影响的，这使得条件分布成为研究变量之间相依关系的有力工具之一．

3.3.1　离散型随机变量的条件分布

这种情形比较简单，它实际上是第 1 章的条件概率概念的另一种形式的表述．

设 (X,Y) 是二维离散型随机变量，其联合分布律为

$$P\{X=x_i,Y=y_j\}=p_{ij},i,j=1,2,\cdots.$$

现考虑在事件 $\{Y=y_j\}$ 已发生的条件下，事件 $\{X=x_i\}$ 发生的概率，即事件 $P\{X=x_i\mid Y=y_j\}$ 的概率．由条件概率公式得

$$P\{X=x_i\mid Y=y_j\}=\frac{P\{X=x_i,Y=y_j\}}{P\{Y=y_j\}}=\frac{p_{ij}}{p_{\cdot j}},i=1,2,\cdots.$$

其中 $p_{\cdot j}=P\{Y=y_j\}=\sum\limits_{i=1}^{+\infty}p_{ij},j=1,2,\cdots$ 是 (X,Y) 关于 Y 的边缘分布律．

易知上述条件概率具有分布律的两个特性：

(1)$P\{X=x_i \mid Y=y_j\} \geqslant 0$；

(2)$\sum_{i=1}^{+\infty} P\{X=x_i \mid Y=y_j\} = \frac{1}{p_{\cdot j}} \sum_{i=1}^{+\infty} p_{ij} = \frac{p_{\cdot j}}{p_{\cdot j}} = 1$.

于是，有如下定义：

定义 4　设(X,Y)是二维离散型随机变量，对于固定的j，若$P\{Y=y_j\}>0$，则称

$$P\{X=x_i \mid Y=y_j\} = \frac{P\{X=x_i, Y=y_j\}}{P\{Y=y_j\}} = \frac{p_{ij}}{p_{\cdot j}}, i=1,2,\cdots \tag{3-6}$$

为在$Y=y_j$条件下随机变量X的**条件分布律**.

同样，对于固定的i，若$P\{X=x_i\}>0$，则称

$$P\{Y=y_j \mid X=x_i\} = \frac{P\{X=x_i, Y=y_j\}}{P\{X=x_i\}} = \frac{p_{ij}}{p_{i\cdot}}, j=1,2,\cdots \tag{3-7}$$

为在$X=x_i$条件下随机变量Y的**条件分布律**.

例 3.6　设随机变量X可能的取值为1，2，3，随机变量Y可能的取值为1，2，3，4，(X,Y)的联合分布律如下：

X \ Y	1	2	3	4
1	0.1	0	0.1	0
2	0.3	0	0.1	0.2
3	0	0.2	0	0

试求在$X=2$的条件下Y的条件分布律.

解
$$P\{X=2\}=0.3+0.1+0.2=0.6,$$

$$P\{Y=1 \mid X=2\} = \frac{P\{X=2, Y=1\}}{P\{X=2\}} = \frac{0.3}{0.6} = 0.5,$$

$$P\{Y=2 \mid X=2\} = \frac{P\{X=2, Y=2\}}{P\{X=2\}} = \frac{0}{0.6} = 0,$$

$$P\{Y=3 \mid X=2\} = \frac{P\{X=2, Y=3\}}{P\{X=2\}} = \frac{0.1}{0.6} \approx 0.1667,$$

$$P\{Y=4 \mid X=2\} = \frac{P\{X=2, Y=4\}}{P\{X=2\}} = \frac{0.2}{0.6} \approx 0.3333.$$

或写成

$Y=k$	1	2	3	4
$P\{Y=k \mid X=2\}$	0.5	0	0.1667	0.3333

结合图 3-3,可以将二维离散型随机变量的联合分布、边缘分布及条件分布从几何上给予说明,并可在计算机上进行演示.

联合分布律:$P\{X=x_i,Y=y_j\}=p_{ij}$,在图 3-3 中用点(x_i,y_j)处线段的高度来表示.

联合分布函数:$F(x,y)=P\{X\leqslant x,Y\leqslant y\}=\sum\limits_{x_i\leqslant x}\sum\limits_{y_j\leqslant y}p_{ij}$,在图 3-3 中表示落在 $x_i\leqslant x,y_j\leqslant y$ 左下角里所有的 p_{ij} 之和.

边缘分布函数:$F_X(x)=P\{X\leqslant x\}=\sum\limits_{X\leqslant x}\sum\limits_{j=1}^{+\infty}p_{ij}$,在图 3-3 中表示落在 $X=x_i$ 前方的所有 p_{ij} 之和;$F_Y(y)$ 与之类似.

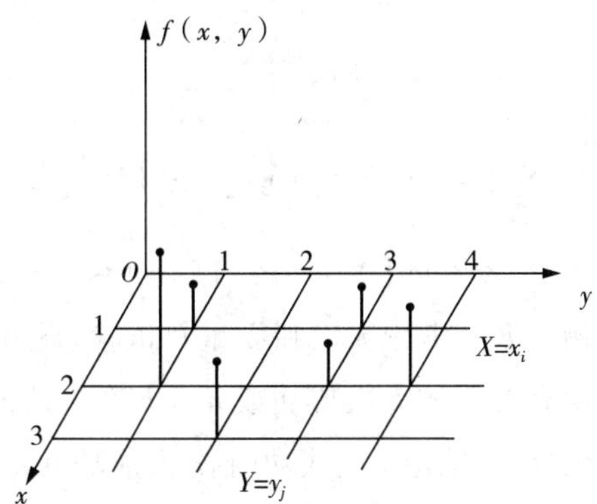

图 3-3　联合分布、边缘分布及条件分布的几何意义

边缘分布律:$P\{X=x_i\}=\sum\limits_{j=1}^{+\infty}p_{ij}=p_{i\cdot}$,在图 3-3 中表示落在 $x=x_i$ 直线上的所有 p_{ij} 之和;$P\{Y=y_j\}$ 与之类似.

条件分布函数:$F_{X|Y}(x_i\,|\,y_j)=P\{X\leqslant x_i\,|\,Y=y_j\}$,在图 3-3 中表示在直线 $y=y_j$ 上,当 $X\leqslant x_i$ 时的所有 p_{ij} 之和;$F_{Y|X}(y_j\,|\,x_i)$ 与之类似.

条件分布律:$P\{X=x_i \mid Y=y_j\}=\dfrac{p_{ij}}{p_{\cdot j}}$,在图 3-3 中表示在直线 $y=y_j$ 上,在点(x_i,y_j)处的概率.因为样本空间缩小了,所以此概率值不小于 p_{ij}.

例 3.7　一射手进行射击,击中目标的概率为 $p(0<p<1)$,射击到击中目标两次为止.设以 X 表示首次击中目标所进行的射击次数,以 Y 表示总共进行的射击次数,试求 X 和 Y 的联合分布律及条件分布律.

解　(1) 联合分布律

由于各次射击是相互独立的,不管 $m(m<n)$ 是多少,事件$\{X=m,Y=n\}$表示的是 n 次射击中,第 m 次射击首次射中目标,其余 $n-2$ 次都没射中,故联合分布律为

$$P\{X=m,Y=n\}=p^2q^{n-2},n=2,3,\cdots,m=1,2,\cdots,n-1.$$

(2) 边缘分布律

$$P\{X=m\}=\sum_{n=m+1}^{+\infty}P\{X=m,Y=n\}=\sum_{n=m+1}^{+\infty}p^2q^{n-2}=p^2\sum_{n=m+1}^{+\infty}q^{n-2}$$
$$=p^2q^{m-1}/(1-q)=pq^{m-1},m=1,2,\cdots.$$

$$P\{Y=n\}=\sum_{m=1}^{n-1}P\{X=m,Y=n\}=\sum_{m=1}^{n-1}p^2q^{n-2}=(n-1)p^2q^{n-2},n=2,3,\cdots.$$

(3) 条件分布律

当 $n=2,3,\cdots$ 时，

$$P\{X=m\mid Y=n\}=\frac{p^2q^{n-2}}{(n-1)p^2q^{n-2}}=\frac{1}{n-1},m=1,2,\cdots,n-1.$$

当 $m=1,2,\cdots$ 时，

$$P\{Y=n\mid X=m\}=\frac{p^2q^{n-2}}{pq^{m-1}}=pq^{n-m-1},n=m+1,m+2,\cdots.$$

如 $P\{X=m\mid Y=3\}=1/2,m=1,2;P\{Y=n\mid X=3\}=pq^{n-4},n=4,5,\cdots.$

例 3.8 考虑 n 次独立重复试验，设每次成功的概率为 p，在已知有 k 次成功的条件下，证明所有可能的 k 次成功或 $n-k$ 次失败的顺序都是等可能的.

证明 给定 k 次成功时，k 次成功和 $n-k$ 次失败的 C_n^k 种可能顺序中任何一种都是等可能的，设 X 为成功次数，对于 k 次成功和 $n-k$ 次失败的任一排列，例如 $A=\{S,\cdots,S,F,\cdots,F\}$（S 表示成功，F 表示失败），有

$$P\{A\mid X=k\}=\frac{P\{A,X=k\}}{P\{X=k\}}=\frac{P\{A\}}{P\{X=k\}}=\frac{p^k(1-p)^{n-k}}{C_n^kp^k(1-p)^{n-k}}=\frac{1}{C_n^k}.$$

例 3.8 得证.

3.3.2 连续型随机变量的条件分布

由于二维连续型随机变量 (X,Y) 对任意的 x 和 y 有 $P\{X=x\}=P\{Y=y\}=0$，故不能直接用条件概率公式来求条件分布函数，所以用极限的方法引入下述定义.

定义 5 给定 y，对于任意固定的 $\varepsilon>0$，设 $P\{y-\varepsilon<Y\leqslant y+\varepsilon\}>0$，且若对于任意实数 x，极限

$$\lim_{\varepsilon\to0^+}P\{X\leqslant x\mid y-\varepsilon<Y\leqslant y+\varepsilon\}=\lim_{\varepsilon\to0^+}\frac{P\{X\leqslant x,y-\varepsilon<Y\leqslant y+\varepsilon\}}{P\{y-\varepsilon<Y\leqslant y+\varepsilon\}}$$

存在，则称此极限为在条件 $Y=y$ 下 X 的**条件分布函数**，记为 $P\{X\leqslant x\mid Y=y\}$ 或 $F_{X|Y}(x\mid y)$.

下面来看看如何求 $F_{X|Y}(x\mid y)$.

设 (X,Y) 的分布函数为 $F(X,Y)$，概率密度为 $f(x,y)$，若在点 (x,y) 处 $f(x,y)$ 连续，边缘概率密度 $f_Y(y)$ 连续，且 $f_Y(y)>0$，则在某些条件下有

$$F_{X|Y}(x\mid y)=\lim_{\varepsilon\to0^+}\frac{P\{X\leqslant x,y-\varepsilon<Y\leqslant y+\varepsilon\}}{P\{y-\varepsilon<Y\leqslant y+\varepsilon\}}$$

$$=\lim_{\varepsilon\to0^+}\frac{F(x,y+\varepsilon)-F(x,y-\varepsilon)}{F_Y(y+\varepsilon)-F_Y(y-\varepsilon)}$$

$$=\lim_{\varepsilon\to 0^+}\frac{\int_{-\infty}^{x}\int_{y-\varepsilon}^{y+\varepsilon}f(x,y)\mathrm{d}y\mathrm{d}x}{\int_{y-\varepsilon}^{y+\varepsilon}f_Y(y)\mathrm{d}y}$$

$$=\frac{2\varepsilon\int_{-\infty}^{x}f(x,y)\mathrm{d}x}{2\varepsilon f_Y(y)}=\int_{-\infty}^{x}\frac{f(x,y)}{f_Y(y)}\mathrm{d}x. \tag{3-8}$$

记 $f_{X|Y}(x\mid y)$ 为在条件 $Y=y$ 下 X 的**条件概率密度**，则有

$$f_{X|Y}(x\mid y)=f_{X|Y}(x\mid Y=y)=\frac{f(x,y)}{f_Y(y)}. \tag{3-9}$$

类似地，可定义在条件 $X=x$ 下 Y 的**条件分布函数**和**条件概率密度**，即

$$F_{Y|X}(y\mid x)=\int_{-\infty}^{y}\frac{f(x,y)}{f_X(x)}\mathrm{d}y \text{ 与 } f_{Y|X}(y\mid x)=\frac{f(x,y)}{f_X(x)}.$$

注意：在求 $f_{X|Y}(x\mid y)$ 时，$f_Y(y)>0$，即仅在使 $f_Y(y)>0$ 的 y 的区间内讨论 $f_{X|Y}(x\mid y)$. 同样，仅在能使 $f_X(x)>0$ 的 x 的区间内讨论 $f_{Y|X}(y\mid x)$.

条件概率密度也满足两个特性：

(1) $f_{X|Y}(x\mid y)\geqslant 0$；

(2) $\int_{-\infty}^{+\infty}f_{X|Y}(x\mid y)\mathrm{d}x=\int_{-\infty}^{+\infty}\frac{f(x,y)}{f_Y(y)}\mathrm{d}x=\frac{\int_{-\infty}^{+\infty}f(x,y)\mathrm{d}x}{f_Y(y)}=1.$

公式(3-9)可改写为

$$f(x,y)=f_Y(y)f_{X|Y}(x\mid y). \tag{3-10}$$

也就是说，两个随机变量 X 和 Y 的联合概率密度等于其中之一的概率密度乘以在给定这一取值时的条件概率密度．公式(3-10)相应于条件概率公式 $P(AB)=P(A)P(B\mid A)$.

例 3.9　设二维随机变量 (X,Y) 的概率密度为

$$f(x,y)=\begin{cases}6\mathrm{e}^{-(2x+3y)}, & x>0,y>0,\\ 0, & \text{其他}.\end{cases}$$

求条件概率密度．

解　X 与 Y 的边缘概率密度分别为

$$f_X(x)=\begin{cases}2\mathrm{e}^{-2x}, & x>0,\\ 0, & x\leqslant 0;\end{cases}\quad f_Y(y)=\begin{cases}3\mathrm{e}^{-3y}, & y>0,\\ 0, & y\leqslant 0.\end{cases}$$

所以，当 $y>0$ 时，有

$$f_{X|Y}(x\mid y)=\frac{f(x,y)}{f_Y(y)}=\begin{cases}2\mathrm{e}^{-2x}, & x>0,\\ 0, & x\leqslant 0.\end{cases}$$

当 $x>0$ 时,有

$$f_{Y|X}(y\mid x)=\frac{f(x,y)}{f_X(x)}=\begin{cases}3\mathrm{e}^{-3y}, & y>0,\\ 0, & y\leqslant 0.\end{cases}$$

例 3.10 已知 X 和 Y 的联合概率密度如下:

$$f(x,y)=\begin{cases}\frac{12}{5}x(2-x-y), & 0<x<1,0<y<1,\\ 0, & \text{其他}.\end{cases}$$

求条件概率密度.

解 X 与 Y 的边缘概率密度分别为

$$f_X(x)=\int_{-\infty}^{+\infty}f(x,y)\mathrm{d}y=\int_0^1\frac{12}{5}x(2-x-y)\mathrm{d}y=\begin{cases}\frac{12}{5}x\left(\frac{2}{3}-x\right), & x>0,\\ 0, & x\leqslant 0.\end{cases}$$

$$f_Y(y)=\int_{-\infty}^{+\infty}f(x,y)\mathrm{d}x=\int_0^1\frac{12}{5}x(2-x-y)\mathrm{d}x=\begin{cases}\frac{12}{5}\left(\frac{2}{3}-y\right), & y>0,\\ 0, & y\leqslant 0.\end{cases}$$

所以,当 $0<y<1$ 时,有

$$f_{X|Y}(x\mid y)=\frac{f(x,y)}{f_Y(y)}=\begin{cases}\frac{6x(2-x-y)}{4-3y}, & x>0,\\ 0, & x\leqslant 0.\end{cases}$$

当 $0<x<1$ 时,有

$$f_{Y|X}(y\mid x)=\frac{f(x,y)}{f_X(x)}=\begin{cases}\frac{2(2-x-y)}{3-2x}, & y>0,\\ 0, & y\leqslant 0.\end{cases}$$

例 3.11 设 X 和 Y 的联合概率密度为

$$f(x,y)=\begin{cases}\frac{\mathrm{e}^{-x/y}\mathrm{e}^{-y}}{y}, & 0<x<+\infty,0<y<+\infty,\\ 0, & \text{其他}.\end{cases}$$

试求 $P\{X>1\mid Y=y\}$.

解 先求给定 $Y=y$ 的条件下,当 $0<x<+\infty$ 时,X 的条件概率密度:

$$f_{X|Y}(x\mid y)=\frac{f(x,y)}{f_Y(y)}=\frac{\mathrm{e}^{-x/y}\mathrm{e}^{-y}/y}{\mathrm{e}^{-y}\int_0^{+\infty}(1/y)\mathrm{e}^{-x/y}\mathrm{d}x}=\frac{1}{y}\mathrm{e}^{-x/y},$$

所以，$P\{X>1\mid Y=y\}=\int_{1}^{+\infty}\frac{1}{y}\mathrm{e}^{-x/y}\mathrm{d}x=-\mathrm{e}^{-x/y}\Big|_{1}^{+\infty}=\mathrm{e}^{-1/y}$.

例 3.12　(二维正态分布) 设 X 和 Y 的联合概率密度为

$$f(x,y)=\frac{1}{2\pi\sigma_x\sigma_y\sqrt{1-\rho^2}}\exp\left\{\frac{-1}{2(1-\rho^2)}\left[\frac{(x-\mu_x)^2}{\sigma_x^2}-2\rho\frac{(x-\mu_x)(x-\mu_y)}{\sigma_x\sigma_y}+\frac{(y-\mu_y)^2}{\sigma_y^2}\right]\right\},$$

其中 $\mu_x,\mu_y,\sigma_x,\sigma_y,\rho$ 都是常数(它们的意义在下一章给出说明)，且 $\sigma_x>0,\sigma_y>0$，$-1<\rho<1$，称(X,Y) 服从参数为 $\mu_x,\mu_y,\sigma_x^2,\sigma_y^2,\rho$ 的二维正态分布(见图 3-4)，记为$(X,Y)\sim N(\mu_x,\mu_y,\sigma_x^2,\sigma_y^2,\rho)$.

二维正态随机变量(X,Y) 的边缘分布(见图 3-5) 和条件分布分别为

$$f_X(x)=\frac{1}{\sqrt{2\pi}\sigma_x}\mathrm{e}^{-\frac{(x-\mu_x)^2}{2\sigma_x^2}},-\infty<x<+\infty,$$

$$f_Y(y)=\frac{1}{\sqrt{2\pi}\sigma_y}\mathrm{e}^{-\frac{(y-\mu_y)^2}{2\sigma_y^2}},-\infty<y<+\infty,$$

$$f_{Y|X}(y\mid x)=\frac{1}{\sqrt{2\pi}\sigma_y\sqrt{1-\rho^2}}\mathrm{e}^{-\frac{(y-b)^2}{2(1-\rho^2)\sigma_y^2}},\text{其中 } b=\mu_x+\rho\frac{\sigma_y}{\sigma_x}(x-\mu_x),$$

$$f_{X|Y}(x\mid y)=\frac{1}{\sqrt{2\pi}\sigma_x\sqrt{1-\rho^2}}\mathrm{e}^{-\frac{(x-c)^2}{2(1-\rho^2)\sigma_x^2}},\text{其中 } c=\mu_y+\rho\frac{\sigma_x}{\sigma_y}(y-\mu_y).$$

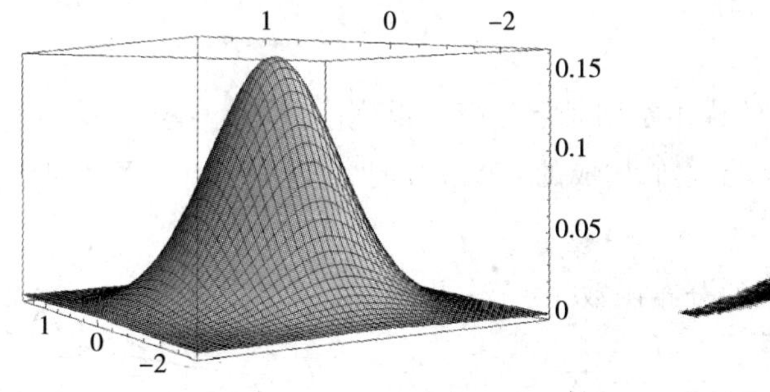

图 3-4　二维正态分布

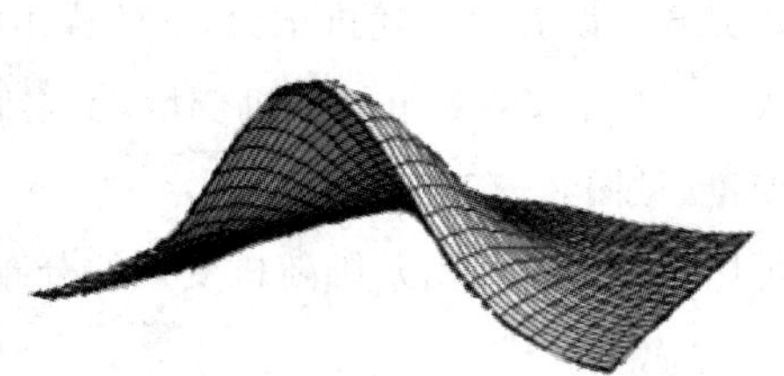

图 3-5　二维正态随机变量的边缘分布

由此可见，二维正态随机变量(X,Y) 的两个分量 X,Y 是一维正态随机变量，且 $X\sim N(\mu_x,\sigma_x^2)$，$Y\sim N(\mu_y,\sigma_y^2)$，它们都不依赖于参数$\rho$，对于给定的$\mu_x,\mu_y,\sigma_x,\sigma_y$，不同的$\rho$对应不同的二维正态分布，它们的边缘分布却都一样．这也表明，已知关于 X 和关于 Y 的边缘分布一般并不能确定 X 和 Y 的联合分布．

同时，二维正态随机变量的条件分布仍为正态的，这也是正态分布的又一个重要性质．

军事运筹学、射击理论等炮兵研究中常常把平面弹着点的坐标(X,Y)看成二维正态变量.

现在,更进一步地,将公式(3-10)两边对y积分,得

$$f_X(x)=\int_{-\infty}^{+\infty} f_{X|Y}(x \mid y) f_Y(y) \mathrm{d} y. \tag{3-11}$$

公式(3-11)可解释为:X的无条件概率密度$f_X(x)$是其条件概率密度$f_{X|Y}(x \mid y)$对“条件”y的平均,确切地说,是以其概率大小为权的加权平均. 例如,用(X,Y)表示在一大群人中随机抽取一人的体重和身高,X(体重)有(无)条件分布,不同于固定身高Y时的条件分布,但是若将各种身高时体重的条件分布进行平均,也就得到了无条件分布,公式(3-11)正是从数学上反映了这种平均的过程.

公式(3-11)还可以看作是全概率公式在概率密度情况下的连续型表现形式,$f_{X|Y}(x \mid y)$相当于条件概率$P(A \mid B_i)$,公式(3-11)中的积分相当于以$P(B_i)$为权的加权和. 因此,在学习概率论时,不能仅仅形式地看待一些公式,更重要的是分析其概率意义和直观意义,从而加深对公式的理解.

3.4 相互独立的随机变量

上一节中的公式所反映的实质可以推广到任意多个变量的场合. 在第1章已经介绍了两个随机事件相互独立的概念,本节将介绍两个随机变量的独立性. 首先把二维随机变量的有关概念推广至n维随机变量.

3.4.1 n维随机变量

定义6 设E是一随机试验,它的样本空间是$S=\{e\}$,设$X_1=X_1(e),X_2=X_2(e),\cdots,X_n=X_n(e)$是定义在$S$上的随机变量,由它们构成的一个$n$维向量$(X_1,X_2,\cdots,X_n)$叫作***n*维随机变量**(见图3-6).

可以类似地定义出n维随机变量的分布函数

$$F(x_1,x_2,\cdots,x_n)=P\{X_1 \leqslant x_1,X_2 \leqslant x_2,\cdots,X_n \leqslant x_n\},$$

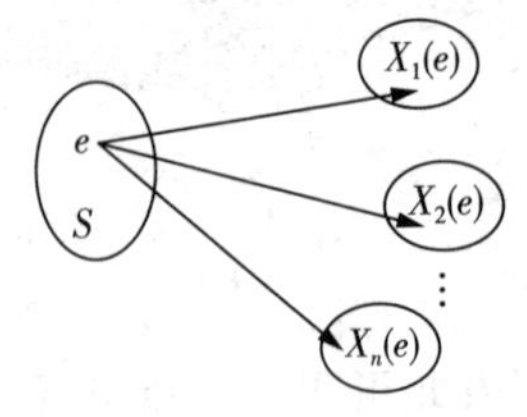

图3-6 n维随机变量

也可类似定义出n维离散型随机变量和n维连续型随机变量,不再一一叙述. 例如,对自动步枪而言,有很多性能参数,比如全重、全长、枪管长、口径、初速度、发射速率、战斗射速、连发速率、有效射程、最大射程、枪机种类、供弹方式等,它们都可以视为随机变量,有的是连续型的,有的是离散型的,从而表示为一个多维随机变量. 下面先考虑两个变量的情形.

3.4.2　两个随机变量的独立性

定义7　设 $F(x,y)$，$F_X(x)$，$F_Y(y)$ 分别是二维随机变量 (X,Y) 的联合分布函数及边缘分布函数．若对于所有 x,y，都有

$$P\{X \leqslant x, Y \leqslant y\} = P\{X \leqslant x\} P\{Y \leqslant y\}, \tag{3-12}$$

即

$$F(x,y) = F_X(x) \cdot F_Y(y), \tag{3-13}$$

则称随机变量 X 和 Y 是**相互独立**的．

根据随机变量 (X,Y) 是离散型和连续型，常采用如下方法来判别 X,Y 是否相互独立：

(1) 若 (X,Y) 是连续型随机变量，$f(x,y)$，$f_X(x)$，$f_Y(y)$ 分别为 (X,Y) 的联合概率密度和边缘概率密度，则 X 和 Y 相互独立的充要条件是

$$f(x,y) = f_X(x) \cdot f_Y(y) \tag{3-14}$$

几乎处处成立．

(2) 若 (X,Y) 是离散型随机变量，p_{ij}，$p_{i\cdot}$，$p_{\cdot j}$ 是 (X,Y) 的联合概率分布和边缘概率分布，则 X 和 Y 相互独立的充要条件是

$$p_{ij} = p_{i\cdot} \cdot p_{\cdot j}. \tag{3-15}$$

显然，当 X 和 Y 相互独立时，有

$$F_{X|Y}(x \mid y) = F_X(x),\ -\infty < x < +\infty,$$

$$F_{Y|X}(y \mid x) = F_Y(y),\ -\infty < y < +\infty.$$

一般地，对连续型随机变量来说，条件概率密度 $f_{X|Y}(x \mid y)$ 随着 y 的变化而变化，即 X 的条件分布取决于另一变量的值．如果 $f_{X|Y}(x \mid y)$ 不依赖于 y，从而只是 x 的函数，不妨记为 $g_X(x)$，则表明 X 的分布情况与 Y 的取值无关，此时就可以认为随机变量 X,Y(在概率意义上)相互独立，因此随机变量的独立性与事件的独立性完全相似．

若将 $f_{X|Y}(x \mid y) = g_X(x)$ 代入公式(3-11)，可得

$$f_X(x) = \int_{-\infty}^{+\infty} g_X(x) f_Y(y) \mathrm{d}y = g_X(x) \int_{-\infty}^{+\infty} f_Y(y) \mathrm{d}y = g_X(x).$$

这说明，X 的无条件概率密度 $f_X(x)$ 就等于条件概率密度 $f_{X|Y}(x \mid y)$，这也可以作为相互独立的定义．

再次，把 $f_X(x) = f_{X|Y}(x \mid y)$ 代入公式(3-10)，就有 $f(x,y) = f_X(x) \cdot f_Y(y)$，即 (X,Y) 的联合概率密度等于各分量的概率密度之积．这一结论的优越性：一是形式关于两个随机变量对称；二是在用条件概率密度定义独立性时，可能碰到条件密度在个别点无法定义的情况；三是这一形式可以直接推广到任意多个变量的情形．

根据随机变量相互独立的定义，例 3.9 中的随机变量 X,Y 是相互独立的，例 3.10 中的随机变量不是相互独立的．

例 3.13 设随机变量(X,Y)的概率分布如下表所列，试判断 X,Y 是否相互独立．

$X \backslash Y$	0	1
0	0.56	0.24
1	0.14	0.06

解 要想判断 X,Y 是否相互独立，必须先求出 X 和 Y 的边缘概率分布，见下表：

X	0	1
$p_{i\cdot}$	0.8	0.2
Y	0	1
$p_{\cdot j}$	0.7	0.3

显然，$p_{ij}=p_{i\cdot}\cdot p_{\cdot j}$，故 X 和 Y 是相互独立的．

在实际问题中，常常利用随机试验的相互独立性来判定随机变量的独立性．若二维随机试验相互独立，则它们所对应的随机变量相互独立，从而利用这两个随机变量的分布就可以求出它们的联合概率分布或者概率密度．

例 3.14 设 X 和 Y 是两个相互独立的随机变量，X 在$(0,1)$上服从均匀分布，Y 的概率密度为

$$f_Y(y)=\begin{cases}\frac{1}{2}\mathrm{e}^{-\frac{y}{2}}, & y>0,\\ 0, & y\leqslant 0.\end{cases}$$

(1) 求 X 和 Y 的联合概率密度；

(2) 设含有 α 的二次方程为 $\alpha^2+2\sqrt{X}\alpha+Y=0$，试求 α 有实根的概率．

解 (1) 由于 X 和 Y 是相互独立的，故(X,Y)的联合概率密度为

$$f(x,y)=f_X(x)\cdot f_Y(y),$$

其中

$$f_X(x)=\begin{cases}1, & 0<x<1,\\ 0, & \text{其他}.\end{cases}$$

则

$$f(x,y)=\begin{cases}\dfrac{1}{2}e^{-\frac{y}{2}}, 0<x<1, y>0,\\ 0, \quad 其他.\end{cases}$$

(2) 要使 α 有实根，则 X 和 Y 需满足 $X-Y\geqslant 0$ 且 $X\geqslant 0$，令区域 $D: x-y\geqslant 0$ 且 $x\geqslant 0$，则

$$P\{\alpha\text{有实根}\}=\iint\limits_D f(x,y)\mathrm{d}x\mathrm{d}y=\int_0^1 \mathrm{d}x\int_0^x \frac{1}{2}e^{-\frac{y}{2}}\mathrm{d}y=2e^{-\frac{1}{2}}-1\approx 0.213.$$

例 3.15　若二维随机变量 (X,Y) 的联合密度函数为

$$f(x,y)=\begin{cases}\dfrac{1}{\pi R^2}, x^2+y^2<R^2,\\ 0, \quad x^2+y^2\geqslant R^2.\end{cases}$$

则称 (X,Y) 在圆域 $\{(x,y)\mid x^2+y^2<R^2\}$ 上服从**均匀分布**．试判断 X,Y 是否独立．

解　当 $|x|<R$ 时，X 的密度函数为

$$f_X(x)=\int_{-\infty}^{+\infty}f(x,y)\mathrm{d}y=\int_{-\sqrt{R^2-x^2}}^{\sqrt{R^2-x^2}}\frac{1}{\pi R^2}\mathrm{d}y=\frac{2}{\pi R^2}\sqrt{R^2-x^2}.$$

当 $|x|\geqslant R$ 时，$f_X(x)=0$. 即

$$f_X(x)=\begin{cases}\dfrac{2}{\pi R^2}\sqrt{R^2-x^2}, |x|<R,\\ 0, \quad 其他.\end{cases}$$

同理，Y 的密度函数 $f_Y(y)$ 为

$$f_Y(y)=\begin{cases}\dfrac{2}{\pi R^2}\sqrt{R^2-y^2}, |y|<R,\\ 0, \quad 其他.\end{cases}$$

由此可见，$f(x,y)\neq f_X(x)f_Y(y)$，故随机变量 X,Y 不相互独立．

例 3.16　设 (X,Y) 服从二维正态分布 $N(\mu_x,\mu_y,\sigma_x^2,\sigma_y^2,\rho)$，如果 $\rho=0$，则联合概率密度 $f(x,y)$ 可以表示为两个边缘概率密度 $f_X(x)$ 和 $f_Y(y)$ 的乘积，因此，当且仅当 $\rho=0$ 时，X 和 Y 相互独立．这说明参数 ρ 与 X,Y 的相关性有关，将在下一章详细介绍．

3.4.3　*n* 个随机变量的独立性

下面把两个随机变量相互独立的概念推广至 n 个随机变量相互独立的情形．

定义 8　对 n 维随机变量 $(X_1,X_2,\cdots,X_n)$，$F(x_1,x_2,\cdots,x_n)$，$F_{X_1}(x_1)$，$F_{X_2}(x_2)$，$\cdots$，$F_{X_n}(x_n)$ 分别是其联合分布函数和边缘分布函数，若对所有的 $x_1,x_2,\cdots,x_n$，有

$$F(x_1,x_2,\cdots,x_n)=F_{X_1}(x_1)F_{X_2}(x_2)\cdots F_{X_n}(x_n), \tag{3-16}$$

则称随机变量$(X_1,X_2,\cdots,X_n)$是**相互独立**的，简称**独立**．

对于连续型随机变量，还可以定义如下：

设n维随机变量的联合概率密度为$f(x_1,x_2,\cdots,x_n)$，而X_i的边缘概率密度为$f_{X_i}(x_i)$，$i=1,2,\cdots,n$，如果

$$f(x_1,x_2,\cdots,x_n)=f_{X_1}(x_1)f_{X_2}(x_2)\cdots f_{X_n}(x_n),\tag{3-17}$$

则称随机变量$(X_1,X_2,\cdots,X_n)$相互独立．

还可以定义两个多维随机变量的独立性．

定义 9　若对于所有的$x_1,x_2,\cdots,x_m,y_1,y_2,\cdots,y_n$，有

$$F(x_1,x_2,\cdots,x_m,y_1,y_2,\cdots,y_n)=F_1(x_1,x_2,\cdots,x_m)F_2(y_1,y_2,\cdots,y_n),$$

其中，F_1,F_2,F依次为m维随机变量$(X_1,X_2,\cdots,X_m)$、n维随机变量$(Y_1,Y_2,\cdots,Y_n)$和$m+n$维随机变量$(X_1,X_2,\cdots,X_m,Y_1,Y_2,\cdots,Y_n)$的分布函数，则称随机变量$(X_1,X_2,\cdots,X_m)$和$(Y_1,Y_2,\cdots,Y_n)$是**相互独立**的．

按照定义，随机变量的独立性通常是指：$X_1,X_2,\cdots,X_n$各变量取值的概率不受其他变量的影响．实际应用中，随机变量的独立性通常不是从数学定义的角度去验证，而是根据问题的实际背景从直觉上判断它们之间是否相互独立，如果能确信$(X_1,X_2,\cdots,X_n)$的取值互不影响，就可认为这n个随机变量是相互独立的，然后再使用独立性的定义、性质和有关定理进行分析计算．例如一个城市中相距较远的两个路段在一定时间内各自发生的交通事故数，再如一个人的智商与姓氏笔画．

关于相互独立的随机变量的函数的独立性，有以下定理，它们在数理统计中非常有用．

定理 1　若连续型随机变量$(X_1,X_2,\cdots,X_n)$的概率密度函数$f(x_1,x_2,\cdots,x_n)$可表示为n个函数$g_1(x_1),g_2(x_2),\cdots,g_n(x_n)$的积，即

$$f(x_1,x_2,\cdots,x_n)=g_1(x_1)g_2(x_2)\cdots g_n(x_n),\tag{3-18}$$

则称$X_1,X_2,\cdots,X_n$相互独立，且X_i的边缘密度$f_{X_i}(x_i)$与$g_i(x_i)$只相差一个常数因子．

定理 2　设m维随机变量$(X_1,X_2,\cdots,X_m)$和n维随机变量$(Y_1,Y_2,\cdots,Y_n)$相互独立，则$X_i,i=1,2,\cdots,m$和$Y_j,j=1,2,\cdots,n$相互独立；又若h,g是连续函数，则$h(X_1,X_2,\cdots,X_m)$和$g(Y_1,Y_2,\cdots,Y_n)$相互独立．

多维随机变量的独立性还有如下一些结论：

(1) 若n个随机变量$X_1,X_2,\cdots,X_n$相互独立，则其中任意$m(2\leqslant m\leqslant n-1)$个随机变量也相互独立，但反过来不一定成立．

(2) 若n个随机变量$X_1,X_2,\cdots,X_n$相互独立，则它们各自的函数$g_1(X_1),g_2(X_2),\cdots,g_n(X_n)$也相互独立．

3.5　二维随机变量的函数的分布

第2章中已经介绍了一维随机变量的函数 $Y=g(X)$ 的分布，本节将进一步讨论如何由二维随机变量 (X,Y) 的分布去求得它的函数 $Z=g(X,Y)$（$g(x,y)$ 是已知的二元连续函数）的分布．这里仅就下面几个具体的函数来讨论．

3.5.1　$Z=X+Y$ 的分布

先考虑 X,Y 为离散型随机变量的情形，显然它们的和 $Z=X+Y$ 也是离散型随机变量，Z 的任意可能值 z_k 是变量 X 的可能值 x_i 与变量 Y 的可能值 y_j 的和，即 $z_k=x_i+y_j$. 但是，对于不同的 x_i 及 y_j，它们的和 x_i+y_j 可能是相等的，所以按概率加法定理，有

$$P_Z(z_k)=P\{Z=z_k\}=\sum_{i,j:x_i+y_j=z_k}P\{X=x_i,Y=y_j\}=\sum_{i,j:x_i+y_j=z_k}P(x_i,y_j).\quad(3-19)$$

这里求和的范围是一切使 $x_i+y_j=z_k$ 的 i,j 的值，或者也可以写成

$$P_Z(z_k)=\sum_i P(x_i,z_k-x_i).\quad(3-20)$$

这里求和的范围可以认为是一切 i 值. 如果对于 i 的某一值 i_0，数 $z_k-x_{i_0}$ 不是变量 Y 的可能值，则可规定 $P(x_{i_0},z_k-x_{i_0})=0$. 同样

$$P_Z(z_k)=\sum_j P(z_k-y_j,y_j)\quad(3-21)$$

称为离散型的**卷积公式**．

如果 X 与 Y 独立，则有

$$P_Z(z_k)=\sum_i P_X(x_i)P_Y(z_k-x_i).\quad(3-22)$$

或

$$P_Z(z_k)=\sum_j P_X(z_k-y_j)P_Y(y_j).$$

例 3.17　设随机变量 X 与 Y 独立，它们的分布律如下：

X	0	1	2
$P_X(x_i)$	1/4	2/4	1/4
Y	0	1	2
$P_Y(y_j)$	1/9	4/9	4/9

求它们的和 $Z=X+Y$ 的分布．

解 随机变量 $Z=X+Y$ 具有可能值 0,1,2,3,4. 按公式(3-22)计算,有

$$P_Z(0)=P_X(0)P_Y(0)=\frac{1}{4}\cdot\frac{1}{9}=\frac{1}{36},$$

$$P_Z(1)=P_X(0)P_Y(1)+P_X(1)P_Y(0)=\frac{1}{4}\cdot\frac{4}{9}+\frac{2}{4}\cdot\frac{1}{9}=\frac{6}{36},$$

$$P_Z(2)=P_X(0)P_Y(2)+P_X(1)P_Y(1)+P_X(2)P_Y(0)=\frac{1}{4}\cdot\frac{4}{9}+\frac{2}{4}\cdot\frac{4}{9}+\frac{1}{4}\cdot\frac{1}{9}=\frac{13}{36},$$

$$P_Z(3)=P_X(1)P_Y(2)+P_X(2)P_Y(1)=\frac{2}{4}\cdot\frac{4}{9}+\frac{1}{4}\cdot\frac{4}{9}=\frac{12}{36},$$

$$P_Z(4)=P_X(2)P_Y(2)=\frac{1}{4}\cdot\frac{4}{9}=\frac{4}{36}.$$

所以,$Z=X+Y$ 的分布律为

Z	0	1	2	3	4
$P_Z(z_i)$	1/36	6/36	13/36	12/36	4/36

例 3.18 设随机变量 X 和 Y 相互独立,并且都服从泊松分布:

$$P_X(i)=\frac{\lambda_x^i}{i\,!}\mathrm{e}^{-\lambda_x},i=0,1,2,\cdots;$$

$$P_Y(j)=\frac{\lambda_y^j}{j\,!}\mathrm{e}^{-\lambda_y},j=0,1,2,\cdots.$$

求 $Z=X+Y$ 的分布.

解 显然,随机变量 Z 可以取零及一切正整数值. 按公式(3-22)计算.

$$P_Z(k)=\sum_{i=0}^{k}P_X(i)P_Y(k-i)=\sum_{i=0}^{k}\frac{\lambda_x^i\lambda_y^{k-i}}{i\,!\ (k-i)\,!}\mathrm{e}^{-(\lambda_x+\lambda_y)}$$

$$=\frac{\mathrm{e}^{-(\lambda_x+\lambda_y)}}{k\,!}\sum_{i=0}^{k}\mathrm{C}_k^i\lambda_x^i\lambda_y^{k-i}=\frac{(\lambda_x+\lambda_y)^k}{k\,!}\mathrm{e}^{-(\lambda_x+\lambda_y)},$$

其中 $k=0,1,2,\cdots$. 由此可见,服从泊松分布的独立随机变量的和也服从泊松分布,并且具有分布参数 $\lambda_z=\lambda_x+\lambda_y$.

下面接着讨论随机变量 X 和 Y 为连续型的情形.

设 (X,Y) 的联合概率密度为 $f(x,y)$,则 $Z=X+Y$ 的分布函数为

$$F_Z(z)=P\{Z\leqslant z\}=\iint\limits_{x+y\leqslant z}f(x,y)\mathrm{d}x\mathrm{d}y.$$

这里积分区域 $G:x+y\leqslant z$ 是直线 $x+y=z$ 左下方的半平面(见图 3-7),化成累次积分,得

$$F_Z(z)=\int_{-\infty}^{+\infty}\int_{-\infty}^{z-y}f(x,y)\mathrm{d}x\mathrm{d}y.$$

固定 z 和 y，对积分 $\int_{-\infty}^{z-y}f(x,y)\mathrm{d}x$ 作变量变换，令 $x=u-y$ 得

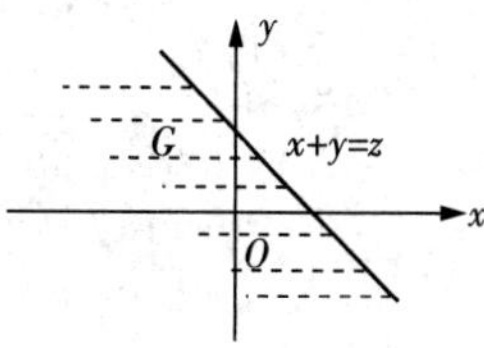

图 3－7　积分区域 G

$$\int_{-\infty}^{z-y}f(x,y)\mathrm{d}x=\int_{-\infty}^{z}f(u-y,y)\mathrm{d}u,$$

于是

$$F_Z(z)=\int_{-\infty}^{+\infty}\int_{\infty}^{z}f(u-y,y)\mathrm{d}u\mathrm{d}y=\int_{-\infty}^{z}\int_{-\infty}^{+\infty}f(u-y,y)\mathrm{d}y\mathrm{d}u.$$

由概率密度的定义，得 Z 的概率密度为

$$f_Z(z)=\int_{-\infty}^{+\infty}f(z-y,y)\mathrm{d}y. \tag{3-23}$$

由 X,Y 的对称性，$f_Z(z)$ 又可写成

$$f_Z(z)=\int_{-\infty}^{+\infty}f(x,z-x)\mathrm{d}x. \tag{3-24}$$

公式(3－23)、公式(3－24)是两个随机变量和的概率密度的一般公式．

特别地，当 X 和 Y 相互独立时，设 (X,Y) 关于 X,Y 的边缘概率密度分别为 $f_X(x)$，$f_Y(y)$，则公式(3－23)、公式(3－24)分别化为

$$f_Z(z)=\int_{-\infty}^{+\infty}f_X(z-y)f_Y(y)\mathrm{d}y, \tag{3-25}$$

$$f_Z(z)=\int_{-\infty}^{+\infty}f_X(x)f_Y(z-x)\mathrm{d}x. \tag{3-26}$$

这两个公式中的积分形式为**卷积积分**，记为 f_X*f_Y，即

$$f_X*f_Y=\int_{-\infty}^{+\infty}f_X(z-x)f_Y(y)\mathrm{d}y=\int_{-\infty}^{+\infty}f_X(x)f_Y(z-x)\mathrm{d}x.$$

这里的结论是：两个独立随机变量的和的概率密度函数等于它们的概率密度函数的卷积.

例 3.19　设 X 和 Y 是两个相互独立的随机变量，它们都服从 $N(0,1)$ 分布，即有

$$f_X(x)=\frac{1}{\sqrt{2\pi}}\mathrm{e}^{-\frac{x^2}{2}},-\infty<x<+\infty,$$

$$f_Y(y)=\frac{1}{\sqrt{2\pi}}\mathrm{e}^{-\frac{y^2}{2}},-\infty<y<+\infty.$$

求 $Z=X+Y$ 的概率密度．

解　由公式(3－26)，则

$$f_Z(z)=\int_{-\infty}^{+\infty}f_X(x)f_Y(z-x)\mathrm{d}x=\frac{1}{2\pi}\int_{-\infty}^{+\infty}\mathrm{e}^{-\frac{x^2}{2}}\mathrm{e}^{-\frac{(z-x)^2}{2}}\mathrm{d}x=\frac{1}{2\pi}\mathrm{e}^{-\frac{z^2}{4}}\int_{-\infty}^{+\infty}\mathrm{e}^{-(x-\frac{z}{2})^2}\mathrm{d}x,$$

令 $t=x-\dfrac{z}{2}$,得

$$f_Z(z)=\frac{1}{2\pi}\mathrm{e}^{-\frac{z^2}{4}}\int_{-\infty}^{+\infty}\mathrm{e}^{-t^2}\mathrm{d}t=\frac{1}{2\pi}\mathrm{e}^{-\frac{z^2}{4}}\sqrt{\pi}=\frac{1}{2\sqrt{\pi}}\mathrm{e}^{-\frac{z^2}{4}},$$

即 Z 服从 $N(0,2)$ 分布.

一般地,设 X,Y 相互独立且 $X\sim N(\mu_1,\sigma_1^2)$,$Y\sim N(\mu_2,\sigma_2^2)$. 由公式(3-26)并经过计算知 $Z=X+Y$ 仍然服从正态分布,且有 $Z\sim N(\mu_1+\mu_2,\sigma_1^2+\sigma_2^2)$. 这个结论还能推广到$n$个独立正态随机变量的情况.

设随机变量 $X_1,X_2,\cdots,X_n$ 相互独立,且 $X_i\sim N(\mu_i,\sigma_i^2)$,$i=1,2,\cdots,n$,则它们的和 $X=\sum\limits_{i=1}^{n}X_i$ 仍服从正态分布,并且有

$$X\sim N\left(\sum_{i=1}^{n}\mu_i,\sum_{i=1}^{n}\sigma_i^2\right). \tag{3-27}$$

一般地,可以证明 n 个相互独立的正态随机变量 $X_1,X_2,\cdots,X_n$ 关于任意 n 个常数 k_1, $k_2,\cdots,k_n$(不全为零)的线性组合仍然服从正态分布,即

$$\sum_{i=1}^{n}k_iX_i\sim N\left(\sum_{i=1}^{n}k_i\mu_i,\sum_{i=1}^{n}k_i^2\sigma_i^2\right).$$

不难证明:即使两个随机变量 X 和 Y 不相互独立,只要联合分布为二维正态分布 $N(\mu_x,\mu_y,\sigma_x^2,\sigma_y^2,\rho)$,则 $Z=X+Y$ 仍为正态分布,即 $Z\sim N(\mu_1+\mu_2,\sigma_1^2+\sigma_2^2+2\rho\sigma_1\sigma_2)$.

例 3.20 设随机变量 X 与 Y 相互独立,并且都在区间 $[-a,a](a>0)$ 上服从均匀分布,求它们的和 $Z=X+Y$ 的分布.

解 显然 X 与 Y 的概率密度均为

$$f(x)=\begin{cases}\dfrac{1}{2a}, & |x|\leqslant a,\\ 0, & |x|>a.\end{cases}$$

按公式(3-26),Z 的概率密度为

$$f_Z(z)=\int_{-\infty}^{+\infty}f_X(x)f_Y(z-x)\mathrm{d}x,$$

其中

$$f_X(x)=\begin{cases}\dfrac{1}{2a}, & |x|\leqslant a,\\ 0, & |x|>a;\end{cases}\qquad f_Y(z-x)=\begin{cases}\dfrac{1}{2a}, & |z-x|\leqslant a,\\ 0, & |z-x|>a.\end{cases}$$

所以，参考图 3-8，积分$\int_{-\infty}^{+\infty} f_X(x) f_Y(z-x)\mathrm{d}x$在$-a\leqslant x\leqslant a, -a\leqslant z-x\leqslant a$时被积函数不为零．即得

$$f_Z(z)=\begin{cases}\displaystyle\int_{-a}^{z+a}\frac{1}{4a^2}\mathrm{d}x, -2a\leqslant z\leqslant 0,\\ \displaystyle\int_{z-a}^{a}\frac{1}{4a^2}\mathrm{d}x, 0\leqslant z\leqslant 2a,\\ 0, \quad |z|>2a.\end{cases}$$

从而

$$f_Z(z)=\begin{cases}\dfrac{z+2a}{4a^2}, -2a\leqslant z\leqslant 0,\\ \dfrac{2a-z}{4a^2}, 0\leqslant z\leqslant 2a,\\ 0, \quad |z|>2a.\end{cases}$$

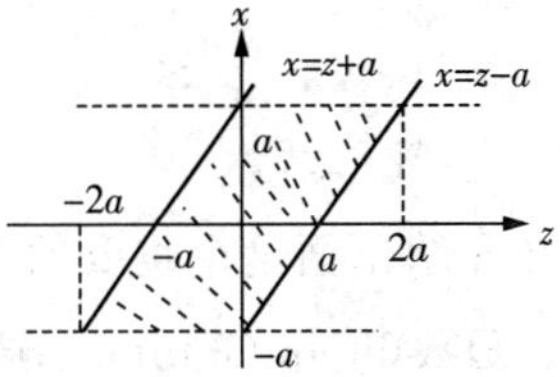

图 3-8　例 3.20 中被积函数不为零的积分区域

例 3.21　在一简单电路中，两个电阻 R_1 和 R_2 串联，设 R_1, R_2 相互独立，它们的概率密度均为

$$f(x)=\begin{cases}\dfrac{10-x}{50}, 0\leqslant x\leqslant 10,\\ 0, \quad 其他．\end{cases}$$

试求总电阻 $R=R_1+R_2$ 的概率密度．

解　由公式(3-26)，R 的概率密度为

$$f_R(z)=\int_{-\infty}^{+\infty} f(x)f(z-x)\mathrm{d}x,$$

其中，

$$f(x)=\begin{cases}\dfrac{10-x}{50}, 0\leqslant x\leqslant 10,\\ 0, \quad 其他；\end{cases}\qquad f(z-x)=\begin{cases}\dfrac{10-(z-x)}{50}, 0\leqslant z-x\leqslant 10,\\ 0, \quad 其他．\end{cases}$$

参考图 3-9，仅当$\begin{cases}0\leqslant x\leqslant 10,\\ 0\leqslant z-x\leqslant 10,\end{cases}$即$\begin{cases}0\leqslant x\leqslant 10,\\ z-10\leqslant x\leqslant z\end{cases}$时上述积分的被积函数不等于零．

即得

$$f_R(z)=\begin{cases}\int_0^z f(x)f(z-x)\mathrm{d}x, & 0\leqslant z<10,\\ \int_{z-10}^{10} f(x)f(z-x)\mathrm{d}x, & 10\leqslant z<20,\\ 0, & \text{其他}.\end{cases}$$

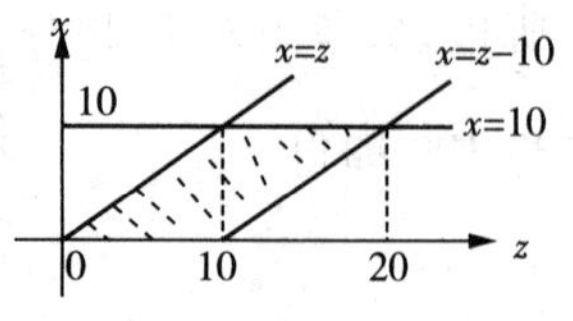

图 3-9　例 3.21 中被积函数不为零的积分区域

所以

$$f_R(z)=\begin{cases}\frac{1}{15000}(600z-6z^2+z^3), & 0\leqslant z<10,\\ \frac{1}{15000}(20-z)^3, & 0\leqslant z<10,\\ 0, & \text{其他}.\end{cases}$$

在介绍下面这个重要的例子之前,先介绍两个重要的特殊函数:

Γ 函数(读作 Gamma 函数):

$$\Gamma(x)=\int_0^{+\infty}\mathrm{e}^{-t}t^{x-1}\mathrm{d}t, x>0.$$

β 函数(读作 Beta 函数):

$$\beta(x,y)=\int_0^1 t^{x-1}(1-t)^{y-1}\mathrm{d}t, x>0, y>0.$$

可以直接算出 $\Gamma(1)=\int_0^{+\infty}\mathrm{e}^{-t}\mathrm{d}t=1$,作变量代换 $t=u^2$ 后,可以算出

$$\Gamma\left(\frac{1}{2}\right)=\int_0^{+\infty}\mathrm{e}^{-t}t^{-1/2}\mathrm{d}t=\int_0^{+\infty}\mathrm{e}^{-u^2}u^{-1}2u\mathrm{d}u=2\int_0^{+\infty}\mathrm{e}^{-u^2}\mathrm{d}u=\int_{-\infty}^{+\infty}\mathrm{e}^{-u^2}\mathrm{d}u.$$

令 $u=\frac{v}{\sqrt{2}}$,得 $\Gamma\left(\frac{1}{2}\right)=\frac{1}{\sqrt{2}}\int_{-\infty}^{+\infty}\mathrm{e}^{-v^2/2}\mathrm{d}v=\frac{1}{\sqrt{2}}\sqrt{2\pi}=\sqrt{\pi}$. 可以证明 Γ 函数有重要的递推公式:

$$\Gamma(x+1)=x\Gamma(x).$$

Γ 函数与 β 函数之间也有重要的递推公式:

$$\beta(x,y)=\frac{\Gamma(x)\Gamma(y)}{\Gamma(x+y)}.$$

例 3.22　设随机变量 X,Y 相互独立,且分别服从参数为 α,θ 及 β,θ 的 Γ 分布(分别记成 $X\sim\Gamma(\alpha,\theta)$, $Y\sim\Gamma(\beta,\theta)$). X,Y 的概率密度分别为

$$f_X(x)=\begin{cases}\frac{1}{\theta^\alpha\Gamma(\alpha)}x^{\alpha-1}\mathrm{e}^{-\frac{x}{\theta}}, & x>0,\\ 0, & \text{其他}.\end{cases}\quad(\text{其中 }\alpha>0,\theta>0)$$

$$f_Y(y)=\begin{cases}\dfrac{1}{\theta^{\beta}\Gamma(\beta)}y^{\beta-1}\mathrm{e}^{-\frac{y}{\theta}}, y>0, \\ 0, \qquad\qquad 其他.\end{cases}\quad (其中\ \beta>0,\theta>0)$$

试证明 $Z=X+Y$ 服从参数为 $\alpha+\beta,\theta$ 的 Γ 分布，即 $X+Y\sim\Gamma(\alpha+\beta,\theta)$.

证明　由公式(3-26)，$Z=X+Y$ 的概率密度为

$$f_Z(z)=\int_{-\infty}^{+\infty}f_X(x)f_Y(z-x)\mathrm{d}x,$$

易知仅当 $\begin{cases}x>0,\\ z-x>0,\end{cases}$ 即 $\begin{cases}x>0,\\ x<z\end{cases}$ 时，上述积分的被积函数不等于零，于是，当 $z<0$ 时，$f_Z(z)=0$，而当 $z>0$ 时有

$$\begin{aligned}f_Z(z)&=\int_0^z\frac{1}{\theta^{\alpha}\Gamma(\alpha)}x^{\alpha-1}\mathrm{e}^{-\frac{x}{\theta}}\ \frac{1}{\theta^{\beta}\Gamma(\beta)}\ (z-x)^{\beta-1}\mathrm{e}^{-\frac{z-x}{\theta}}\mathrm{d}x\\&=\frac{\mathrm{e}^{-z/\theta}}{\theta^{\alpha+\beta}\Gamma(\alpha)\Gamma(\beta)}\int_0^z x^{\alpha-1}\ (z-x)^{\beta-1}\mathrm{d}x(令\ x=zt)\\&=\frac{z^{\alpha+\beta-1}\mathrm{e}^{-z/\theta}}{\theta^{\alpha+\beta}\Gamma(\alpha)\Gamma(\beta)}\int_0^1 t^{\alpha-1}\ (1-t)^{\beta-1}\mathrm{d}t\overset{记成}{=}Az^{\alpha+\beta-1}\mathrm{e}^{-z/\theta},\end{aligned}$$

其中，

$$A=\frac{1}{\theta^{\alpha+\beta}\Gamma(\alpha)\Gamma(\beta)}\int_0^1 t^{\alpha-1}\ (1-t)^{\beta-1}\mathrm{d}t.$$

由概率密度的性质得到

$$1=\int_{-\infty}^{+\infty}f_Z(z)\mathrm{d}z=\int_0^{+\infty}Az^{\alpha+\beta-1}\mathrm{e}^{-z/\theta}\mathrm{d}z=A\theta^{\alpha+\beta}\int_0^{+\infty}\ (z/\theta)^{\alpha+\beta-1}\mathrm{e}^{-z/\theta}\mathrm{d}(z/\theta)=A\theta^{\alpha+\beta}\Gamma(\alpha+\beta),$$

即有

$$A=\frac{1}{\theta^{\alpha+\beta}\Gamma(\alpha+\beta)},$$

于是

$$f_Z(z)=\begin{cases}\dfrac{1}{\theta^{\alpha+\beta}\Gamma(\alpha+\beta)}z^{\alpha+\beta-1}\mathrm{e}^{-z/\theta}, z>0,\\ 0, \qquad\qquad 其他.\end{cases}$$

即 $X+Y\sim\Gamma(\alpha+\beta,\theta)$.

本例的结论还可推广到 n 个相互独立的 Γ 分布变量之和的情形. 即若 $X_1,X_2,\cdots,X_n$ 相互独立，且 X_i 服从参数为 $\alpha_i(i=1,2,\cdots,n)$，β 的 Γ 分布，则 $\sum\limits_{i=1}^{n}X_i$ 服从参数为 $\sum\limits_{i=1}^{n}\alpha_i$，$\beta$ 的 Γ 分布，称这一性质为 Γ 分布的可加性.

此外,还可以证明相互独立的服从指数分布的随机变量之和服从 Γ 分布.

由 Γ 函数的定义易知:若 $n>0$,则函数

$$k_n(x)=\begin{cases}\dfrac{1}{\Gamma\left(\dfrac{n}{2}\right)2^{n/2}}\mathrm{e}^{-n/2}x^{(n-1)/2}, & x>0,\\ 0, & \text{其他}\end{cases}$$

是概率密度函数. 实际上,由 $k_n(x)$ 的定义知它非负,又作变量代换 $x=2t$,得

$$\int_0^{+\infty}\mathrm{e}^{-x/2}x^{(n-2)/2}\mathrm{d}x=2^{n/2}\int_0^{+\infty}\mathrm{e}^{-t}t^{(n-2)/2}\mathrm{d}t=2^{n/2}\Gamma\left(\frac{n}{2}\right),$$

故知 $\int_{-\infty}^{+\infty}k_n(x)\mathrm{d}x=\int_0^{+\infty}k_n(x)\mathrm{d}x=1$. 因而证明了它是密度函数. 这个密度函数在统计学上很重要,而且很有名,称为"自由度为 n 的皮尔逊卡方密度"(相应的分布称为**卡方分布**),常记为 $\chi^2(n)$. 卡尔·皮尔逊是英国统计学家,现代统计学的奠基人之一.

3.5.2 $M=\max(X,Y)$ 及 $N=\min(X,Y)$ 的分布

设 X,Y 是两个相互独立的随机变量,它们的分布函数分别为 $F_X(x)$ 和 $F_Y(y)$. 现在来求 $M=\max(X,Y)$ 及 $N=\min(X,Y)$ 的分布函数.

由于 $M=\max(X,Y)$ 不大于 z 等价于 X 和 Y 都不大于 z,故有

$$P\{M\leqslant z\}=P\{X\leqslant z,Y\leqslant z\}.$$

又由于 X 和 Y 相互独立,得到 $M=\max(X,Y)$ 的分布函数为

$$F_{\max}(z)=P\{M\leqslant z\}=P\{X\leqslant z,Y\leqslant z\}=P\{X\leqslant z\}P\{Y\leqslant z\},$$

即有

$$F_{\max}(z)=F_X(z)F_Y(z). \tag{3-28}$$

类似地,可得到 $N=\min(X,Y)$ 的分布函数为

$$F_{\min}(z)=P\{N\leqslant z\}=1-P\{N>z\}=1-P\{X>z,Y>z\}=1-P\{X>z\}P\{Y>z\},$$

即有

$$F_{\min}(z)=1-[1-F_X(z)][1-F_Y(z)]. \tag{3-29}$$

以上结果容易推广到 n 个相互独立的随机变量的情况. 设 $X_1,X_2,\cdots,X_n$ 是 n 个相互独立的随机变量,它们的分布函数分别为 $F_{X_i}(x_i)(i=1,2,\cdots,n)$,则 $M=\max(X_1,X_2,\cdots,X_n)$ 及 $N=\min(X_1,X_2,\cdots,X_n)$ 的分布函数分别为

$$F_{\max}(z)=F_{X_1}(z)F_{X_2}(z)\cdots F_{X_n}(z),\tag{3-30}$$

$$F_{\min}(z)=1-[1-F_{X_1}(z)][1-F_{X_2}(z)]\cdots[1-F_{X_n}(z)].\tag{3-31}$$

特别地，当 $X_1,X_2,\cdots,X_n$ 相互独立且具有相同的分布函数 $F(x)$ 时有

$$F_{\max}(z)=[F(z)]^n,\tag{3-32}$$

$$F_{\min}(z)=1-[1-F(z)]^n.\tag{3-33}$$

例 3.23　设随机变量 (X,Y) 的分布律如下：

X \ Y	1	2	3
1	0.2	0.1	0
2	0.1	0	0.3
3	0.1	0.1	0.1

(1) 求 $V=\max(X,Y)$ 的分布律；

(2) 求 $U=\min(X,Y)$ 的分布律．

解　(1) 对任意的 $i\in\{1,2,3\}$，$P\{V=i\}=P\{\max(X,Y)=i\}=P\{X=i,Y<i\}+P\{X\leqslant i,Y=i\}$．

当 $i=1$ 时，$P\{\max(X,Y)=1\}=P\{X=1,Y=1\}=0.2$；

当 $i=2$ 时，$P\{\max(X,Y)=2\}=P\{X=2,Y=1\}+P\{X=1,Y=2\}+P\{X=2,Y=2\}=0.1+0.1+0=0.2$；

当 $i=3$ 时，$P\{\max(X,Y)=3\}=P\{X=3,Y=1\}+P\{X=3,Y=2\}+P\{X=1,Y=3\}+P\{X=2,Y=3\}+P\{X=3,Y=3\}=0.1+0.1+0+0.3+0.1=0.6$．

所以，$V=\max(X,Y)$ 的分布律如下：

$V=\max(X,Y)$	1	2	3
p_k	0.2	0.2	0.6

(2) 对任意的 $i\in\{1,2,3\}$，$P\{U=i\}=P\{\min(X,Y)=i\}=P\{X=i,Y\geqslant i\}+P\{X>i,Y=i\}$．

当 $i=1$ 时，$P\{\min(X,Y)=1\}=P\{X=1,Y=1\}+P\{X=1,Y=2\}+P\{X=1,Y=3\}+P\{X=2,Y=1\}+\{X=3,Y=1\}=0.2+0.1+0+0.1+0.1=0.5$；

当 $i=2$ 时，$P\{\min(X,Y)=2\}=P\{X=2,Y=3\}+P\{X=2,Y=2\}+P\{X=3,Y=2\}=0.3+0+0.1=0.4$；

当 $i=3$ 时，$P\{\min(X,Y)=3\}=P\{X=3,Y=3\}=0.1$.

所以，$U=\min(X,Y)$ 的分布律如下：

$U=\min(X,Y)$	1	2	3
p_k	0.5	0.4	0.1

例 3.24 设系统 L 由两个相互独立的子系统 L_1，L_2 连接而成，连接的方式分别为：(1) 串联；(2) 并联；(3) 备用(当系统 L_1 损坏时，系统 L_2 开始工作)，如图 3-10 所示．设 L_1，L_2 的寿命分别为 X,Y，已知它们的概率密度分别为

$$f_X(x)=\begin{cases}\alpha e^{-\alpha x}, & x>0,\\ 0, & x\leqslant 0;\end{cases}\qquad f_Y(y)=\begin{cases}\beta e^{-\beta x}, & y>0,\\ 0, & y\leqslant 0.\end{cases}\tag{3-34}$$

其中 $\alpha>0,\beta>0$ 且 $\alpha\neq\beta$. 试分别就以上三种连接方式写出 L 的寿命 Z 的概率密度．

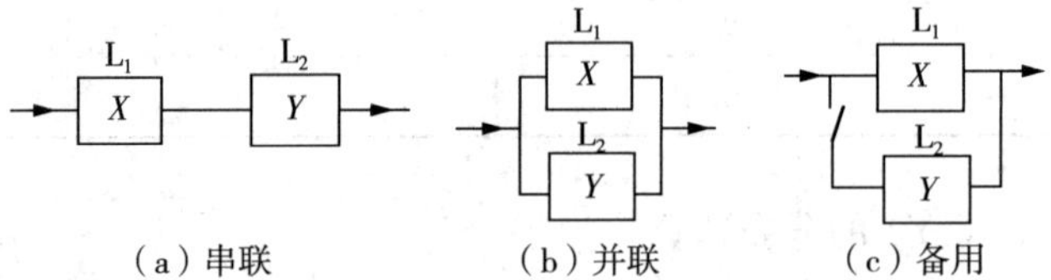

图 3-10 子系统 L_1，L_2 的连接方式

解 (1) 串联情况

由于当 L_1，L_2 有一个损坏时，系统 L 就停止工作，所以这时 L 的寿命为 $Z=\min(X,Y)$，由公式(3-34)，X,Y 的分布函数分别为

$$F_X(x)=\begin{cases}1-e^{-\alpha x}, & x>0,\\ 0, & x<0;\end{cases}\qquad F_Y(y)=\begin{cases}1-e^{-\beta y}, & y>0,\\ 0, & y<0.\end{cases}$$

由公式(3-29) 得 $Z=\min(X,Y)$ 的分布函数为

$$F_{\min}(z)=\begin{cases}1-e^{-(\alpha+\beta)z}, & z>0,\\ 0, & z\leqslant 0.\end{cases}$$

于是，$Z=\min(X,Y)$ 的概率密度为

$$f_{\min}(z)=\begin{cases}(\alpha+\beta)e^{-(\alpha+\beta)z}, & z>0,\\ 0, & z\leqslant 0.\end{cases}$$

(2) 并联的情况

由于当且仅当 L_1，L_2 都损坏时，系统 L 才停止工作，所以这时 L 的寿命为 $Z=\max(X,Y)$，按公式(3-28) 得分布函数为

$$F_{\max}(z)=F_X(z)F_Y(z)=\begin{cases}(1-\mathrm{e}^{-\alpha z})(1-\mathrm{e}^{-\beta z}), & z>0,\\ 0, & z\leqslant 0.\end{cases}$$

于是，$Z=\max(X,Y)$ 的概率密度为

$$f_{\max}(z)=\begin{cases}\alpha\mathrm{e}^{-\alpha z}+\beta\mathrm{e}^{-\beta z}-(\alpha+\beta)\mathrm{e}^{-(\alpha+\beta)z}, & z>0,\\ 0, & z\leqslant 0.\end{cases}$$

(3) 备用的情况

由于这时当系统 L_1 损坏时，系统 L_2 才开始工作，因此整个系统 L 的寿命 Z 是 L_1，L_2 两者之和，即 $Z=X+Y$，则

$$f_Z(z)=\int_{-\infty}^{+\infty}f_X(z-y)f_Y(y)\mathrm{d}y,$$

其中，

$$f_z(z-y)=\begin{cases}\alpha\mathrm{e}^{-\alpha(z-y)}, & z-y>0,\\ 0, & z-y\leqslant 0;\end{cases}\quad f_Y(y)=\begin{cases}\beta\mathrm{e}^{-\beta y}, & y>0,\\ 0, & y\leqslant 0.\end{cases}$$

所以，如图 3-11 所示，当 $z-y>0$，$y>0$ 时，积分中的被积函数不为 0.

当 $z\leqslant 0$ 时，$f_Z(z)=0$；

当 $z>0$ 时，

$$f_Z(z)=\int_0^z\alpha\mathrm{e}^{-\alpha(z-y)}\beta\mathrm{e}^{-\beta y}\mathrm{d}y$$

$$=\alpha\beta\mathrm{e}^{-\alpha z}\int_0^z\mathrm{e}^{-(\beta-\alpha)y}\mathrm{d}y=\frac{\alpha\beta}{\beta-\alpha}(\mathrm{e}^{-\alpha z}-\mathrm{e}^{-\beta z}).$$

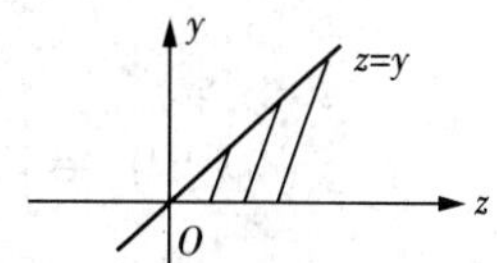

图 3-11　备用时被积函数不为零的积分区域

于是，$Z=X+Y$ 的概率密度为

$$f_Z(z)=\begin{cases}\dfrac{\alpha\beta}{\beta-\alpha}(\mathrm{e}^{-\alpha z}-\mathrm{e}^{-\beta z}), & z>0,\\ 0, & z\leqslant 0.\end{cases}$$

3.5.3　$Z=\frac{Y}{X}$ 及 $Z=XY$ 的分布

定理 3　设二维连续型随机变量 (X,Y) 有联合概率密度 $f(x,y)$，则 $Z=\frac{Y}{X}$，$Z=XY$ 仍为连续型随机变量，其概率密度分别是

$$f_{Y/X}(z)=\int_{-\infty}^{+\infty}|x|f(x,xz)\mathrm{d}x, \tag{3-35}$$

$$f_{XY}(z)=\int_{-\infty}^{+\infty}\frac{1}{|x|}f\left(x,\frac{x}{z}\right)\mathrm{d}x. \tag{3-36}$$

若 X 和 Y 相互独立，设 (X,Y) 关于 X,Y 的边缘密度分别为 $f_X(x)$，$f_Y(y)$，则公式(3－35)化为

$$f_{Y/X}(z)=\int_{-\infty}^{+\infty}|x|f_X(x)f_Y(xz)\mathrm{d}x, \tag{3-37}$$

而公式(3－36)化为

$$f_{XY}(z)=\int_{-\infty}^{+\infty}\frac{1}{|x|}f_X(x)f_Y\left(\frac{x}{z}\right)\mathrm{d}x. \tag{3-38}$$

证明　$Z=\dfrac{Y}{X}$ 的分布函数为

$$\begin{aligned}
F_{Y/X}(z)&=P\left\{\frac{Y}{X}\leqslant z\right\}=\iint_G f(x,y)\mathrm{d}y\mathrm{d}x\\
&=\iint_{\frac{y}{x}\leqslant z,x<0}f(x,y)\mathrm{d}y\mathrm{d}x+\iint_{\frac{y}{x}\leqslant z,x>0}f(x,y)\mathrm{d}y\mathrm{d}x\\
&=\int_{-\infty}^{0}\left[\int_{zx}^{+\infty}f(x,y)\mathrm{d}y\right]\mathrm{d}x+\int_{0}^{+\infty}\left[\int_{-\infty}^{zx}f(x,y)\mathrm{d}y\right]\mathrm{d}x\\
&\xlongequal{\text{令 } y=xu}\int_{-\infty}^{0}\left[\int_{z}^{-\infty}xf(x,xu)\mathrm{d}u\right]\mathrm{d}x+\int_{0}^{+\infty}\left[\int_{-\infty}^{z}xf(x,xu)\mathrm{d}u\right]\mathrm{d}x\\
&=\int_{-\infty}^{0}\left[\int_{-\infty}^{z}(-x)f(x,xu)\mathrm{d}u\right]\mathrm{d}x+\int_{0}^{+\infty}\left[\int_{-\infty}^{z}xf(x,xu)\mathrm{d}u\right]\mathrm{d}x\\
&=\int_{-\infty}^{+\infty}\left[\int_{-\infty}^{z}|x|f(x,xu)\mathrm{d}u\right]\mathrm{d}x=\int_{-\infty}^{z}\left[\int_{-\infty}^{+\infty}|x|f(x,xu)\mathrm{d}x\right]\mathrm{d}u.
\end{aligned}$$

由概率密度的定义即得公式(3－35).

例 3.25　设 X 与 Y 相互独立，$X\sim\chi^2(n)$，$Y\sim N(0,1)$，且 $T=\dfrac{Y}{\sqrt{X/n}}$，求 T 的概率密度函数．

解　记 $Z=\sqrt{X/n}$，先求出 Z 的密度函数 $g(z)$. 有

$$P(Z\leqslant z)=P(\sqrt{X/n}\leqslant z)=P(X\leqslant nZ^2)=\int_0^{nz^2}k_n(x)\mathrm{d}x,$$

两边对 z 求导，得 Z 的密度函数为

$$g(z)=2nzk_n(nz^2),$$

再以 $f_X(x)=2nxk_n(nx^2)$ 和 $f_Y(y)=\dfrac{1}{\sqrt{2\pi}}\mathrm{e}^{-x^2/2}$ 应用公式(3－37)得 T 的密度函数

$$t_n(z)=\frac{1}{\sqrt{2\pi}\,2^{n/2}\Gamma(n/2)}\int_0^{+\infty}2nx^2\mathrm{e}^{-nx^2/2}(nx^2)^{(n-2)/2}\mathrm{e}^{-(xz)^2/2}\mathrm{d}x$$

$$=\frac{2n^{n/2}}{\sqrt{2\pi}\,2^{n/2}\Gamma(n/2)}\int_0^{+\infty}x^2\mathrm{e}^{-\frac{1}{2}(nx^2+x^2z^2)}\mathrm{d}x. \qquad (3-39)$$

作变量代换 $x=\sqrt{2/(n+z^2)}\sqrt{t}$，上面的积分变为

$$\frac{1}{2}\left(\frac{2}{n+y^2}\right)^{(n+1)/2}\int_0^{+\infty}\mathrm{e}^{-t}t^{(n-1)/2}\mathrm{d}t=\frac{1}{2}\left(\frac{2}{n+y^2}\right)^{(n+1)/2}\Gamma\left(\frac{n+1}{2}\right).$$

以此式代入公式(3-39)，整理得 $T=\dfrac{Y}{\sqrt{X/n}}$ 的概率密度函数为

$$t_n(z)=\frac{\Gamma\left(\frac{n+1}{2}\right)}{\sqrt{n\pi}\,\Gamma\left(\frac{n}{2}\right)}\left(1+\frac{z^2}{n}\right)^{-(n+1)/2}, \qquad (3-40)$$

称其为“自由度为 n 的 t 分布”的密度函数，简记为 $T\sim t(n)$，这个分布是英国统计学家威廉·戈塞特在 1908 年以“student”的笔名首次发表的．它也是数理统计学中最重要的分布之一，后文将给出这个分布在统计学中的许多应用．

习　题　三

1. 将三个球随机地放入三个盒子中，若 X,Y 分别表示放入第一个、第二个盒子中的球的个数，求二维随机变量 (X,Y) 的联合分布律及边缘分布律．

2. 将一枚硬币掷 3 次，以 X 表示前 2 次中出现正面 H 的次数，以 Y 表示 3 次中出现 H 的次数．求 X,Y 的联合分布律及边缘分布律．

3. 设随机变量 (X,Y) 在矩形区域 $0\leqslant x\leqslant 1, 0\leqslant y\leqslant 2$ 内服从均匀分布，求 (X,Y) 的分布函数．

4. 设随机变量 (X,Y) 具有分布函数

$$F(x,y)=\begin{cases}1-\mathrm{e}^{-x}-\mathrm{e}^{-y}+\mathrm{e}^{-x-y}, & x>0, y>0,\\ 0, & \text{其他}.\end{cases}$$

求边缘分布函数．

5. 设随机变量 (X,Y) 的概率密度为

$$f(x,y)=\begin{cases}A(R-\sqrt{x^2+y^2}), & x^2+y^2\leqslant R^2,\\ 0, & x^2+y^2>R^2.\end{cases}$$

求：(1) 系数 A；(2) (X,Y) 的取值落在圆域 $x^2+y^2\leqslant r^2\,(r<R)$ 内的概率．

6. 设随机变量 (X,Y) 的概率密度为

$$f(x,y)=\begin{cases}4.8y(2-x), & 0\leqslant x\leqslant 1, 0\leqslant y\leqslant x,\\ 0, & \text{其他}.\end{cases}$$

求边缘概率密度．

7. 设随机变量 (X,Y) 的概率密度为

$$f(x,y)=\begin{cases}k(6-x-y), 0<x<2, 2<y<4,\\0, \quad 其他.\end{cases}$$

求:(1) 常数 k;(2) $P\{X<1,Y<3\}$;(3) $P\{X<1.5\}$;(4) $P\{X+Y\leqslant 4\}$.

8. 设随机变量 (X,Y) 在矩形区域 $0\leqslant x\leqslant 1, 0\leqslant y\leqslant 2$ 内服从均匀分布,求 (X,Y) 的分布函数.

9. 设随机变量 (X,Y) 的概率密度为

$$f(x,y)=\begin{cases}2\mathrm{e}^{-(x+y)}, y>x>0,\\0, \quad 其他.\end{cases}$$

求条件概率密度 $f_{Y|X}(y\mid x)$, $f_{X|Y}(x\mid y)$.

10. 设 X 和 Y 的联合概率密度如下:

$$f(x,y)=c(x^2-y^2)\mathrm{e}^{-x}, 0\leqslant x<+\infty, -x\leqslant y\leqslant x.$$

求给定 $X=x$ 的条件下的条件分布.

11. 设二维随机变量 (X,Y) 的概率密度为

$$f(x,y)=\begin{cases}cx^2y, x^2\leqslant y\leqslant 1,\\0, \quad 其他.\end{cases}$$

(1) 试确定常数 c;

(2) 求边缘概率密度;

(3) 求条件概率密度 $f_{Y|X}(y\mid x)$ 及条件概率 $P\left\{Y\geqslant\frac{1}{2}\,\middle|\,X=\frac{1}{2}\right\}$.

12. 设 X 和 Y 有联合概率密度 $f(x,y)=\begin{cases}x+cy, 0\leqslant x\leqslant 2, 0\leqslant y\leqslant 1,\\0, \quad 其他.\end{cases}$(其中 c 是常数)

(1) 求 c 的值,使 $f(x,y)$ 成为概率密度函数;

(2) 求 Y 的边缘概率密度,并证明 $\int_{-\infty}^{+\infty}f_Y(y)\mathrm{d}y=1$;

(3) 求给定 Y 时,X 的条件概率密度 $f_{X|Y}(x\mid y)$.

13. 设 X 和 Y 有联合概率密度

$$f(x,y)=\begin{cases}cxy, 0\leqslant x<1, 0\leqslant y<1,\\0, \quad 其他.\end{cases}$$

(1) 求 c 的值,使 $f(x,y)$ 成为概率密度函数;

(2) 求边缘概率密度 $f_X(x)$ 和 $f_Y(y)$;

(3) 求条件概率密度 $f_{Y|X}(y\mid x)$, $f_{X|Y}(x\mid y)$.

14. 设 X 和 Y 是两个连续型随机变量,联合概率密度为

$$f(x,y)=\begin{cases}c\mathrm{e}^{-(x+y)}, 0\leqslant x<+\infty, 0\leqslant y<+\infty,\\0, \quad 其他.\end{cases}$$

(1) 求 c 的值;

(2) 求边缘概率密度 $f_X(x)$ 和 $f_Y(y)$;

(3) 求条件概率密度 $f_{Y|X}(y\mid x)$, $f_{X|Y}(x\mid y)$;

(4) 求 $P(X\leqslant 1,Y\leqslant 1)$.

15. 设随机变量 (X,Y) 的概率密度为

$$f(x,y)=\begin{cases}8xy, 0<x<1, 0<y<1, x<y,\\ 0, \quad 其他.\end{cases}$$

判定 X,Y 是否相互独立?

16. 设 X 和 Y 是两个相互独立的随机变量,X 在 $(0,1)$ 上服从均匀分布,Y 的概率密度为

$$f(x,y)=\begin{cases}\dfrac{1}{2}e^{-\frac{y}{2}}, y>0,\\ 0, \quad y\leqslant 0.\end{cases}$$

(1) 求 X 和 Y 的联合概率密度;

(2) 设含有 a 的二次方程 $a^2+2Xa+Y=0$,试求 a 有实根的概率.

17. 设 (X,Y) 有概率密度

$$f(x,y)=\begin{cases}\dfrac{c}{1+x^2+y^2}, x^2+y^2\leqslant 1,\\ 0, \quad x^2+y^2>1.\end{cases}$$

(1) 求出常数 c;

(2) 求出 X 和 Y 的边缘分布函数,并证明 X 和 Y 不相互独立.

18. 一台电子仪器由两个主要部件构成,以 X 和 Y 分别表示两个部件的寿命(单位:小时),已知 X 和 Y 的联合分布函数为

$$F(x,y)=\begin{cases}1-e^{-0.5x}-e^{-0.5y}+e^{-0.5(x+y)}, x\geqslant 0, y\geqslant 0,\\ 0, \quad 其他.\end{cases}$$

(1) 问 X 和 Y 是否相互独立?

(2) 求两个部件的寿命都超过 100 小时的概率 α.

19. 设 X 为一辆汽车到达服务队列和服务后离开该系统之间的总时间(min),Y 为该车服务前在队列中等待的时间(min),X 和 Y 的联合概率密度为

$$f(x,y)=\begin{cases}ce^{-x^2}, 0\leqslant y\leqslant x, 0\leqslant x<+\infty,\\ 0, \quad 其他.\end{cases}$$

(1) 求使 $f(x,y)$ 成为概率密度函数的 c 值;

(2) 求 X 的边缘概率密度,并证明 $\int_{-\infty}^{+\infty} f_X(x)\mathrm{d}x=1$;

(3) 证明:给定 X 时,Y 的条件概率密度是区间 $0\leqslant Y\leqslant X$ 上的均匀分布.

20. 对某省的新通道路,设 X 为低报价(万元),Y 为交通运输部估计的修建道路的合理成本(万元),X 和 Y 的联合概率密度函数为

$$f(x,y)=\frac{e^{-y/10}}{10y}, 0<y<x<2y.$$

求 Y 的边缘概率密度.

21. 设随机变量 X 和 Y 的分布律分别为

X	0	1	2
p_k	0.5	0.3	0.2

Y	0	2
p_k	0.6	0.4

X,Y 相互独立．试求 $Z=X+Y$ 的分布律．

22. 设 X,Y 是相互独立的随机变量,其分布律为：

$$P\{X=k\}=p(k),k=0,1,2\cdots,$$

$$P\{Y=r\}=q(r),r=0,1,2\cdots.$$

证明:随机变量 $Z=X+Y$ 的分布律为 $P\{Z=i\}=\sum_{i}p(k)q(i-k),i=0,1,2\cdots$.

23. 设 X,Y 是相互独立的随机变量,它们都服从参数为 n,p 的二项分布．证明 $Z=X+Y$ 服从参数为 $2n,p$ 的二项分布．

24. 设随机变量 (X,Y) 的分布律为

Y \ X	0	1	2	3	4	5
0	0	0.01	0.03	0.05	0.07	0.09
1	0.01	0.02	0.04	0.05	0.06	0.08
2	0.01	0.03	0.05	0.05	0.05	0.06
3	0.01	0.02	0.04	0.06	0.06	0.05

(1) 求 $P\{X=2\mid Y=2\},P\{Y=3\mid X=0\}$；

(2) 求 $V=\max(X,Y)$ 的分布律；

(3) 求 $U=\min(X,Y)$ 的分布律；

(4) 求 $W=X+Y$ 的分布律．

25. 设 X 和 Y 是两个相互独立的随机变量,其概率密度分别为

$$f_X(x)=\begin{cases}1,x>0,\\0,\text{其他};\end{cases}\quad f_Y(y)=\begin{cases}e^{-y},y>0,\\0,\ \text{其他}.\end{cases}$$

求随机变量 $Z=X+Y$ 的概率密度．

26.(泊松分布的可加性)设随机变量 X 和 Y 相互独立,分别服从参数为 λ_1 和 λ_2 的泊松分布,试证 $Z=X+Y$ 服从参数为 $\lambda_1+\lambda_2$ 的泊松分布．

上述结论的推广:若随机变量 $X_1,X_2,\cdots,X_n$ 相互独立,X_i 服从参数为 λ_i 的泊松分布,$i=1,2,\cdots,n$,则 $X_1,X_2,\cdots,X_n$ 服从参数为 $\lambda_1+\lambda_2+\cdots+\lambda_n$ 的泊松分布．

27. 某种商品一周的需要量是一个随机变量,其概率密度为

$$f(t)=\begin{cases}te^{-t}, t\geqslant 0,\\ 0, \quad t<0.\end{cases}$$

设各周的需要量是相互独立的．试求：

(1) 两周的需要量的概率密度；

(2) 三周的需要量的概率密度．

28. 设某炮兵阵地向同一目标独立发射 n 发炮弹．每发炮弹射程的分布函数均为 $F(x)$. 求最大射程 V、最小射程 U 的分布函数．

29. 设随机变量 $X_n \sim N(12,2^2), n=1,2,3,4,5$ 且相互独立,求：

(1) $P\{\max(X_1,X_2,X_3,X_4,X_5)>15\}$；

(2) $P\{\min(X_1,X_2,X_3,X_4,X_5)<10\}$.

第 4 章　随机变量的数字特征

前面讨论了随机变量的分布函数,它完整地描述了随机变量的统计特性．但在实际中,一方面并不容易确定随机变量的概率分布,另一方面常常只需知道表明随机变量分布的某些特征的数字就可以了,例如一个城市一户家庭拥有汽车的辆数是一个随机变量,在考察城市的交通情况时,人们关心的是每户平均拥有汽车的辆数．又如评价棉花的质量时,既需要注意纤维的平均长度,又需要注意纤维长度与平均长度的偏离程度,平均长度较长,偏离程度较小,质量就较好．这种由随机变量的分布确定的能刻画随机变量的某一方面特征的常数统称为数字特征．本章将介绍几个重要的数字特征:数学期望、方差、相关系数和矩．

4.1　数学期望

4.1.1　定义

定义 1　设离散型随机变量 X 的分布律为

$$P\{X=x_k\}=p_k, k=1,2,\cdots.$$

若级数 $\sum_{k=1}^{+\infty} x_k p_k$ 绝对收敛,则称级数 $\sum_{k=1}^{+\infty} x_k p_k$ 的和为随机变量 X 的**数学期望**,记为 $E(X)$,即

$$E(X)=\sum_{k=1}^{+\infty} x_k p_k. \tag{4-1}$$

设连续型随机变量 X 的概率密度为 $f(x)$,若积分 $\int_{-\infty}^{+\infty} x f(x)\mathrm{d}x$ 绝对收敛,则称积分 $\int_{-\infty}^{+\infty} x f(x)\mathrm{d}x$ 的值为随机变量 X 的数学期望,记为 $E(X)$,即

$$E(X)=\int_{-\infty}^{+\infty} x f(x)\mathrm{d}x. \tag{4-2}$$

数学期望简称**期望**,又称**均值**．

数学期望 $E(X)$ 完全由随机变量 X 的概率分布所确定．若 X 服从某一分布,也称 $E(X)$ 是这一分布的数学期望．

数学期望是一个数量，它与随机变量具有相同的量纲，它的大小反映了随机变量的平均特征．在炮兵技术中，数学期望经常被用到．例如，在编制射表时，对于某种火炮弹药，在标准气象弹道条件下，每一射角对应于一个射程，射表上给出的射程只是一个数学期望．实际上一个射角所对应的射程是一个随机变量，而射表仅取随机变量的数学期望与之对应，也即用一个平均值与之对应．在实际射击中，用该射角射击所得的实际射程可能比平均值大一些，也可能小一些．

例 4.1 火炮对目标射击，每次射击命中概率为 p，设各次射击是独立的，求命中一发的弹药平均消耗量 N.

解 设命中一发的弹药消耗量为 X，所求的 N 为 $N=E(X)$.

随机变量 X 服从几何分布，其分布律为

X	1	2	3	…	k	…
p_k	p	pq	pq^2	…	pq^{k-1}	…

其中 $p=1-q$.

由数学期望的定义得

$$N=E(X)=p+2pq+3pq^2+\cdots+kpq^{k-1}+\cdots$$

$$=p(1+2q+3q^2+\cdots+kq^{k-1}+\cdots)=p\frac{1}{(1-q)^2}=\frac{1}{p}.$$

例 4.2 某团有两个相互独立工作的电子对抗装备，它们的寿命（以小时计）$X_k(k=1,2)$ 服从同一指数分布，其概率密度为

$$f(x)=\begin{cases}\lambda e^{-\lambda x}, & x>0,\\ 0, & x\leqslant 0.\end{cases}\quad(\text{其中 }\lambda>0)$$

若将这两个电子对抗装备串联成整机，求整机寿命（以小时计）N 的数学期望．

解 $X_k(k=1,2)$ 的分布函数为

$$F(x)=\begin{cases}1-e^{-\lambda x}, & x>0,\\ 0, & x\leqslant 0.\end{cases}$$

$N=\min\{X_1,X_2\}$ 的分布函数为

$$F_{\min}(x)=1-[1-F(x)]^2=\begin{cases}1-e^{-2\lambda x}, & x>0,\\ 0, & x\leqslant 0.\end{cases}$$

因而 N 的概率密度为

$$f_{\min}(x)=\begin{cases}2\lambda e^{-2\lambda x}, & x>0,\\ 0, & x\leqslant 0.\end{cases}$$

于是 N 的数学期望为

$$E(N)=\int_{-\infty}^{+\infty} x f_{\min}(x)\mathrm{d}x=\int_{0}^{+\infty} 2\lambda x e^{-2\lambda x}\mathrm{d}x=\frac{1}{2\lambda}.$$

例 4.3 美国“尼米兹”级核动力航母的维修数据显示，航母的维修费与其服役的年限有关，可用如下函数关系式表示（X 表示服役年限；Y 表示维修费用，单位为亿美元）：

$$Y=\begin{cases}80, & 0\leqslant X\leqslant 20,\\ 130, & 20<X\leqslant 35,\\ 180, & 35<X\leqslant 50,\\ 200, & X>50.\end{cases}$$

设寿命 X 服从指数分布，其概率密度为

$$f(x)=\begin{cases}\frac{1}{40}e^{-\frac{x}{40}}, & x>0,\\ 0, & x\leqslant 0.\end{cases}$$

求一艘航母的平均维修费用.

解 先求出不同维修费用发生的概率.

$$P\{Y=80\}=P\{0<X\leqslant 20\}=\int_{0}^{20}\frac{1}{40}e^{-\frac{x}{40}}\mathrm{d}x\approx 0.3935,$$

$$P\{Y=130\}=P\{20<X\leqslant 35\}=\int_{20}^{35}\frac{1}{40}e^{-\frac{x}{40}}\mathrm{d}x\approx 0.1896,$$

$$P\{Y=180\}=P\{35<X\leqslant 50\}=\int_{35}^{50}\frac{1}{40}e^{-\frac{x}{40}}\mathrm{d}x\approx 0.1304,$$

$$P\{Y=200\}=P\{X>50\}=\int_{50}^{+\infty}\frac{1}{40}e^{-\frac{x}{40}}\mathrm{d}x\approx 0.2865.$$

一艘航母所需维修费用 Y 的分布律为

Y	80	130	180	200
p_k	0.3935	0.1896	0.1304	0.2865

得 $E(Y)=136.9$，即一艘航母所需平均维修费用为 136.9 亿美元.

例 4.4 设随机变量 X 服从参数为 λ 的泊松分布，求 $E(X)$.

解 X 是一个离散型随机变量，其分布律为

$$P\{X=k\}=\frac{\lambda^k e^{-\lambda}}{k!},k=0,1,2,\cdots,$$

其中 $\lambda>0$ 是常数，则 X 的数学期望为

$$E(X)=\sum_{k=0}^{+\infty}k\frac{\lambda^k e^{-\lambda}}{k!}=\lambda e^{-\lambda}\sum_{k=1}^{+\infty}\frac{\lambda^{k-1}}{(k-1)!}=\lambda e^{-\lambda}\cdot e^{\lambda}=\lambda.$$

例 4.5　设随机变量 X 服从 $[a,b]$ 内的均匀分布，求 $E(X)$.

解　X 是一个连续型随机变量，其概率密度为

$$f(x)=\begin{cases}\dfrac{1}{b-a}, x\in[a,b],\\ 0, \quad 其他.\end{cases}$$

所以

$$E(X)=\int_{-\infty}^{+\infty}xf(x)\mathrm{d}x=\int_a^b\frac{x}{b-a}\mathrm{d}x=\frac{a+b}{2}.$$

即数学期望位于区间 $[a,b]$ 的中点.

4.1.2　随机变量函数的数学期望

设 X,Y 为两个随机变量，当随机变量 X 取得任意可能值 x 时，随机变量 Y 对应地取得可能值 y，且 y 是 x 的函数 $y=\varphi(x)$，此时，称随机变量 Y 是随机变量 X 的函数，记为 $Y=\varphi(X)$. 求随机变量 Y 的数学期望，有两种方法：一种是利用定义求，另一种是借助于 X 的分布求.

定理 1　设 Y 是随机变量 X 的函数：$Y=g(X)$（g 是连续函数）.

(1) X 是离散型随机变量，其分布律为 $p_k=P\{X=x_k\},k=1,2,\cdots$. 若 $\sum\limits_{k=1}^{+\infty}g(x_k)p_k$ 绝对收敛，则有

$$E(Y)=E[g(X)]=\sum_{k=1}^{+\infty}g(x_k)p_k. \tag{4-3}$$

(2) X 是连续型随机变量，它的概率密度为 $f(x)$，若 $\int_{-\infty}^{+\infty}g(x)f(x)\mathrm{d}x$ 绝对收敛，则有

$$E(Y)=E[g(X)]=\int_{-\infty}^{+\infty}g(x)f(x)\mathrm{d}x. \tag{4-4}$$

该定理的意义在于求 $E(Y)$ 时，不必知道 Y 的分布，而只需知道 X 的分布即可，该定理还可以推广至两个或两个以上随机变量函数的分布. 例如，设 Z 是随机变量 X,Y 的函数，$Z=g(X,Y)$（g 是连续函数），那么 Z 也是一个随机变量.

若 (X,Y) 是离散型随机变量，其联合分布律为 $P\{X=x_i,Y=y_j\}=p_{ij},i,j=1,2,\cdots$，则有

$$E(Z)=E[g(X,Y)]=\sum_{j=1}^{+\infty}\sum_{i=1}^{+\infty}g(x_i,y_j)p_{ij}. \tag{4-5}$$

这里设公式(4－5)右边的级数绝对收敛.

若二维随机变量(X,Y)是连续型随机变量,其概率密度为$f(x,y)$,则有

$$E(Z)=E[g(X,Y)]=\int_{-\infty}^{+\infty}\int_{-\infty}^{+\infty}g(x,y)f(x,y)\mathrm{d}x\mathrm{d}y. \tag{4-6}$$

这里设公式(4－6)右边的积分绝对收敛.

例 4.6 某战机演习时机翼受到压力$W=kV^2$(V是风速,$k>0$是常数)的作用,设风速V在$(0,a)$上服从均匀分布,求W的数学期望.

解 V的概率密度为

$$f(v)=\begin{cases}\dfrac{1}{a},0<v<a,\\ 0,\text{其他}.\end{cases}$$

则由公式(4－4)有

$$E(W)=\int_{-\infty}^{+\infty}kv^2f(v)\mathrm{d}v=\int_0^a kv^2\,\frac{1}{a}\mathrm{d}v=\frac{1}{3}ka^2.$$

例 4.7 设二维随机变量(X,Y)的概率密度为

$$f(x,y)=\begin{cases}x+y,0\leqslant x\leqslant 1,0\leqslant y\leqslant 1,\\ 0,\quad\text{其他}.\end{cases}$$

求XY的数学期望.

解 $E(XY)=\int_{-\infty}^{+\infty}\int_{-\infty}^{+\infty}xyf(x,y)\mathrm{d}x\mathrm{d}y=\int_0^1\int_0^1 xy(x+y)\mathrm{d}x\mathrm{d}y=\frac{1}{3}.$

4.1.3 数学期望的性质

现在来证明数学期望的几个重要性质(假设以下遇到的随机变量的数学期望存在).

性质 1 设C是常数,则$E(C)=C$.

性质 2 设X是一个随机变量,C是常数,则有$E(CX)=CE(X)$.

性质 3 设X,Y是两个随机变量,则有$E(X+Y)=E(X)+E(Y)$.

性质 3 可以推广至任意有限个随机变量之和的情况.

性质 4 设X,Y是相互独立的随机变量,则有$E(XY)=E(X)E(Y)$.

性质 4 可以推广至任意有限个相互独立的随机变量之积的情况.

证明 性质 1 和性质 2 由读者自己证明.下面来证性质 3 和性质 4.设二维随机变量(X,Y)的概率密度为$f(x,y)$,其边缘密度函数为$f_X(x)$,$f_Y(y)$,则

$$E(X+Y)=\int_{-\infty}^{+\infty}\int_{-\infty}^{+\infty}(x+y)f(x,y)\mathrm{d}x\mathrm{d}y$$

$$=\int_{-\infty}^{+\infty}\int_{-\infty}^{+\infty}xf(x,y)\mathrm{d}x\mathrm{d}y+\int_{-\infty}^{+\infty}\int_{-\infty}^{+\infty}yf(x,y)\mathrm{d}x\mathrm{d}y$$

$$=E(X)+E(Y).$$

性质 3 得证．又若 X 和 Y 相互独立，则

$$E(XY)=\int_{-\infty}^{+\infty}\int_{-\infty}^{+\infty}xyf(x,y)\mathrm{d}x\mathrm{d}y=\int_{-\infty}^{+\infty}\int_{-\infty}^{+\infty}xyf_X(x)f_Y(y)\mathrm{d}x\mathrm{d}y$$

$$=\int_{-\infty}^{+\infty}xf_X(x)\mathrm{d}x\int_{-\infty}^{+\infty}yf_Y(y)\mathrm{d}y=E(X)E(Y).$$

性质 4 得证．

例 4.8　设一电路中电流 I 与电阻 R 是两个相互独立的随机变量，其概率密度分别为

$$g(i)=\begin{cases}2i,0\leqslant i\leqslant 1,\\0,\text{其他};\end{cases}\qquad h(r)=\begin{cases}\dfrac{r^2}{9},0\leqslant r\leqslant 3,\\0,\text{其他}.\end{cases}$$

试求电压 $V=IR$ 的均值．

解

$$E(V)=E(IR)=E(I)E(R)$$

$$=\int_{-\infty}^{+\infty}ig(i)\mathrm{d}i\int_{-\infty}^{+\infty}rh(r)\mathrm{d}r$$

$$=\int_0^1 2i^2\mathrm{d}i\int_0^3\frac{r^3}{9}\mathrm{d}r$$

$$=\frac{3}{2}.$$

4.2　方差

在实践中，仅仅研究随机变量的数学期望(均值)是不够的，如甲、乙两个工厂生产同一类型的炮弹，两个工厂生产的炮弹其炮口速度的均值都是 v_0，但甲厂生产的炮弹，其炮口速度比较均匀，大部分都集中分布在 v_0 附近，而乙厂生产的炮弹，速度相差很大，偏离 v_0 的程度较高．显然甲厂生产的炮弹质量较好．由此可见，研究随机变量与其均值的偏离程度是十分必要的，$E\{|X-E(X)|\}$ 可以用来度量随机变量 X 与其均值 $E(X)$ 的平均偏离程度，但带绝对值计算不方便，故常用 $E\{[X-E(X)]^2\}$ 来表示随机变量 X 与其均值 $E(X)$ 的偏离程度，它就是随机变量的方差．

4.2.1 定义

定义 2 设 X 是一个随机变量,若 $E\{[X-E(X)]^2\}$ 存在,则称 $E\{[X-E(X)]^2\}$ 为 X 的**方差**,记为 $D(X)$ 或 $\mathrm{Var}(X)$,即

$$D(X)=\mathrm{Var}(X)=E\{[X-E(X)]^2\}. \tag{4-7}$$

在应用上还引入与随机变量具有相同量纲的量 $\sqrt{D(X)}$,记为 $\sigma(X)$,称为**标准差**或**均方差**.

$D(X)$ 表达了 X 的取值与其数学期望的偏离程度,若 X 取值比较集中,则 $D(X)$ 较小;反之,若 X 取值比较分散,则 $D(X)$ 较大. 故 $D(X)$ 是刻画 X 取值分散程度的一个量,是衡量 X 取值分散程度的一个尺度.

由定义知,方差实际上就是随机变量 X 的函数 $g(X)=[X-E(X)]^2$ 的数学期望. 于是对于离散型随机变量,按公式(4-7)有

$$D(X)=\sum_{k=1}^{+\infty}[x_k-E(X)]^2 p_k. \tag{4-8}$$

其中,$P\{X=x_k\}=p_k,k=1,2,\cdots$ 是 X 的分布律. 对于连续型随机变量,按公式(4-7)有

$$D(X)=\int_{-\infty}^{+\infty}[x-E(X)]^2 f(x)\mathrm{d}x. \tag{4-9}$$

其中,$f(x)$ 是 X 的概率密度.

4.2.2 方差的计算

方差 $D(X)$ 可按如下公式计算:

$$D(X)=E(X^2)-[E(X)]^2. \tag{4-10}$$

证明 由数学期望的性质得

$$\begin{aligned}D(X)&=E\{[X-E(X)]^2\}=E\{X^2-2XE(X)+[E(X)]^2\}\\&=E(X^2)-2E(X)E(X)+[E(X)]^2\\&=E(X^2)-[E(X)]^2.\end{aligned}$$

例 4.9 设随机变量 X 服从(0-1)分布,其分布律为:$P\{X=0\}=1-p$,$P\{X=1\}=p$. 求 $D(X)$.

解

$$E(X)=0\times(1-p)+1\times p=p,$$

$$E(X^2)=0^2\times(1-p)+1\times p=p,$$

$$D(X)=E(X^2)-[E(X)]^2=p-p^2.$$

例 4.10 设随机变量 $X \sim P(\lambda)$，求 $D(X)$.

解 随机变量 X 的分布律为

$$P\{X=k\}=\frac{\lambda^k e^{-\lambda}}{k!}, k=0,1,2,\cdots,\lambda>0.$$

上节例 4.4 已算得 $E(X)=\lambda$，而

$$\begin{aligned} E(X^2) &= E[X(X-1)+X]=E[X(X-1)]+E(X) \\ &= \sum_{k=0}^{+\infty} k(k-1)\frac{\lambda^k e^{-\lambda}}{k!}+\lambda=\lambda^2 e^{-\lambda}\sum_{k=2}^{+\infty}\frac{\lambda^{k-2}}{(k-2)!}+\lambda \\ &= \lambda^2 e^{-\lambda}e^{\lambda}+\lambda-\lambda^2+\lambda, \end{aligned}$$

所以方差为

$$D(X)=E(X^2)-[E(X)]^2=\lambda.$$

由此可知，泊松分布的数学期望与方差相等，都等于参数 λ，因为泊松分布只含一个参数 λ，只要知道它的期望或方差就能完全确定它的分布了.

例 4.11 设随机变量 $X \sim U(a,b)$，求 $D(X)$.

解 因为 $E(X)=\dfrac{a+b}{2}, E(X^2)=\displaystyle\int_a^b x^2\frac{1}{b-a}dx=\frac{a^2+ab+b^2}{3}$，

故

$$D(X)=E(X^2)-[E(X)]^2=\frac{(b-a)^2}{12}.$$

例 4.12 设随机变量 X 服从指数分布，其概率密度为

$$f(x)=\begin{cases}\lambda e^{-\lambda x}, x>0, \\ 0, \quad x\leqslant 0.\end{cases} \quad (\text{其中 } \lambda>0)$$

求 $E(X), D(X)$.

解 由题得

$$E(X)=\int_{-\infty}^{+\infty} xf(x)dx=\int_0^{+\infty} x\lambda e^{-\lambda x}dx=-xe^{-\lambda x}\Big|_0^{+\infty}+\int_0^{+\infty} e^{-\lambda x}dx=\frac{1}{\lambda},$$

$$E(X^2)=\int_{-\infty}^{+\infty} x^2 f(x)dx=\int_0^{+\infty} x^2\lambda e^{-\lambda x}dx=-x^2e^{-\lambda x}\Big|_0^{+\infty}+\int_0^{+\infty} 2xe^{-\lambda x}dx=\frac{2}{\lambda^2},$$

于是

$$D(X)=E(X^2)-[E(X)]^2=\frac{2}{\lambda^2}-\frac{1}{\lambda^2}=\frac{1}{\lambda^2},$$

$$E(X)=\frac{1}{\lambda}, D(X)=\frac{1}{\lambda^2}.$$

4.2.3 方差的性质

方差具有以下性质(假设以下随机变量的方差均存在).

性质 1 设 C 是常数,则有 $D(C)=0$.

性质 2 设 X 是随机变量,C 是常数,则有

$$D(CX)=C^2D(X), D(X+C)=D(X).$$

性质 3 设 X,Y 是两个随机变量,则有

$$D(X+Y)=D(X)+D(Y)+2E\{[X-E(X)][Y-E(Y)]\}. \tag{4-11}$$

特别地,若 X,Y 相互独立,则有

$$D(X+Y)=D(X)+D(Y). \tag{4-12}$$

这一性质可推广至任意有限多个相互独立的随机变量之和的情况.

性质 4 $D(X)=0$ 的充要条件是 X 以概率 1 取常数 C,即

$$P\{X=C\}=1.$$

显然这里 $C=E(X)$.

证明 性质 1、性质 2 由定义易得. 下面分别证性质 3、性质 4. 性质 3 的证明如下:

$$\begin{aligned}D(X+Y)&=E\{[(X+Y)-E(X+Y)]^2\}\\&=E\{[X-E(X)]+[Y-E(Y)]\}^2\\&=E\{[X-E(X)]^2\}+E\{[Y-E(Y)]^2\}+2E\{[X-E(X)][Y-E(Y)]\}\\&=D(X)+D(Y)+2E\{[X-E(X)][Y-E(Y)]\}.\end{aligned}$$

上式中:

$$\begin{aligned}&E\{[X-E(X)][Y-E(Y)]\}\\&=E[XY-XE(Y)-YE(X)+E(X)E(Y)]\\&=E(XY)-E(X)E(Y)-E(Y)E(X)+E(X)E(Y)\\&=E(XY)-E(X)E(Y).\end{aligned}$$

若 X,Y 相互独立,由数学期望的性质 4 知上式右端为 0,于是

$$D(X+Y)=D(X)+D(Y).$$

性质 4,先证充分性,设 $P\{X=E(X)\}=1$,则有 $P\{X^2=[E(X)]^2\}=1$,于是 $D(X)=E(X^2)-[E(X)]^2=0$.

必要性的证明在切比雪夫不等式证明的后面.

例 4.13　设 $X_1,X_2,\cdots,X_n$ 相互独立，且服从同一个 (0-1) 分布，分布律为

$$P\{X_i=0\}=1-p,P\{X_i=1\}=p,i=1,2,\cdots,n,$$

证明 $X=X_1+X_2+\cdots+X_n$ 服从参数为 n,p 的二项分布，并求 $E(X),D(X)$.

证明　显然 X 所有可能取的值为 $0,1,2,\cdots,n$，由独立性知以特定的方式（如前 k 个取 1，后 $n-k$ 个取 0，$0\leqslant k\leqslant n$）取 X 的概率为 $p^k(1-p)^{n-k}$，而 X 取 k 的两两互不相容的方式共有 C_n^k 种，故知

$$P(X=k)=C_n^k p^k(1-p)^{n-k},k=0,1,2,\cdots,n.$$

即 X 服从参数为 n,p 的二项分布，下面求 $E(X),D(X)$.

$$E(X_i)=p,D(X_i)=p(1-p),i=1,2,\cdots,n,$$

故

$$E(X)=E\left(\sum_{i=1}^{n}X_i\right)=\sum_{i=1}^{n}E(X_i)=np.$$

由 $X_1,X_2,\cdots,X_n$ 相互独立，得

$$D(X)=D\left(\sum_{i=1}^{n}X_i\right)=\sum_{i=1}^{n}D(X_i)=np(1-p).$$

4.2.4　几种重要的随机变量的数学期望和方差

1. (0-1) 分布

设 X 服从参数为 p 的 (0-1) 分布，则

$$E(X)=p,D(X)=p(1-p).$$

2. 二项分布

设 X 服从参数为 n,p 的二项分布，则

$$E(X)=np,D(X)=np(1-p).$$

3. 泊松分布

设 X 服从参数为 λ 的泊松分布，则

$$E(X)=\lambda,D(X)=\lambda.$$

4. 均匀分布

设 X 在 $[a,b]$ 上服从均匀分布，则

$$E(X)=\frac{a+b}{2},D(X)=\frac{(b-a)^2}{12}.$$

5. 指数分布

设 X 服从参数为 λ 的指数分布，则

$$E(X)=\frac{1}{\lambda},D(X)=\frac{1}{\lambda^2}.$$

6. 正态分布

设 X 服从参数为 μ,σ^2 的正态分布，则

$$E(X)=\mu,D(X)=\sigma^2.$$

下面对随机变量 X 服从参数为 μ,σ^2 的正态分布的情况给予推导.

设 $X\sim N(\mu,\sigma^2)$，则 X 的概率密度为

$$f(x)=\frac{1}{\sqrt{2\pi}\sigma}\mathrm{e}^{-\frac{(x-\mu)^2}{2\sigma^2}},\sigma>0,-\infty<x<+\infty.$$

所以，X 的数学期望为

$$E(X)=\int_{-\infty}^{+\infty}x\frac{1}{\sqrt{2\pi}\sigma}\mathrm{e}^{-\frac{(x-\mu)^2}{2\sigma^2}}\mathrm{d}x.$$

令 $\frac{x-\mu}{\sigma}=t$，得

$$E(X)=\frac{1}{\sqrt{2\pi}}\int_{-\infty}^{+\infty}(\sigma t+\mu)\mathrm{e}^{-\frac{t^2}{2}}\mathrm{d}t=\frac{\mu}{\sqrt{2\pi}}\int_{-\infty}^{+\infty}\mathrm{e}^{-\frac{t^2}{2}}\mathrm{d}t=\frac{\mu}{\sqrt{2\pi}}\sqrt{2\pi}=\mu.$$

X 的方差为

$$D(X)=\int_{-\infty}^{+\infty}(x-\mu)^2f(x)\mathrm{d}x=\frac{1}{\sqrt{2\pi}\sigma}\int_{-\infty}^{+\infty}(x-\mu)^2\mathrm{e}^{-\frac{(x-\mu)^2}{2\sigma^2}}\mathrm{d}x.$$

令 $\frac{x-\mu}{\sigma}=t$，得

$$D(X)=\frac{\sigma^2}{\sqrt{2\pi}}\int_{-\infty}^{+\infty}t^2\mathrm{e}^{-\frac{t^2}{2}}\mathrm{d}t=\frac{\sigma^2}{\sqrt{2\pi}}\left([-t\mathrm{e}^{-\frac{t^2}{2}}]_{-\infty}^{+\infty}+\int_{-\infty}^{+\infty}\mathrm{e}^{-\frac{t^2}{2}}\mathrm{d}t\right)=0+\frac{\sigma^2}{\sqrt{2\pi}}\sqrt{2\pi}=\sigma^2.$$

因此，正态随机变量的概率密度中的两个参数 μ 和 σ^2 分别是该随机变量的数学期望和方差.

4.2.5 切比雪夫不等式

下面介绍一个与期望、方差有关的重要不等式——切比雪夫不等式.

定理 2 设随机变量 X 具有数学期望 $E(X)=\mu$，方差 $D(X)=\sigma^2$，则对于任意正数 ε，不等式

$$P\{|X-\mu|\geqslant\varepsilon\}\leqslant\frac{\sigma^2}{\varepsilon^2}\tag{4-13}$$

成立. 这一不等式称为**切比雪夫(Chebyshev)不等式**.

证明 这里只就连续型随机变量的情况来证明. 设 X 的概率密度为 $f(x)$，则有

$$P\{|X-\mu|\geqslant\varepsilon\}=\int_{|x-\mu|\geqslant\varepsilon}f(x)\mathrm{d}x\leqslant\int_{|x-\mu|\geqslant\varepsilon}\frac{|x-\mu|^2}{\varepsilon^2}f(x)\mathrm{d}x$$

$$\leqslant\frac{1}{\varepsilon^2}\int_{-\infty}^{+\infty}(x-\mu)^2f(x)\mathrm{d}x=\frac{\sigma^2}{\varepsilon^2}.$$

切比雪夫不等式也可写成如下形式：

$$P\{|X-\mu|<\varepsilon\}\geqslant 1-\frac{\sigma^2}{\varepsilon^2}. \tag{4-14}$$

切比雪夫不等式给出了在随机变量的分布未知而只知道 $E(X)$ 和 $D(X)$ 的情况下估计概率 $E\{|X-E(X)|<\varepsilon\}$ 的界限. 例如在公式(4-14)中分别取 $\varepsilon=3\sqrt{D(X)}$, $4\sqrt{D(X)}$，得到 $P\{|X-E(X)|<3\sqrt{D(X)}\}\geqslant 0.8889$，$P\{|X-E(X)|<4\sqrt{D(X)}\}\geqslant 0.9375$. 这个估计是比较粗糙的，如果已经知道随机变量的分布，那么所求的概率可以确切地计算出来，也就没必要利用这一等式来估计了.

方差性质 4 必要性的证明：设 $D(X)=0$，证 $P\{X=E(X)\}=1$.

证明　用反证法，假设 $P\{X=E(X)\}<1$，则对于某一个数 $\varepsilon>0$ 有 $P\{|X-E(X)|\geqslant\varepsilon\}>0$，但由切比雪夫不等式，对于任意 $\varepsilon>0$，由公式(4-13)得 $\sigma^2=0$，矛盾，于是 $P\{X=E(X)\}=1$.

4.3　协方差及相关系数

前面几节介绍了一维随机变量的数字特征. 数学期望 $E(X)$ 是一个实数，是描述随机变量平均特征的数字指标；方差 $D(X)$ 是一个非负实数，是描述随机变量散布特性的数字指标. 对于二维随机变量 (X,Y)，要分别研究 X,Y 的数字特征 $E(X),D(X),E(Y),D(Y)$（假设它们都存在），把 $(E(X),E(Y))$，$(D(X),D(Y))$ 这两个向量分别叫二维随机变量的数学期望和方差.

此外，还要研究 X,Y 之间的相关统计特征，特别是线性相关的统计特征. 先看三个例子.

引例　(H,W)——H 表示人的身高，W 表示人的体重.

(X,Y)——X 表示火炮身管膛压，Y 表示测压铜柱的高度.

(X,Z)——X 表示炸点距离坐标，Z 表示炸点方向坐标.

将上述二维随机变量的试验结果描述在平面直角坐标系中，如图 4-1 所示.

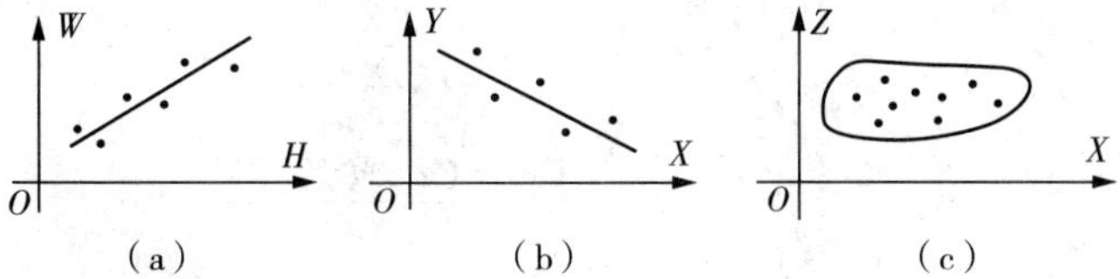

图 4-1　引例中二维随机变量的试验结果

从图 4-1(a) 可以看出,随着身高 H 的增加,体重 W 也有相应增加的趋势,并且大致呈线性关系,这种相关关系称为正相关. 从图 4-1(b) 看出,随着身管膛压 X 的增大,测压铜柱高度 Y 有随之减小的趋势,也大致呈线性关系,这种相关关系称为负相关. 图 4-1(c) 所示炸点坐标 (X,Z) 没有明显的趋势,此时称 X 与 Z 不相关. 在数学上为了区别和描述诸如以上引例中随机变量之间的相关特性,引进协方差、相关系数和回归直线的概念.

定义 3 量 $E\{[X-E(X)][Y-E(Y)]\}$ 称为随机变量 X 与 Y 的**协方差**. 记为 $\mathrm{Cov}(X,Y)$. 即

$$\mathrm{Cov}(X,Y)=E\{[X-E(X)][Y-E(Y)]\}. \tag{4-16}$$

而 $r_{XY}=\dfrac{\mathrm{Cov}(X,Y)}{\sqrt{D(X)}\sqrt{D(Y)}}=\dfrac{\mathrm{Cov}(X,Y)}{\sigma_X\sigma_Y}$ 称为随机变量 X 与 Y 的**相关系数**. r_{XY} 是一个无量纲的量.

对于二维随机变量 (X,Y),设 $D(X)>0,D(Y)>0$,希望找到一个 X 的线性函数 $a+bX$,使 $a+bX$ 能尽可能好地表示 Y,即求 $[Y-(a+bX)]^2$ 的均值的最小值,令

$$e=E\{[Y-(a+bX)]^2\}=E(Y^2)+b^2E(X^2)+a^2-2bE(XY)+2abE(X)-2aE(Y),$$

$$\begin{cases}\dfrac{\partial e}{\partial a}=2a+2bE(X)-2E(Y)=0,\\[2ex] \dfrac{\partial e}{\partial b}=2bE(X^2)-2E(XY)+2aE(X)=0,\end{cases}$$

解得

$$\begin{cases}b_0=\dfrac{E\{[X-E(X)][Y-E(Y)]\}}{D(X)},\\[2ex] a_0=E(Y)-E(X)\,\dfrac{E\{[X-E(X)][Y-E(Y)]\}}{D(X)}.\end{cases}$$

$$\begin{aligned}\min_{a,b}E\{[Y-(a+bX)]^2\}&=D(Y-a_0-b_0X)+[E(Y-a_0-b_0X)]^2\\&=D(Y-b_0X)+\left[-\frac{1}{2}\left.\frac{\partial e}{\partial a}\right|_{a=a_0,b=b_0}\right]^2\\&=D(Y-b_0X)\\&=D(Y)+b_0^2D(X)-2b_0\mathrm{Cov}(X,Y)\\&=D(Y)+\frac{\mathrm{Cov}^2(X,Y)}{D(X)}-2\,\frac{\mathrm{Cov}^2(X,Y)}{D(X)}\\&=D(Y)\left[1-\frac{\mathrm{Cov}^2(X,Y)}{D(X)D(Y)}\right]\\&=(1-r_{XY}^2)D(Y),\end{aligned}$$

其中

$$r_{XY}=\frac{E\{[X-E(X)][Y-E(Y)]\}}{\sqrt{D(X)}\sqrt{D(Y)}}. \tag{4-15}$$

当 $|r_{XY}|$ 较大(小)时，e 较小(大). 这表明 X,Y(就线性关系来说)联系较紧密(较差). 由此称直线 $y=a_0+b_0x$ 为回归直线.

由公式(4-11)和定义易知，对于任意两个随机变量 X 和 Y，下列等式成立.

$$D(X+Y)=D(X)+D(Y)+2\mathrm{Cov}(X,Y), \tag{4-17}$$

$$\mathrm{Cov}(X,Y)=E(XY)-E(X)E(Y). \tag{4-18}$$

常用公式(4-18)计算协方差.

协方差具有下述性质：

(1)$\mathrm{Cov}(X,Y)=\mathrm{Cov}(Y,X)$.

(2)$\mathrm{Cov}(aX,bY)=ab\mathrm{Cov}(X,Y)$，$a,b$ 是常数.

(3)$\mathrm{Cov}(X_1+X_2,Y)=\mathrm{Cov}(X_1,Y)+\mathrm{Cov}(X_2,Y)$.

证明由读者自己完成.

下面给出 r_{XY} 的两条重要性质.

定理 3　(1)$|r_{XY}|\leqslant 1$；

(2)$|r_{XY}|=1$ 的充要条件是，存在常数 a,b，使 $P\{a+bX\}=1$.

证明　(1) 由 $E\{[Y-(a_0+b_0X)]^2\}=(1-r_{XY}^2)D(Y)$ 及 $D(Y)$ 的非负性，得知

$$1-r_{XY}^2\geqslant 0,\text{亦即}|r_{XY}|\leqslant 1.$$

(2) 若 $|r_{XY}|=1$，得

$$E\{[Y-(a_0+b_0X)]^2\}=0.$$

从而得 $0=E\{[Y-(a_0+b_0X)]^2\}=D[Y-(a_0+b_0X)]+\{E[Y-(a_0+b_0X)]\}^2$.

故有

$$D[Y-(a_0+b_0X)]=0,$$

$$E[Y-(a_0+b_0X)]=0.$$

又由方差的性质 4 知

$$P\{Y-(a_0+b_0X)=0\}=1\text{ 即 }P\{Y=a_0+b_0X\}=1.$$

反之，若存在常数 a^*,b^* 使

$$P\{Y=a^*+b^*X\}=1\text{ 即 }P\{Y-(a^*+b^*X)=0\}=1,$$

于是

$$P\{[Y-(a^*+b^*X)]^2=0\}=1,$$

即得

$$E\{[Y-(a^*+b^*X)]^2\}=0,$$

故有

$$0=E\{[Y-(a^*+b^*X)]^2\}\geqslant \min_{a,b}E\{[Y-(a+bX)]^2\}$$
$$=E\{[Y-(a_0+b_0X)]^2\}=(1-r_{XY}^2)D(Y),$$

即得 $|r_{XY}|=1$.

即 $|r_{XY}|=1$ 时 X 与 Y 之间以概率 1 存在线性关系．于是 r_{XY} 是一个可以用来表征 X,Y 之间线性关系紧密程度的量．当 $|r_{XY}|$ 较大时，通常说 X,Y 线性相关的程度较好；当 $|r_{XY}|$ 较小时，X,Y 线性相关的程度较差．

当 $r_{XY}>0$ 时，称 X 和 Y 正相关；

当 $r_{XY}<0$ 时，称 X 和 Y 负相关；

当 $r_{XY}=0$ 时，称 X 和 Y 不相关．这时 X 与 Y 不存在线性依从关系，但不能说 X 与 Y 没有关系．

假设随机变量 X 与 Y 的相关系数 r_{XY} 存在．当 X 和 Y 相互独立时，显然 X 与 Y 不相关；反之，若 X 与 Y 不相关时，X 和 Y 却不一定相互独立．上述情况，从“不相关”和“相互独立”的含义来看是明显的．这是因为不相关只是就线性关系而言，而相互独立是就一般关系而言．不过，当 (X,Y) 服从二维正态分布时，X 和 Y 不相关与 X 和 Y 相互独立是等价的．

例 4.14 设 (X,Y) 的分布律如下：

Y \ X	-2	-1	1	2	$p_{\cdot j}$
1	0	1/4	1/4	0	1/2
4	1/4	0	0	1/4	1/2
$p_{i\cdot}$	1/4	1/4	1/4	1/4	1

易知 $E(X)=0,E(Y)=5/2,E(XY)=0$，于是 $r_{XY}=0$，X,Y 不相关．这表示 X,Y 不存在线性关系．但 $P\{X=-2,Y=1\}=0\neq P\{X=-2\}P\{Y=1\}$，可知 X,Y 不是相互独立的．事实上，X 和 Y 具有关系：$Y=X^2$，Y 的值完全可由 X 的值所确定．

例 4.15 设 X,Y 是随机变量，且 $Y=X^2$．

(1) X 在 $(-1,1)$ 上服从均匀分布；

(2) X 在 $(0,2)$ 上服从均匀分布．

求 X 与 Y 的相关系数．

解 (1) X 的概率密度为

$$f(x)=\begin{cases}\dfrac{1}{2},x\in(-1,1);\\0,\text{其他}.\end{cases}$$

$$\begin{aligned}\mathrm{Cov}(X,Y)&=E\{[X-E(X)][Y-E(Y)]\}=E[XY-E(X)E(Y)]\\&=E[X^3-E(X^2)E(X)]=E[X^3]-E[X^2]E(X),\end{aligned}$$

$$E(X)=\int_{-1}^{1}\frac{x}{2}\mathrm{d}x=0,E(X^2)=\int_{-1}^{1}\frac{x^2}{2}\mathrm{d}x=\frac{1}{3},E(X^3)=\int_{-1}^{1}\frac{x^3}{2}\mathrm{d}x=0,$$

所以，$\mathrm{Cov}(X,Y)=0,r_{XY}=0$.

(2)X 的概率密度为

$$f(x)=\begin{cases}\dfrac{1}{2},x\in(0,2);\\0,\text{其他}.\end{cases}$$

$$E(X)=\int_{0}^{2}\frac{x}{2}\mathrm{d}x=1,E(X^2)=\int_{0}^{2}\frac{x^2}{2}\mathrm{d}x=\frac{4}{3},E(X^3)=\int_{0}^{2}\frac{x^3}{2}\mathrm{d}x=2,$$

所以，$\mathrm{Cov}(X,Y)=2/3$.

$$\sigma_X^2=E(X^2)-[E(X)]^2=\frac{1}{3},\sigma_Y^2=E(Y^2)-[E(Y)]^2=\frac{64}{65},$$

其中，$E(Y^2)=E(X^4)=\int_0^2\frac{x^4}{2}\mathrm{d}x=\frac{16}{5}$. 综上 $r_{XY}=\frac{\sqrt{15}}{4}$.

本例中结果的直观意义很明显．对于第 1 小题，X 在$(-1,1)$内服从均匀分布，X 与 Y 有确定的关系 $Y=X^2$，但 $r_{XY}=0$，说明从整体上看，X 的取值增加时，Y 的取值没有增大或减小的趋势．对于第 2 小题，X 在$(0,2)$内服从均匀分布，$r_{XY}=\frac{\sqrt{15}}{4}>0$，说明从整体上看，$X$ 的取值增加时，Y 的取值有明显的增加趋势，这时 X 和 Y 正相关，回归直线为 $y=2x-\frac{2}{3}$.

例 4.16　设(X,Y)服从二维正态分布，它的概率密度为

$$f(x,y)=\frac{1}{2\pi\sigma_1\sigma_2\sqrt{1-\rho^2}}\exp\left\{-\frac{1}{2(1-\rho^2)}\left[\frac{(x-\mu_1)^2}{\sigma_1^2}-2\rho\frac{(x-\mu_1)(y-\mu_2)}{\sigma_1\sigma_2}+\frac{(y-\mu_2)^2}{\sigma_2^2}\right]\right\}.$$

求 X 和 Y 的相关系数．

解　已知(X,Y)的边缘概率密度为

$$f_X(x)=\frac{1}{\sqrt{2\pi}\sigma_1}\mathrm{e}^{-\frac{(x-\mu_1)^2}{2\sigma_1^2}},-\infty<x<+\infty,$$

$$f_Y(y)=\frac{1}{\sqrt{2\pi}\sigma_2}\mathrm{e}^{-\frac{(y-\mu_2)^2}{2\sigma_2^2}},-\infty<y<+\infty.$$

故知 $E(X)=\mu_1, E(Y)=\mu_2, D(X)=\sigma_1^2, D(Y)=\sigma_2^2$. 而

$$\begin{aligned}\operatorname{Cov}(X,Y)&=\int_{-\infty}^{+\infty}\int_{-\infty}^{+\infty}(x-\mu_1)(y-\mu_2)f(x,y)\mathrm{d}x\mathrm{d}y\\&=\frac{1}{2\pi\sigma_1\sigma_2\sqrt{1-\rho^2}}\int_{-\infty}^{+\infty}\int_{-\infty}^{+\infty}(x-\mu_1)(y-\mu_2)\times\\&\quad\exp\left[\frac{-1}{2(1-\rho^2)}\left(\frac{y-\mu_2}{\sigma_2}-\rho\frac{x-\mu_1}{\sigma_1}\right)^2-\frac{(x-\mu_1)^2}{2\sigma_1^2}\right]\mathrm{d}y\mathrm{d}x.\end{aligned}$$

令 $t=\frac{1}{\sqrt{1-\rho^2}}\left(\frac{y-\mu_2}{\sigma_2}-\rho\frac{x-\mu_1}{\sigma_1}\right), u=\frac{x-\mu_1}{\sigma_1}$,则有

$$\begin{aligned}\operatorname{Cov}(X,Y)&=\frac{1}{2\pi}\int_{-\infty}^{+\infty}\int_{-\infty}^{+\infty}(\sigma_1\sigma_2\sqrt{1-\rho^2}\,t\mu+\rho\sigma_1\sigma_2u^2)\mathrm{e}^{-(u^2+t^2)/2}\mathrm{d}t\mathrm{d}u\\&=\frac{\rho\sigma_1\sigma_2}{2\pi}\int_{-\infty}^{+\infty}u^2\mathrm{e}^{-\frac{u^2}{2}}\mathrm{d}u\int_{-\infty}^{+\infty}\mathrm{e}^{-\frac{t^2}{2}}\mathrm{d}t+\frac{\sigma_1\sigma_2\sqrt{1-\rho^2}}{2\pi}\int_{-\infty}^{+\infty}u\mathrm{e}^{-\frac{u^2}{2}}\mathrm{d}u\int_{-\infty}^{+\infty}t\mathrm{e}^{-\frac{t^2}{2}}\mathrm{d}t\\&=\frac{\rho\sigma_1\sigma_2}{2\pi}\sqrt{2\pi}\times\sqrt{2\pi},\end{aligned}$$

即有 $\operatorname{Cov}(X,Y)=\rho\sigma_1\sigma_2$.

于是 $r_{XY}=\frac{\operatorname{Cov}(X,Y)}{\sqrt{D(X)}\sqrt{DY}}=\rho$.

这就是说,二维正态随机变量 (X,Y) 的概率密度中的参数 ρ 就是 X 和 Y 的相关系数,因而二维正态随机变量的分布完全可由 X,Y 各自的数学期望、方差以及它们的相关系数所确定.

在第 3 章已经讲过,若 (X,Y) 服从二维正态分布,那么 X 和 Y 相互独立的充要条件为 $\rho=0$. 现在知道 $\rho=r_{XY}$,故知对于二维正态随机变量 (X,Y) 来说,X 和 Y 不相关与 X 和 Y 相互独立是等价的.

4.4 矩与协方差矩阵

定义 4 设 X 和 Y 是随机变量,若 $E(X^k), k=1,2,\cdots$ 存在,称它为 X 的 **k 阶原点矩**,简称 **k 阶矩**. 若 $E\{[X-E(X)]^k\}, k=2,3,\cdots$ 存在,称它为 X 的 **k 阶中心矩**. 若 $E(X^kY^l), k,l=1,2,\cdots$ 存在,称它为 X 和 Y 的 **$k+l$ 阶混合矩**. 若 $E\{[X-E(X)]^k[Y-E(Y)]^l\}, k,l=1,2,\cdots$ 存在,称它为 X 和 Y 的 **$k+l$ 阶混合中心矩**.

显然,X 的数学期望 $E(X)$ 是 X 的一阶原点矩,方差 $D(X)$ 是 X 的二阶中心矩,协方差 $\operatorname{Cov}(X,Y)$ 是 X 和 Y 的二阶混合中心矩.

下面介绍 n 维随机变量的协方差矩阵. 先从二维随机变量讲起.

二维随机变量(X_1,X_2)有四个二阶中心矩(设它们都存在),分别记为

$$C_{11}=E\{[X_1-E(X_1)]^2\},C_{12}=E\{[X_1-E(X_1)][X_2-E(X_2)]\},$$

$$C_{21}=E\{[X_2-E(X_2)][X_1-E(X_1)]\},C_{22}=E\{[X_2-E(X_2)]^2\}.$$

将它们排成矩阵的形式

$$\begin{pmatrix} C_{11} & C_{12} \\ C_{21} & C_{22} \end{pmatrix},$$

这个矩阵称为二维随机变量(X_1,X_2)的**协方差矩阵**.

设 n 维随机变量$(X_1,X_2,\cdots,X_n)$的二阶混合中心矩 $C_{ij}=\mathrm{Cov}(X_i,X_j)=E\{[X_i-E(X_i)][X_j-E(X_j)]\}$,$i,j=1,2,\cdots,n$ 都存在,则称矩阵

$$\boldsymbol{C}=\begin{pmatrix} C_{11} & \cdots & C_{1n} \\ \vdots & \ddots & \vdots \\ C_{n1} & \cdots & C_{nn} \end{pmatrix}$$

为 n 维随机变量$(X_1,X_2,\cdots,X_n)$的**协方差矩阵**.

由于 $C_{ij}=C_{ji}(i\neq j,i,j=1,2,\cdots,n)$,因而上述矩阵是一个对称矩阵.

一般来说,n 维随机变量的分布是不知道的,或者是太复杂,以致在数学上不易处理,因此在实际应用中协方差矩阵就显得重要了.

本节最后介绍 n 维随机变量的概率密度. 先将二维正态随机变量的概率密度改写成另一种形式,以便将它推广到 n 维随机变量中去. 二维正态随机变量(X_1,X_2)的概率密度为

$$f(x_1,x_2)=\frac{1}{2\pi\sigma_1\sigma_2\sqrt{1-\rho^2}}\exp\left\{\frac{-1}{2(1-\rho^2)}\left[\frac{(x_1-\mu_1)^2}{\sigma_1^2}-2\rho\frac{(x_1-\mu_1)(x_2-\mu_2)}{\sigma_1\sigma_2}+\frac{(x_2-\mu_2)^2}{\sigma_2^2}\right]\right\}.$$

现在将上式中花括号内的式子写成矩阵形式,为此引入下面的列矩阵

$$\boldsymbol{X}=\begin{pmatrix} X_1 \\ X_2 \end{pmatrix},\boldsymbol{\mu}=\begin{pmatrix} \mu_1 \\ \mu_2 \end{pmatrix}.$$

(X_1,X_2)的协方差矩阵为

$$\boldsymbol{C}=\begin{pmatrix} C_{11} & C_{12} \\ C_{21} & C_{22} \end{pmatrix}=\begin{pmatrix} \sigma_1^2 & \rho\sigma_1\sigma_2 \\ \rho\sigma_1\sigma_2 & \sigma_2^2 \end{pmatrix},$$

它的行列式 $\det\boldsymbol{C}=\sigma_1^2\sigma_2^2(1-\rho^2)$,$\boldsymbol{C}$ 的逆矩阵为

$$C^{-1}=\frac{1}{\det C}\begin{pmatrix}\sigma_2^2 & -\rho\sigma_1\sigma_2\\ -\rho\sigma_1\sigma_2 & \sigma_1^2\end{pmatrix},$$

经过计算可知矩阵$(\boldsymbol{X}-\boldsymbol{\mu})^{\mathrm{T}}$是$(\boldsymbol{X}-\boldsymbol{\mu})$的转置矩阵,

$$(\boldsymbol{X}-\boldsymbol{\mu})^{\mathrm{T}}\boldsymbol{C}^{-1}(\boldsymbol{X}-\boldsymbol{\mu})=\frac{1}{\det\boldsymbol{C}}(x_1-\mu_1\quad x_2-\mu_2)\begin{pmatrix}\sigma_2^2 & -\rho\sigma_1\sigma_2\\ -\rho\sigma_1\sigma_2 & \sigma_1^2\end{pmatrix}\begin{pmatrix}x_1-\mu_1\\ x_2-\mu_2\end{pmatrix}$$

$$=\frac{1}{1-\rho^2}\left[\frac{(x_1-\mu_1)^2}{\sigma_1^2}-2\rho\frac{(x_1-\mu_1)(x_2-\mu_2)}{\sigma_1\sigma_2}+\frac{(x_2-\mu_2)^2}{\sigma_2^2}\right],$$

于是(X_1,X_2)的概率密度可写成

$$f(x_1,x_2)=\frac{1}{(2\pi)^{2/2}(\det\boldsymbol{C})^{1/2}}\exp\left\{-\frac{1}{2}(\boldsymbol{X}-\boldsymbol{\mu})^{\mathrm{T}}\boldsymbol{C}^{-1}(\boldsymbol{X}-\boldsymbol{\mu})\right\}.$$

上式容易推广到n维正态随机变量$(X_1,X_2,\cdots,X_n)$的情况.

引入列矩阵

$$\boldsymbol{X}=\begin{pmatrix}x_1\\ \vdots\\ x_n\end{pmatrix}\text{和}\boldsymbol{\mu}=\begin{pmatrix}\mu_1\\ \vdots\\ \mu_n\end{pmatrix}=\begin{pmatrix}E(X_1)\\ \vdots\\ E(X_n)\end{pmatrix},$$

n维正态随机变量$(X_1,X_2,\cdots,X_n)$的概率密度定义为

$$f(x_1,x_2,\cdots,x_n)=\frac{1}{(2\pi)^{n/2}(\det\boldsymbol{C})^{1/2}}\exp\left\{-\frac{1}{2}(\boldsymbol{X}-\boldsymbol{\mu})^{\mathrm{T}}\boldsymbol{C}^{-1}(\boldsymbol{X}-\boldsymbol{\mu})\right\}.$$

其中$\boldsymbol{C}$是$(X_1,X_2,\cdots,X_n)$的协方差矩阵.

n维正态随机变量具有以下四条重要性质(证明略).

(1)n维正态随机变量$(X_1,X_2,\cdots,X_n)$的每一个分量$X_i,i=1,2,\cdots,n$都是正态随机变量;反之,若$X_1,X_2,\cdots,X_n$都是正态随机变量,且相互独立,则$(X_1,X_2,\cdots,X_n)$是n维正态随机变量.

(2)n维正态随机变量$(X_1,X_2,\cdots,X_n)$服从n维正态分布的充要条件是$X_1,X_2,\cdots,X_n$的任意线性组合$l_1X_1+l_2X_2+\cdots+l_nX_n$服从一维正态分布(其中$l_1,l_2,\cdots,l_n$不全为零).

(3)若$(X_1,X_2,\cdots,X_n)$服从n维正态分布,设$Y_1,Y_2,\cdots,Y_k$是$X_j(j=1,2,\cdots,n)$的线性函数,则$(Y_1,Y_2,\cdots,Y_k)$也服从多维正态分布.这一性质称为正态变量的线性变换不变性.

(4)设$(X_1,X_2,\cdots,X_n)$服从n维正态分布,则"$X_1,X_2,\cdots,X_n$相互独立"与"$X_1,X_2,\cdots,X_n$两两不相关"是等价的.

n维正态分布在随机过程和数理统计中常会遇到.

习　题　四

1. 某产品的次品率为 0.1，检验员每天检验 4 次，每次随机地取 10 件产品进行检验，如发现其中的次品数多于 1，就去调试设备．以 X 表示一天中调试设备的次数，求 $E(X)$．（设诸产品是否为次品是相互独立的）

2. 已知甲、乙两箱中装有同种产品，其中甲箱中装有 3 件合格品和 3 件次品，乙箱仅装有 3 件合格品．从甲箱中任取 3 件产品放乙箱后，求乙箱中次品件数 Z 的数学期望．

3. 将标有序号 $1 \sim n$ 的 n 封信随机地插入标有序号 $1 \sim n$ 的 n 个信封中去，一个信封装一封信．若一封信装入与信同号的信封中，称为一个配对．记 X 为总的配对数，求 $E(X)$．

4. 游客自电视塔底层乘电梯到电视塔高架观光厅，电梯每整点的第 5，25，50 分钟由底层起行．假设一游客于早上 8 点至 9 点之间随机的时刻 —— 第 X 分钟到达底层的候梯处，试求他等候时间 T 的数学期望．

5. 一工人负责 n 台同样机床的维修，这 n 台机床自左到右排在一条直线上，相邻两台机床的距离为 a（米）．假设每台机床发生故障的概率均为 $\frac{1}{n}$，且相互独立，若 Z 表示工人修完一台后到另一台需要检修的机床所走的路程，求 $E(Z)$．

6. 某工厂制造某种机器，每出售一台则可获利 3000 元，若制造出来而卖不出去则将损失 1000 元．若该机器在一年内的销售量 ξ 服从区间[200，400]上的均匀分布，问工厂每年应制造多少台机器才能使获利的期望最大？

7. 一台设备由三大部件构成，在设备运转过程中各部件需要调整的概率相应为 0.1，0.2，0.3，假设各部件的状态相互独立，以 X 表示同时需要调整的部件数，试求 X 的数学期望 $E(X)$ 和方差 $D(X)$．

8. 一工厂生产某种设备的寿命 X（以年计）服从指数分布，概率密度为

$$f(x)=\begin{cases}\frac{1}{4}e^{-\frac{x}{4}}, & x>0,\\ 0, & x\leqslant 0.\end{cases}$$

为确保消费者的利益，工厂规定出售的设备若在一年内损坏可以调换．若售出一台设备，工厂获利 100 元，而调换一台则损失 200 元，试求工厂出售一台设备获利的数学期望．

9. 设随机变量 X 具有概率密度

$$f(x)=\begin{cases}1+x, & -1\leqslant x<0,\\ 1-x, & 0\leqslant x<1,\\ 0, & \text{其他}.\end{cases}$$

求 $E(X)$．

10. X 的密度函数为 $f(x)=\frac{1}{2}e^{-|x|}$，求：(1)$E(X)$；(2)$E(X^2)$．

11. 设 X 的分布律如下：

X	-1	0	$\frac{1}{2}$	1	2
p_k	$\frac{1}{3}$	$\frac{1}{6}$	$\frac{1}{6}$	$\frac{1}{12}$	$\frac{1}{4}$

求：(1)$E(X)$；(2)$E(-X+1)$；(3)$E(X^2)$；(4)$D(X)$.

12. 设随机变量 X 的概率密度为

$$f(x)=\begin{cases}\dfrac{1}{2}\cos\dfrac{x}{2}, & 0\leqslant x\leqslant \pi,\\ 0, & \text{其他}.\end{cases}$$

对 X 独立地重复观察 4 次，用 Y 表示观察值大于 $\pi/3$ 的次数，求 Y^2 的数学期望.

13. 设二维随机变量(X,Y)的概率密度为

$$f(x,y)=\begin{cases}x+y, & 0\leqslant x\leqslant 1, 0\leqslant y\leqslant 1,\\ 0, & \text{其他}.\end{cases}$$

求 $X+Y$ 的数学期望.

14. 某流水生产线上每个产品不合格的概率为 $p(0<p<1)$，各产品合格与否相互独立，当出现一个不合格产品时，即停机检修. 设开机后第一次停机时已生产的产品个数为 X，求 $E(X)$ 和 $D(X)$.

15. 设随机变量 X 的密度函数为

$$f(x)=\begin{cases}\mathrm{e}^{-x}, & x>0,\\ 0, & x\leqslant 0.\end{cases}$$

求 $E(X)$，$E(2X)$，$E(X+\mathrm{e}^{-2X})$，$D(X)$.

16. 设两个随机变量 X,Y 相互独立，且都服从均值为 0、方差为 1/2 的正态分布，求随机变量 $|X-Y|$ 的方差.

17. 两台同样的自动记录仪，每台无故障工作的时间 $T_i(i=1,2)$ 服从参数为 5 的指数分布，首先开动其中一台，当其发生故障时停用而另一台自动开启. 试求两台记录仪无故障工作的总时间 $T=T_1+T_2$ 的概率密度 $f_T(t)$、数学期望 $E(T)$ 及方差 $D(T)$.

18. 设随机变量 X,Y 相互独立，它们的密度函数分别为

$$f_X(x)=\begin{cases}2\mathrm{e}^{-2x}, & x>0,\\ 0, & x\leqslant 0;\end{cases}\qquad f_Y(y)=\begin{cases}4\mathrm{e}^{-4y}, & y>0,\\ 0, & y\leqslant 0.\end{cases}$$

求 $D(X+Y)$.

19. 设(X,Y)服从 A 上的均匀分布，其中 A 为 x 轴、y 轴及直线 $x+y+1=0$ 所围成的区域，求：(1)$E(X)$；(2)$E(-3X+2Y)$；(3)$E(XY)$.

20. 设随机变量(X,Y)的联合密度函数为

$$f(x,y)=\begin{cases}12y^2, & 0\leqslant y\leqslant x\leqslant 1,\\ 0, & \text{其他}.\end{cases}$$

求 $E(X)$，$E(Y)$，$E(XY)$，$E(X^2+Y^2)$，$D(X)$，$D(Y)$.

21. 设随机变量 X 和 Y 的联合分布在点$(0,1)$，$(1,0)$及$(1,1)$为顶点的三角形区域上服从均匀分布，试求随机变量 $U=X+Y$ 的方差.

22. 设随机变量 X,Y 相互独立，$X\sim N(1,1^2)$，$Y\sim N(-2,1^2)$，求 $E(2X+Y)$，$D(2X+Y)$.

23. 设随机变量 X 和 Y 的数学期望分别为 -2 和 2，方差分别为 1 和 4，而相关系数为 -0.5，根据切比雪夫不等式估计 $P(|X+Y| \geqslant 6)$ 的值.

24. 一颗骰子连续掷 4 次，点数总和记为 X，估计 $P(10 < X < 18)$.

25. 设 $X_1, X_2, \cdots, X_n$ 是相互独立的随机变量，且有 $E(X_i)=\mu, D(X_i)=\sigma^2, i=1,2,\cdots,n$，记

$$\overline{X}=\frac{1}{n}\sum_{i=1}^{n}X_i,\quad S^2=\frac{1}{n-1}\sum_{i=1}^{n}(X_i-\overline{X})^2.$$

(1) 验证 $E(\overline{X})=\mu, D(\overline{X})=\frac{\sigma^2}{n}$；

(2) 验证 $S^2=\frac{1}{n-1}\left(\sum_{i=1}^{n}X_i^2-n\overline{X}^2\right)$；

(3) 验证 $E(S^2)=\sigma^2$.

26. 设随机变量 X 的概率密度为

$$f_X(x)=\begin{cases}\frac{1}{2}, & -1<x<0,\\ \frac{1}{4}, & 0\leqslant x<2,\\ 0, & \text{其他}.\end{cases}$$

且 $Y=X^2$，求 $\mathrm{Cov}(X,Y)$.

27. 设二维随机变量 (X,Y) 的概率密度为

$$f(x,y)=\begin{cases}\frac{1}{\pi}, & x^2+y^2\leqslant 1,\\ 0, & \text{其他}.\end{cases}$$

试验证 X 和 Y 是不相关的，但 X 和 Y 不是相互独立的.

28. 设随机变量 (X,Y) 的分布律如下：

Y \ X	-1	0	1
-1	1/8	1/8	1/8
0	1/8	0	1/8
1	1/8	1/8	1/8

验证 X 和 Y 是不相关的，但 X 和 Y 不是相互独立的.

29. 设二维随机变量 (X,Y) 在以 $(0,0)$，$(0,1)$，$(1,0)$ 为顶点的三角形区域上服从均匀分布，求 $\mathrm{Cov}(X,Y)$，r_{XY}.

30. 设 (X,Y) 的概率密度为

$$f(x,y)=\begin{cases}\frac{1}{2}\sin(x+y), & 0\leqslant x\leqslant\frac{\pi}{2}, 0\leqslant y\leqslant\frac{\pi}{2},\\ 0, & \text{其他}.\end{cases}$$

求协方差 $\mathrm{Cov}(X,Y)$ 和相关系数 r_{XY}.

31. 设随机变量 X 的概率密度为 $f(x)=\dfrac{1}{2}\mathrm{e}^{-|x|}$，$-\infty<x<+\infty$.

(1) 求 $E(X)$ 和 $D(X)$.

(2) 求 $\mathrm{Cov}(X,|X|)$，并问 X 与 $|X|$ 是否相关？

(3) 问 X 与 $|X|$ 是否相互独立，为什么？

32. 已知随机变量 X 和 Y 分别服从正态分布 $N(1,3^2)$ 和 $N(0,4^2)$，且 X 与 Y 的相关系数 $r_{XY}=-1/2$，设 $Z=\dfrac{X}{3}+\dfrac{Y}{2}$.

(1) 求 Z 的数学期望 $E(Z)$ 和方差 $D(Z)$；

(2) 求 X 与 Z 的相关系数 r_{XZ}；

(3) 问 X 与 Z 是否相互独立，为什么？

33. 对于两个随机变量 V,W，若 $E(V^2)$，$E(W^2)$ 存在，证明：

$$[E(VW)]^2\leqslant E(V^2)E(W^2).$$

这一不等式称为柯西-施瓦茨(Couchy - Schwarz) 不等式.

第5章　概率论在军事上的若干应用

本章主要介绍概率论在军事上的部分应用，特别是在炮兵领域的应用，使学生明白掌握概率知识的重要性.

5.1　以中间误差为参量的一维正态分布

对于正态随机变量 X 来说，除了用均方差 σ 作为它的散布特征外，炮兵技术中还常用中间误差作为它的散布特征. 下面先给出中间误差的定义.

定义1　对于正态变量 X，若 $E(X)=\mu$，则称满足 $P\{|X-E(X)|<E\}=0.5$ 的 E 为**中间误差**，又称区间 $(\mu-E,\mu+E)$ 为**半数必中区间**.

随机变量 X 在区间 $(\mu-E,\mu+E)$ 内出现的概率是定数 0.5，E 愈小，此区间便愈小，随机变量 X 的可能值就愈集中于分布中心附近，也即随机变量的散布就愈集中，反之亦然(见图5-1). 所以，中间误差 E 的大小表明了随机变量的散布程度.

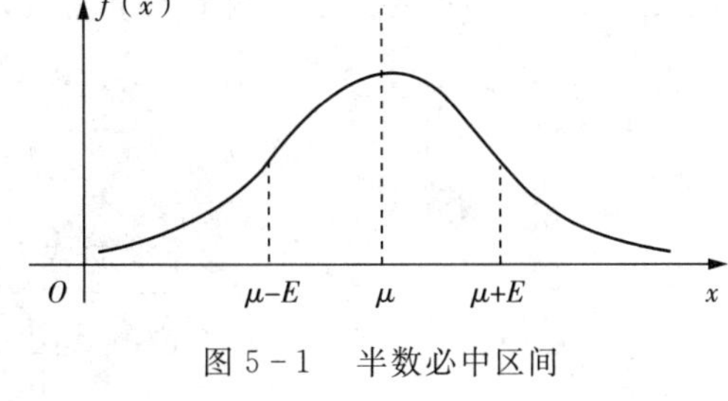

图5-1　半数必中区间

对于正态随机变量 X 而言，中间误差 E 与均方差 σ 都是描述其散布特征的指标，两者之间关系推导如下：

设 $X\sim N(\mu,\sigma^2)$，因 $P\{|X-\mu|<E\}=0.5$，即 $P\left\{-\frac{E}{\sigma}<\frac{X-\mu}{\sigma}<\frac{E}{\sigma}\right\}=0.5$，所以 $\Phi\left(\frac{E}{\sigma}\right)-\Phi\left(-\frac{E}{\sigma}\right)=0.5$，从而 $2\Phi\left(\frac{E}{\sigma}\right)-1=0.5$，即 $\Phi\left(\frac{E}{\sigma}\right)=0.75$.

查表得：$\frac{E}{\sigma}=0.6745$，故得

$$E=0.6745\sigma. \tag{5-1}$$

当 X 用其参量 μ 与 E 表示时，密度函数可以表示为

$$f(x)=\frac{0.6745}{\sqrt{2\pi}E}\mathrm{e}^{-\frac{0.6745^2(x-\mu)^2}{E^2}}$$

若记

$$\rho=\frac{0.6745}{\sqrt{2}}\approx 0.4769. \tag{5-2}$$

常数 ρ 称为**炮兵常数**. 这时 $f(x)$ 变为

$$f(x)=\frac{\rho}{\sqrt{\pi}E}\mathrm{e}^{-\frac{\rho^2(x-\mu)^2}{E^2}}. \tag{5-3}$$

此即以 μ,E 为参量的正态分布,记为 $X\sim N(\mu,E)$.

引进炮兵常数 ρ 后,中间误差 E 与均方差 σ 的关系可表示为

$$E=\sqrt{2}\rho\sigma. \tag{5-4}$$

特别地,当 $\mu=0,E=1$ 时,得正态分布的标准形式:

$$f(x)=\frac{\rho}{\sqrt{\pi}}\mathrm{e}^{-\rho^2x^2}, \tag{5-5}$$

$$F(x)=\frac{\rho}{\sqrt{\pi}}\int_{-\infty}^{x}\mathrm{e}^{-\rho^2t^2}\,\mathrm{d}t. \tag{5-6}$$

在炮兵技术中,不仅用中间误差 E 为参量来表示正态分布,还用其分布计算正态变量在区间 (x_1,x_2) 内取值的概率. 其计算公式推导如下:

$$P\{x_1<X<x_2\}=\int_{x_1}^{x_2}f(x)\,\mathrm{d}x=\int_{x_1}^{x_2}\frac{\rho}{\sqrt{\pi}E}\mathrm{e}^{-\frac{\rho^2(x-\mu)^2}{E^2}}\,\mathrm{d}x$$

$$\xlongequal{\text{令}\frac{x-\mu}{E}=t}\frac{\rho}{\sqrt{\pi}}\int_{t_1}^{t_2}\mathrm{e}^{-\rho^2t^2}\,\mathrm{d}t.$$

其中 $t_1=\frac{x_1-\mu}{E},t_2=\frac{x_2-\mu}{E}$. 令

$$\Phi(z)=\frac{2\rho}{\sqrt{\pi}}\int_{0}^{z}\mathrm{e}^{-\rho^2t^2}\,\mathrm{d}t, \tag{5-7}$$

称此函数为**概率积分函数**,其函数值可由附录三查出.

不难验证,概率积分函数 $\Phi(z)$ 具有如下性质:

(1) $\Phi(0)=0$;

(2) $\Phi(+\infty)=\lim\limits_{z\to+\infty}\Phi(z)=1$;

(3) $\Phi(-z)=-\Phi(z)$.

于是,当以分布中心 μ 与中间误差 E 为参量时,正态变量 X 在区间 (x_1,x_2) 内取值的概率为

$$P\{x_1 < X < x_2\} = \frac{1}{2}\left[\Phi\left(\frac{x_2 - \mu}{E}\right) - \Phi\left(\frac{x_1 - \mu}{E}\right)\right]. \tag{5-8}$$

特别地，当区间是以分布中心 μ 为中点的对称区间 $(\mu - l, \mu + l)$ 时，公式(5-8) 变为

$$P\{|X - \mu| < l\} = \Phi\left(\frac{l}{E}\right). \tag{5-9}$$

若记 $l = kE$，由公式(5-9) 可得

$$P\{|X - \mu| < kE\} = \Phi(k). \tag{5-10}$$

对于任意给定的 E，当 k 取不同的数值时，可算出不同的概率. 例如：

$k = 1$ 时，$P\{|X - \mu| < E\} = \Phi(1) = 0.5000$；

$k = 2$ 时，$P\{|X - \mu| < 2E\} = \Phi(2) = 0.8227$；

$k = 3$ 时，$P\{|X - \mu| < 3E\} = \Phi(3) = 0.9570$；

$k = 4$ 时，$P\{|X - \mu| < 4E\} = \Phi(4) = 0.9930$；

$k = 5$ 时，$P\{|X - \mu| < 5E\} = \Phi(5) = 0.9993$.

这里要注意的是，计算正态随机变量 X 在区间 (x_1, x_2) 内取值的概率可使用两个公式：第 2 章中的公式(2-18)，它适用于以分布中心 μ 与均方差 σ 为参量的正态分布的情形，常在一般工程技术中使用；本章的公式(5-8)，它适用于以分布中心 μ 与中间误差 E 为参量的正态分布的情形，常在炮兵技术中使用.

例 5.1　若 $X \sim N(\mu, E)$，如图 5-2 所示，计算 $P\{\mu < X < \mu + E\}$，$P\{\mu + E < X < \mu + 2E\}$，$P\{\mu + 2E < X < \mu + 3E\}$ 及 $P\{\mu + 3E < X < \mu + 4E\}$.

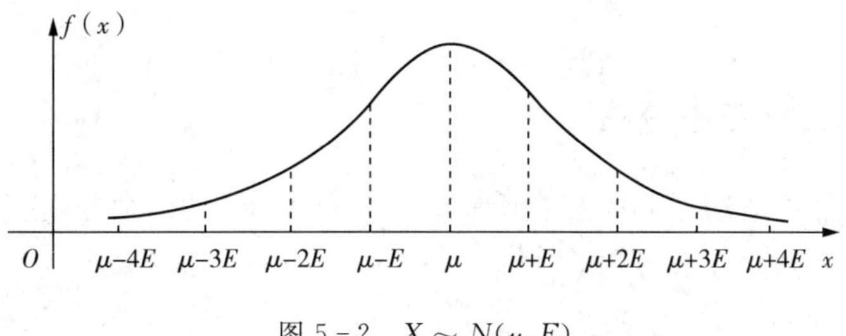

图 5-2　$X \sim N(\mu, E)$

解　由 $P\{|X - \mu| < E\} = 0.5$ 及对称性可得

$$P\{\mu < X < \mu + E\} = 0.25,$$

又由 $P\{\mu - 2E < X < \mu + 2E\} = 0.8227$ 可得

$$P\{\mu + E < X < \mu + 2E\} = (0.8227 - 0.5) \times \frac{1}{2} \approx 0.16.$$

同理可得 $P\{\mu + 2E < X < \mu + 3E\} \approx 0.07$，$P\{\mu + 3E < X < \mu + 4E\} \approx 0.02$.

上述为散布理论的主要内容．一般来说，凡服从正态分布的随机变量都有这一结果，此结论在炮兵技术中经常使用．

例5.2　火炮对目标射击，如图5-3所示，目标纵深为50米（正面无限，射击方向垂直于目标正面）．射击时散布中心在目标前沿20米处，炸点距离散布中间误差为$E_x=25$米．试求：

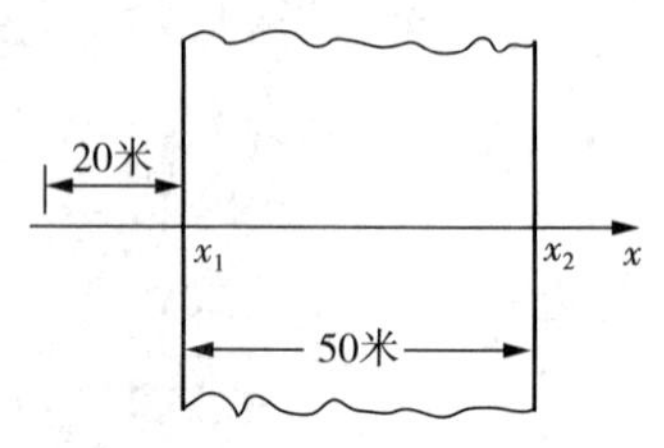

图5-3　目标示意图

（1）独立进行10次发射，至少命中一发的概率；

（2）命中一发的弹药平均消耗量．

解　取散布中心为坐标原点，则分布中心$\mu=0$，目标区间为(x_1,x_2)，其中$x_1=20$，$x_2=70$，$E_x=25$.

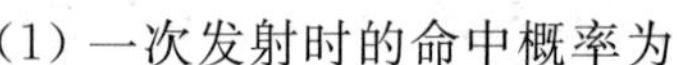
（1）一次发射时的命中概率为

$$p=P\{x_1<X<x_2\}=P\{20<x<70\}=\frac{1}{2}\left[\Phi\left(\frac{70}{25}\right)-\Phi\left(\frac{20}{25}\right)\right]$$

$$=\frac{1}{2}[\Phi(2.8)-\Phi(0.8)]\approx\frac{1}{2}(0.94105-0.41052)\approx 0.2653,$$

于是发射10发，至少命中一发的概率为$1-(1-p)^{10}=0.9541$.

（2）命中一发的平均弹药消耗量为

$$N=\frac{1}{p}=3.8\approx 4.$$

5.2　以中间误差为参量的二维正态分布

5.2.1　独立的二维正态分布

军事运筹学、射击理论等常常把平面弹着点坐标(X,Y)的两个分量X,Y看成独立的正态变量，它们的密度函数分别为

$$f_1(x)=\frac{\rho}{\sqrt{\pi}E_x}e^{-\frac{\rho^2(x-\mu_x)^2}{E_x^2}},$$

$$f_2(y)=\frac{\rho}{\sqrt{\pi}E_y}e^{-\frac{\rho^2(y-\mu_y)^2}{E_y^2}}.$$

二维随机变量(X,Y)的联合密度函数显然为

$$f(x,y)=f_1(x)f_2(y)=\frac{\rho^2}{\pi E_xE_y}e^{-\rho^2\left[\frac{(x-\mu_x)^2}{E_x^2}+\frac{(y-\mu_y)^2}{E_y^2}\right]}.\tag{5-11}$$

其中μ_x，μ_y分别是X与Y的数学期望，E_x，E_y分别是X与Y的中间误差．

若以均方差 σ_x,σ_y 为参量,则公式(5-11)转化为

$$f(x,y)=\frac{1}{2\pi\sigma_x\sigma_y}\mathrm{e}^{-\frac{1}{2}\left[\frac{(x-\mu_x)^2}{\sigma_x^2}+\frac{(y-\mu_y)^2}{\sigma_y^2}\right]}. \tag{5-12}$$

由于炮兵习惯于以中间误差表示正态分布,故本节以公式(5-11)出发来讨论问题.联合密度函数 $f(x,y)$ 的几何图形是一张连续曲面,称为**正态分布曲面**(见图5-4).

正态分布曲面有如下性质:

(1) $f(x,y)$ 关于 (μ_x,μ_y) 对称,且在 (μ_x,μ_y) 处达到最大值

$$f_{\max}=f(\mu_x,\mu_y)=\frac{\rho^2}{\pi E_x E_y},$$

故称点 (μ_x,μ_y) 为 (X,Y) 的分布中心.

(2) 当 $x\to\pm\infty$ 或 $y\to\pm\infty$ 时, $f(x,y)\to 0$.

(3) 分布曲面的等高线:用平行于 xOy 平面的平面与分布曲面 $f(x,y)$ 相截,得出等高线方程

$$\frac{(x-\mu_x)^2}{E_x^2}+\frac{(y-\mu_y)^2}{E_y^2}=k^2. \tag{5-13}$$

这是一族椭圆曲线.这些椭圆的中心在分布中心,椭圆的两个半轴分别平行于 X 轴与 Y 轴,其大小分别为 kE_x,kE_y.

随机点 (X,Y) 在同一椭圆曲线上有相同的概率密度,因此,这些椭圆称为**等概率椭圆**(见图5-5).

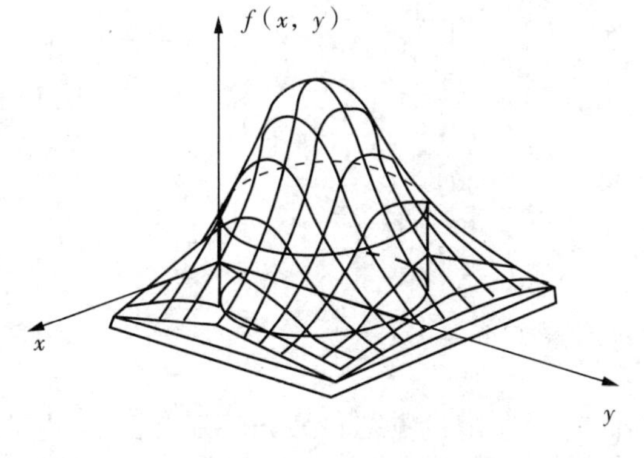

图5-4　正态分布曲面

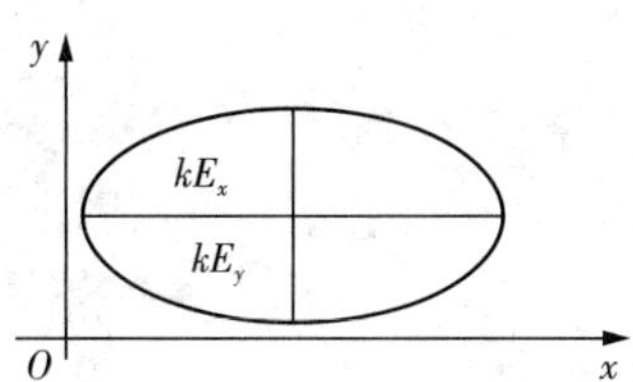

图5-5　等概率椭圆

$k=1$ 时的等概率椭圆为

$$\frac{(x-\mu_x)^2}{E_x^2}+\frac{(y-\mu_y)^2}{E_y^2}=1, \tag{5-14}$$

称为**散布特征椭圆**.

由上面讨论可见，独立的二维正态变量(X,Y)的等概率椭圆必须满足下面三个条件：

(1) 椭圆中心在分布中心；

(2) 椭圆的半轴对应地平行于坐标轴；

(3) 两个半轴的大小对应地与两个中间误差成比例．

5.2.2 随机点落在等概率椭圆内的概率

设ε_k为xOy平面上的椭圆区域，且边界为等概率椭圆，即

$$\varepsilon_k=\left\{(x,y)\mid \frac{(x-\mu_x)^2}{E_x^2}+\frac{(y-\mu_y)^2}{E_y^2}<k^2\right\}. \tag{5-15}$$

此时，随机点(X,Y)落在等概率椭圆区域ε_k内的概率为

$$p(\varepsilon_k)=P\{(X,Y)\in\varepsilon_k\}=\iint\limits_{\varepsilon_k}\frac{\rho^2}{\pi E_x E_y}\mathrm{e}^{-\rho^2\left[\frac{(x-\mu_x)^2}{E_x^2}+\frac{(y-\mu_y)^2}{E_y^2}\right]}\mathrm{d}x\mathrm{d}y.$$

进行变量代换，令

$$u=\frac{\rho(x-\mu_x)}{E_x},v=\frac{\rho(y-\mu_y)}{E_y},$$

则积分区域由xOy平面上的椭圆域ε_k变为uOv平面上的圆域D_k，此时

$$D_k=\{(u,v)\mid u^2+v^2<\rho^2k^2\},$$

于是

$$p(\varepsilon_k)=\iint\limits_{D_k}\frac{1}{\pi}\mathrm{e}^{-(u^2+v^2)}\mathrm{d}u\mathrm{d}v,$$

再进行极坐标变换，令

$$u=r\cos\theta,v=r\sin\theta,$$

则

$$p(\varepsilon_k)=\int_0^{2\pi}\mathrm{d}\theta\int_0^{\rho k}\frac{1}{\pi}r\mathrm{e}^{-r^2}\mathrm{d}r=\int_0^{\rho k}2r\mathrm{e}^{-r^2}\mathrm{d}r=-\mathrm{e}^{-r^2}\Big|_0^{\rho k}=1-\mathrm{e}^{-\rho^2k^2}. \tag{5-16}$$

当$k=1$时，$p(\varepsilon_1)=1-\mathrm{e}^{-\rho^2}=0.20345$，这说明随机点落在散布特征椭圆$\varepsilon_1$内的概率为0.20345.

当$k=5$时，$p(\varepsilon_5)=1-\mathrm{e}^{-5^2\rho^2}=0.99661$，这说明随机点落在散布特征椭圆$\varepsilon_5$内的概率接近于1，故称此椭圆为全散布椭圆．

若随机点(X,Y)落在等概率椭圆内的概率为0.5，则称此椭圆为半数必中椭圆，由

$$p(\varepsilon_k)=1-\mathrm{e}^{-\rho^2k^2}=\frac{1}{2},$$

求得

$$k=\frac{1}{\rho}\sqrt{\ln 2}=\frac{\sqrt{0.69315}}{0.4769}\approx 1.746.$$

进而可求得半数必中椭圆的两个半轴大小分别为 $1.746E_x$ 与 $1.746E_y$.

5.2.3 圆中间误差 R_{50}

独立的二维正态随机变量(X,Y),当 $E_x=E_y=E$ 时,等概率椭圆变为等概率圆

$$\frac{(x-\mu_x)^2}{E^2}+\frac{(y-\mu_y)^2}{E^2}=k^2,\tag{5-17}$$

其半径为 $R_k=kE$.

对于航弹、枪弹的立靶密集度试验以及火箭弹、迫击炮等在某些距离上的炸点散布均近似为圆散布.鉴于这一特点,人们常常用圆中间误差 R_{50} 作为平面上炸点的散布特征,关于圆中间误差 R_{50} 定义如下.

定义 2 若独立的二维正态随机变量(X,Y)为圆散布,则当(X,Y)落在以分布中心(μ_x,μ_y)为中心的圆内的概率为 0.5 时,称此圆域为**半数必中圆**,圆的半径为**圆中间误差**,并记为 R_{50}.

由上面的计算易知,圆中间误差为

$$R_{50}=1.746E,$$

其中,E 为 X 与 Y 的中间误差.

对于独立的二维正态随机变量(X,Y),当 $E_x\approx E_y$ 时,常常近似地认为(X,Y)也服从圆散布,并用下述方法计算圆中间误差.

令

$$E=\frac{1}{2}(E_x+E_y),$$

则

$$R_{50}=1.746E=0.873(E_x+E_y),\tag{5-18}$$

或者令 $\pi E^2=\pi E_xE_y$,得 $E=\sqrt{E_xE_y}$,所以

$$R_{50}=1.746E=1.746\sqrt{E_xE_y}.\tag{5-19}$$

5.2.4 随机点落在矩形区域内的概率

设区域 R 为 xOy 平面上邻边平行于坐标轴的矩形区域,即

$$R=\{(X,Y)\mid x_1<X<x_2,y_1<Y<y_2\},$$

随机点(X,Y)服从独立二维正态分布，则随机点(X,Y)落在区域R内的概率为

$$P(R)=P\{(X,Y)\in R\}=P\{x_1<X<x_2,y_1<Y<y_2\}$$
$$=P\{x_1<X<x_2\}\cdot P\{y_1<Y<y_2\},$$

由公式(5-8)可得

$$P(R)=\frac{1}{4}\left[\Phi\left(\frac{x_2-\mu_x}{E_x}\right)-\Phi\left(\frac{x_1-\mu_x}{E_x}\right)\right]\left[\Phi\left(\frac{y_2-\mu_y}{E_y}\right)-\Phi\left(\frac{y_1-\mu_y}{E_y}\right)\right]. \quad (5-20)$$

特别地，当矩形区域R的中心在坐标原点时，

$$P\{|X-\mu_x|<L,|Y-\mu_y|<M\}=\Phi\left(\frac{L}{E_x}\right)\cdot\Phi\left(\frac{M}{E_y}\right). \quad (5-21)$$

其中，L,M对应为矩形边长的一半.

例 5.3 设坦克正面为$2\text{ m}\times 2\text{ m}$，炸点在方向、高低上散布的中间误差均为$E=0.4\text{ m}$，瞄准点在目标中心且无瞄准误差.

(1) 求一次发射命中目标的概率；

(2) 为保证一次发射命中概率不小于0.95，求相应的中间误差E的值.

解 选取坐标系yOz的原点为目标中心，据题意，炸点坐标(Y,Z)服从独立的二维正态分布，且分布中心为$(0,0)$，$E_y=E_z=E$. 目标区域为

$$R=\{(Y,Z)\mid |Y|<1,\ |Z|<1\}.$$

(1) 当$E=0.4$时，一次发射命中目标的概率为

$$p=P\{(Y,Z)\in R\}=\Phi^2\left(\frac{1}{E}\right)=\Phi^2\left(\frac{1}{0.4}\right)=\Phi^2(2.5)=0.90825^2\approx 0.8249.$$

(2) 由$p=\Phi^2\left(\frac{1}{E}\right)=0.95$可得，$\Phi\left(\frac{1}{E}\right)=\sqrt{0.95}\approx 0.97468$，查表可知，$\frac{1}{E}=3.316$，$E=0.302$. 为了保证$p\geqslant 0.95$，必须满足$E\leqslant 0.302$.

5.2.5 二维正态分布的一般形式

设二维正态随机变量(X,Y)的联合概率密度为

$$f(x,y)=\frac{1}{2\pi\sigma_x\sigma_y\sqrt{1-r^2}}e^{-\frac{1}{2(1-r^2)}\left[\frac{(x-\mu_x)^2}{\sigma_x^2}-2r\frac{(x-\mu_x)(y-\mu_y)}{\sigma_x\sigma_y}+\frac{(y-\mu_y)^2}{\sigma_y^2}\right]},(x,y)\in\mathbf{R}^2. \quad (5-22)$$

其中$\mu_x,\mu_y,\sigma_x,\sigma_y,r$都是常数，且$\sigma_x>0,\sigma_y>0,-1<r<1$. 通常称二维随机变量$(X,Y)$服从以$\mu_x,\mu_y,\sigma_x,\sigma_y,r$为参量的**二维正态分布**，记为

$$(X,Y)\sim N(\mu_x,\mu_y,\sigma_x^2,\sigma_y^2,r).$$

其中μ_x,μ_y分别是X与Y的数学期望；σ_x,σ_y分别是X和Y的均方差；r是X和Y的**相关系数**.

下面给出二维正态随机变量(X,Y)的边缘分布、条件分布及相关系数.

首先,讨论边缘概率密度函数$f_X(x)$与$f_Y(y)$.

因为

$$f_X(x)=\int_{-\infty}^{+\infty}f(x,y)\mathrm{d}y,$$

而

$$\frac{(y-\mu_y)^2}{\sigma_y^2}-2r\frac{(x-\mu_x)(y-\mu_y)}{\sigma_x\sigma_y}=\left[\frac{y-\mu_y}{\sigma_y}-r\frac{x-\mu_x}{\sigma_x}\right]^2-r^2\frac{(x-\mu_x)^2}{\sigma_x^2},$$

于是

$$f_X(x)=\frac{1}{2\pi\sigma_x\sigma_y\sqrt{1-r^2}}\mathrm{e}^{-\frac{(x-\mu_x)^2}{2\sigma_x^2}}\int_{-\infty}^{+\infty}\mathrm{e}^{-\frac{1}{2(1-r^2)}\left[\frac{y-\mu_y}{\sigma_y}-r\frac{x-\mu_x}{\sigma_x}\right]^2}\mathrm{d}y,$$

令$t=\frac{1}{\sqrt{1-r^2}}\left(\frac{y-\mu_y}{\sigma_y}-r\frac{x-\mu_x}{\sigma_x}\right)$,则有

$$f_X(x)=\frac{1}{2\pi\sigma_x}\mathrm{e}^{-\frac{(x-\mu_x)^2}{2\sigma_x^2}}\int_{-\infty}^{+\infty}\mathrm{e}^{-\frac{t^2}{2}}\mathrm{d}t.$$

即

$$f_X(x)=\frac{1}{\sqrt{2\pi}\sigma_x}\mathrm{e}^{-\frac{(x-\mu_x)^2}{2\sigma_x^2}},\quad -\infty<x<+\infty. \tag{5-23}$$

同理

$$f_Y(y)=\frac{1}{\sqrt{2\pi}\sigma_y}\mathrm{e}^{-\frac{(y-\mu_y)^2}{2\sigma_y^2}},\quad -\infty<y<+\infty. \tag{5-24}$$

由此可见,二维正态随机变量(X,Y)的两个分量X,Y是一维正态随机变量,且$X\sim N(\mu_x,\sigma_x^2)$,$Y\sim N(\mu_y,\sigma_y^2)$.

然后,求条件概率密度函数$f_{Y|X}(y\mid x)$与$f_{X|Y}(x\mid y)$.

易知

$$f_{Y|X}(y\mid x)=\frac{f(x,y)}{f_X(x)}=\frac{1}{\sqrt{2\pi}\sigma_y\sqrt{1-r^2}}\mathrm{e}^{-\frac{(y-b)^2}{2(1-r^2)\sigma_y^2}}. \tag{5-25}$$

其中,$b=\mu_x+r\frac{\sigma_y}{\sigma_x}(x-\mu_x)$.

同理可得:

$$f_{X|Y}(x\mid y)=\frac{1}{\sqrt{2\pi}\sigma_x\sqrt{1-r^2}}\mathrm{e}^{-\frac{(x-c)^2}{2(1-r^2)\sigma_x^2}}. \tag{5-26}$$

其中,$c=\mu_y+r\frac{\sigma_x}{\sigma_y}(y-\mu_y)$.

最后，求出 X 与 Y 的相关系数 .

由公式(5-23) 及公式(5-24) 知：$E(X)=\mu_x$，$E(Y)=\mu_y$，$D(X)=\sigma_x^2$，$D(Y)=\sigma_y^2$. 而

$$\operatorname{cov}(X,Y)=\int_{-\infty}^{+\infty}\int_{-\infty}^{+\infty}(x-\mu_x)(y-\mu_y)f(x,y)\mathrm{d}x\mathrm{d}y$$

$$=\frac{1}{2\pi\sigma_x\sigma_y\sqrt{1-r^2}}\int_{-\infty}^{+\infty}\int_{-\infty}^{+\infty}(x-\mu_x)(y-\mu_y)\mathrm{e}^{-\frac{(x-\mu_x)^2}{2\sigma_x^2}}\mathrm{e}^{-\frac{1}{2(1-r^2)}\left[\frac{y-\mu_y}{\sigma_y}-r\frac{x-\mu_x}{\sigma_x}\right]^2}\mathrm{d}x\mathrm{d}y,$$

令 $t=\frac{1}{\sqrt{1-r^2}}\left(\frac{y-\mu_y}{\sigma_y}-r\frac{x-\mu_x}{\sigma_x}\right)$，$u=\frac{x-\mu_x}{\sigma_x}$，则有

$$\operatorname{cov}(X,Y)=\frac{1}{2\pi}\int_{-\infty}^{+\infty}\int_{-\infty}^{+\infty}(\sigma_x\sigma_y\sqrt{1-r^2}tu+r\sigma_x\sigma_yu^2)\mathrm{e}^{-\frac{u^2}{2}-\frac{t^2}{2}}\mathrm{d}t\mathrm{d}u$$

$$=\frac{r\sigma_x\sigma_y}{2\pi}\int_{-\infty}^{+\infty}u^2\mathrm{e}^{-\frac{u^2}{2}}\mathrm{d}u\int_{-\infty}^{+\infty}\mathrm{e}^{-\frac{t^2}{2}}\mathrm{d}t+\frac{\sigma_x\sigma_y\sqrt{1-r^2}}{2\pi}\int_{-\infty}^{+\infty}u\mathrm{e}^{-\frac{u^2}{2}}\mathrm{d}u\int_{-\infty}^{+\infty}t\mathrm{e}^{-\frac{t^2}{2}}\mathrm{d}t$$

$$=\frac{r\sigma_x\sigma_y}{2\pi}\sqrt{2\pi}\cdot\sqrt{2\pi}=r\sigma_x\sigma_y.$$

于是

$$r_{XY}=\frac{\operatorname{cov}(X,Y)}{\sqrt{D(X)}\cdot\sqrt{D(Y)}}=r. \tag{5-27}$$

当随机变量 X 与 Y 无关时，即 $r=0$，此时二维正态分布的概率密度函数为

$$f(x,y)=\frac{1}{2\pi\sigma_x\sigma_y}\mathrm{e}^{-\frac{1}{2}\left[\frac{(x-\mu_x)^2}{\sigma_x^2}+\frac{(y-\mu_y)^2}{\sigma_y^2}\right]},(x,y)\in\mathbf{R}^2.$$

显然有 $f(x,y)=f_X(x)\cdot f_Y(y)$. 这样可以得出如下结论：对于正态随机变量，不相关与独立是一致的 .

以中间误差为参量的二维正态分布的一般形式可以很容易地给出，通过类似的讨论可得类似的结果 .

5.3 正态分布的其他军事应用举例

5.3.1 炸点散布误差分析

先介绍几个有关概念 .

1. 随机向量的分解

二维随机变量(X,Z) 称为二维随机向量 . 若建立 xOz 平面直角坐标系(见图 5-6)，称向径$\overrightarrow{OZ}$ 为**随机向量** . 随机向量也可以分解，其分解的方法与普通向量分解的方法一致 . 如 $\overrightarrow{OZ}=\overrightarrow{OC}+\overrightarrow{CZ}$，这里$\overrightarrow{OC}$，$\overrightarrow{CZ}$ 也是随机向量 .

2. 射击误差、诸元误差与散布误差

在射击学上，一般情况下，坐标原点可建立在瞄准位置．若弹着点（炸点）为 $Z(x,z)$，如图 5-6 所示，炸点对瞄准位置的偏差量 $\overrightarrow{MZ}$ 称为**射击误差**．

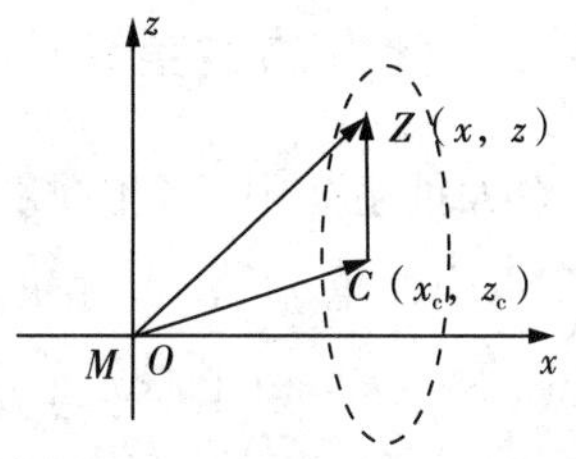

图 5-6　xOz 平面直角坐标系

对目标射击，首先决定目标诸元，对目标进行瞄准．决定诸元的过程可分成两步：第一步确定炮阵地和目标的位置关系；第二步确定气象、弹道条件等的修正量．据此对目标瞄准，给火炮赋予一个射向和射角．若决定诸元给火炮赋予射向、射角后发射一发炮弹，炸点落在 Z 点，不断发射，炸点落在某个椭圆范围内，这个椭圆的中心称为散布中心，用 C 表示. 散布中心 C 对瞄准位置 M 的偏差量 $\overrightarrow{MC}(x_c,z_c)$ 称为**诸元误差**．

炸点对散布中心的偏差量 $\overrightarrow{CZ}(x_s,z_s)$ 称为**散布误差**．由图 5-6 可知，

$$\overrightarrow{MZ}(x,z)=\overrightarrow{MC}(x_c,z_c)+\overrightarrow{CZ}(x_s,z_s).$$

射击误差、诸元误差与散布误差都是随机变量，它们都服从二维正态分布．在实际问题中可建立适当的坐标系，使相关系数为 0，此时它们的概率密度函数分别为

$$\varphi(x_c,z_c)=\varphi(x_c)\cdot\varphi(z_c)=\frac{\rho^2}{\pi E_d E_f}\mathrm{e}^{-\rho^2\left(\frac{x_c^2}{E_d^2}+\frac{z_c^2}{E_f^2}\right)}.$$

其中，E_d 与 E_f 是诸元误差的中间误差，是由分析确定诸元的方法得到的．

$$\varphi(x_s,z_s)=\varphi(x_s)\cdot\varphi(z_s)=\frac{\rho^2}{\pi B_d B_f}\mathrm{e}^{-\rho^2\left(\frac{x_s^2}{B_d^2}+\frac{z_s^2}{B_f^2}\right)}.$$

其中，B_d 与 B_f 是散布误差的中间误差，军事上称为公算偏差．该偏差是由武器系统的属性确定的，在武器出厂时，由实验计算得到．

$$\varphi(x,z)=\varphi(x)\cdot\varphi(z)=\frac{\rho^2}{\pi E_x E_z}\mathrm{e}^{-\rho^2\left(\frac{x^2}{E_x^2}+\frac{z^2}{E_z^2}\right)}.$$

其中，E_x 是 X 的中间误差；E_z 是 Z 的中间误差．$E_x=\sqrt{B_d^2+E_d^2}$，$E_z=\sqrt{B_f^2+E_f^2}$．

下面将讨论单炮发射一发命中目标的概率．

因为炸点 Z 与射击误差 (x,z) 是一一对应的，所以炸点出现在 Ω 内的概率等价于射击误差出现在 Ω 内的概率．因此

$$p=P\{(x,z)\in\Omega\}=\iint_{\Omega}\varphi(x,z)\mathrm{d}x\mathrm{d}z.$$

若各次发射独立，则发射 n 发至少有一发命中目标的概率为 $1-(1-p)^n$.

在实际问题中，往往决定一次诸元之后发射 n 发，因为是用同一诸元射击，所以连续发射 n 发是不独立的，这时相应的计算比较麻烦，通常先将射击误差进行分解，然后利用全概率公式给出表达式，这个问题将在下一节进行讨论．

5.3.2 弹丸的过重率

在大批生产中，弹丸重量 Q 服从正态分布，它的数学期望为 $\bar{q}$（也称平均弹重），中间误差为 E. 平均弹重 $\bar{q}$ 可由尺寸决定，中间误差 E 与原材料质量、机械加工的精度和工人的技术水平等因素有关．由正态分布理论可知，弹重 Q 在区间 $(\bar{q}-5E,\bar{q}+5E)$ 中散布，并记最轻的弹重为 $q_{小}=\bar{q}-5E$，最重的弹重为 $q_{大}=\bar{q}+5E$，易见 $q_{大}-q_{小}=10E$.

为保证弹丸必要的使用性能，根据战术技术论证，可制定弹重符合标准的弹重公差上下限 $q_{上}$ 和 $q_{下}$，并记

$$e_q=q_{上}-q_{下},$$

e_q 称为弹重公差范围．而图纸重量 $q_{图}$ 与 $q_{上}$，$q_{下}$ 有如下关系：

$$q_{下}=q_{图}-\frac{1}{2}e_q,\quad q_{上}=q_{图}+\frac{1}{2}e_q.$$

当 $e_q<10E$ 时，如果令图纸弹重 $q_{图}$ 与平均弹重 $\bar{q}$ 相等，即 $q_{图}=\bar{q}$，则有一部分产品大于公差上限 $q_{上}$（如图 5－7 中 DB 部分），它们称为过重产品；还有一部分产品小于公差下限 $q_{下}$（如图 5－7 中 AC 部分），它们称为过轻产品．过重产品与过轻产品均是不合格品，过重产品可经过修理减少重量而变成合格品，但过轻产品因无法修理而成为废品．因此，为了不使过轻产品出现，可移动此公差带，使公差下限 $q_{下}$ 等于最轻弹重，即

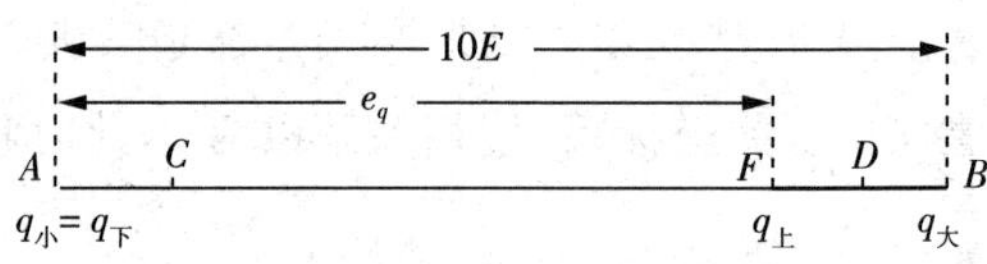

图 5－7　弹重散布区间

$$q_{下}=q_{小}=q_{图}-\frac{1}{2}e_q=\bar{q}-5E,$$

$$q_{图}=\bar{q}+\frac{1}{2}e_q-5E,$$

$$q_{上}=q_{图}+\frac{1}{2}e_q=\bar{q}+e_q-5E.$$

这样确定的弹重公差范围 $(q_{上},q_{下})$ 就没有过轻产品，只有过重产品．过重产品的百分数称为**过重率**，记为 q. 下面对它进行计算．

产生过重产品的区间为 (F,B)，所以求过重率问题实际上是求正态变量 Q 落在区间 (F,B) 中的概率问题．而

$$F=q_{上}=\bar{q}+e_q-5E,$$

$$B=q_{大}=\bar{q}+5E.$$

为了计算方便，令 $k=\dfrac{e_q}{10E}$，则过重率 q 可由下式求出．

$$q=P\{F<Q<B\}=P\{\bar{q}+e_q-5E<Q<\bar{q}+5E\}$$
$$=\frac{1}{2}\left[\Phi\left(\frac{5E}{E}\right)-\Phi\left(\frac{e_q-5E}{E}\right)\right]=\frac{1}{2}\{\Phi(5)-\Phi[5(2k-1)]\},$$

对于不同的 k 值，产品过重率 q 如下：

k	0.50	0.60	0.70	0.80	0.90	1.00
过重率 q	0.500	0.250	0.088	0.021	0.003	0

上表说明：当公差范围 e_q 大于 $7E$ 时，过重率 q 小于 10%，属于正常情况；而当 e_q 小于 $5E$ 时，过重率 q 大于 50%，此时需要对技术要求进行重新论证，适当放宽公差范围 e_q，或者工厂对原材料质量、加工精度与工人技术水平等因素采取措施，减小弹丸重量散布的中间误差 E.

对于 $e_q\geqslant 10E$ 的情形，只要令 $q_{图}=\bar{q}$，按工厂技术条件生产的所有产品全部合格，既不出现过轻弹，也不出现过重弹，因而不存在过重率问题.

5.3.3 弹炮配合间隙

弹炮间隙要适当，间隙过小，则炮弹不容易上膛；间隙过大，射击时会引起较大的射弹散布. 下面举一个火箭炮的例子.

例 5.4 已知火箭弹直径为 $\phi\,180.15_{-0.3}$，定向器最大弯曲度为 0.3 mm，弹的最大弯曲度为 0.3 mm，确定火箭炮的口径有三种方案：(1)$\phi\,180.3^{+0.3}$，(2)$\phi\,180.6^{+0.3}$，(3)$\phi\,180.9^{+0.3}$. 试分析哪种方案比较合理.(公算范围可看作中间误差的 10 倍)

解 (1) 首先，计算三种方案火箭弹上不了膛的概率. 为此记

Y_i—— 炮口径($i=1,2,3$)；

X_1—— 弹口径；

X_2—— 弹的弯曲度；

X_3—— 定向器的弯曲度.

X_1,X_2,X_3 与 Y_i 可以看作独立正态随机变量(见图 5-8)，它们的数学期望和中间误差分别为

$$\mu_{Y_1}=180.45,\mu_{Y_2}=180.75,\mu_{Y_3}=181.05,$$
$$E_{Y_1}=E_{Y_2}=E_{Y_3}=0.03,$$
$$\mu_{X_1}=\mu_{X_2}=\mu_{X_3}=0.03.$$

易知，弹炮间隙 $U_i=Y_i-X_1-X_2-X_3$ 亦为正态变量，其数学期望和中间误差分别为

$$\mu_{U_i}=E(U_i)=E(Y_i)-E(X_1)-E(X_2)-E(X_3)=\mu_{Y_i}-180.30,$$

故 $\mu_{U_1}=0.15$，$\mu_{U_2}=0.45$，$\mu_{U_3}=0.75$，

$$E_{U_1}=E_{U_2}=E_{U_3}=\sqrt{E_{X_1}^2+E_{X_2}^2+E_{X_3}^2+E_{Y_1}^2}=\sqrt{4\times 0.03^2}=0.06.$$

火箭弹上不了膛的概率为 $P\{U_i<0\}$，即

$$p_1=P\{U_1<0\}=\frac{1}{2}\left[1-\Phi\left(\frac{\mu_{U_1}}{E_{U_1}}\right)\right]=\frac{1}{2}\left[1-\Phi\left(\frac{0.15}{0.06}\right)\right]=\frac{1}{2}[1-\Phi(2.5)]\approx 0.046,$$

$$p_2=P\{U_2<0\}=\frac{1}{2}\left[1-\Phi\left(\frac{\mu_{U_2}}{E_{U_2}}\right)\right]=\frac{1}{2}\left[1-\Phi\left(\frac{0.45}{0.06}\right)\right]=\frac{1}{2}[1-\Phi(7.5)]\approx 0,$$

$$p_3=P\{U_3<0\}=\frac{1}{2}\left[1-\Phi\left(\frac{\mu_{U_3}}{E_{U_3}}\right)\right]=\frac{1}{2}\left[1-\Phi\left(\frac{0.75}{0.06}\right)\right]=\frac{1}{2}[1-\Phi(12.5)]\approx 0.$$

这说明第一种方案有 5% 左右的火箭弹上不了膛，第二、第三种方案都能保证上膛．

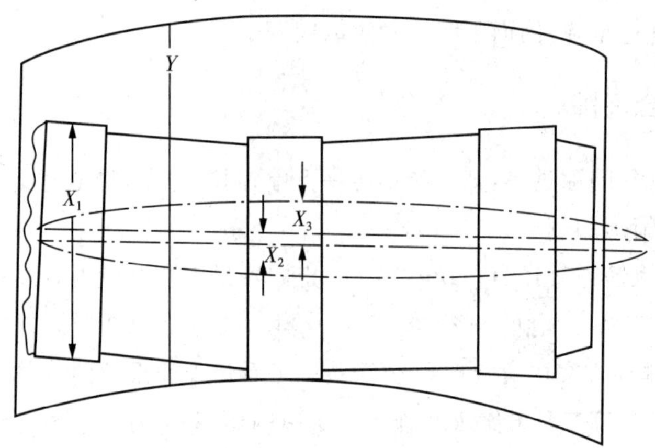

图 5－8　例 5.4 中 X_1,X_2,X_3 的示意图

(2) 其次，计算第二、第三种方案弹炮间隙过大的概率．

假定弹炮间隙超过 0.90 mm 就会引起较大的散布，所以弹炮间隙过大的概率等于 $P\{U_i>0.90\}$，即

$$p_2'=P\{U_2>0.90\}=\frac{1}{2}\left[1-\Phi\left(\frac{0.90-0.45}{0.06}\right)\right]=\frac{1}{2}\left[1-\Phi\left(\frac{0.45}{0.06}\right)\right]\approx 0,$$

$$p_3'=P\{U_3>0.90\}=\frac{1}{2}\left[1-\Phi\left(\frac{0.90-0.75}{0.06}\right)\right]=\frac{1}{2}[1-\Phi(2.5)]\approx 0.046.$$

这说明第三种方案有 5% 左右的弹炮间隙过大．

(3) 结论：第一种方案，有 5% 左右的弹上不了膛；第三种方案，有 5% 左右的弹炮间隙过大；第二种方案，既能使弹全部上膛，又不存在弹炮间隙过大的问题．因此最后决定采用第二种方案．

5.4　全概率公式、贝叶斯公式的推广与应用

下面,结合炮兵射击学上的实例给出连续情形下的全概率公式、贝叶斯公式,并说明其应用.

在第 1 章中介绍过全概率公式:

$$P(A)=\sum_{i=1}^{n}P(A\mid B_i)P(B_i),$$

如记事件 $A=\{$确定诸元后发射 n 次命中目标$\}$,则在 (x_c,z_c) 给定的条件下,发射一发弹命中目标的概率为

$$P(x_c,z_c)=P\{(x,z)\mid(x_c,z_c)\in\Omega\}=\iint_{\Omega}\varphi(x-x_c,z-z_c)\mathrm{d}x\mathrm{d}z. \qquad (5-28)$$

在 (x_c,z_c) 给定的条件下,各次发射相互独立,n 次发射不命中目标的概率为

$$[1-p(x_c,z_c)]^n. \qquad (5-29)$$

n 次发射命中目标(至少有一发命中目标)的概率为

$$P(A\mid(x_c,z_c))=1-[1-p(x_c,z_c)]^n. \qquad (5-30)$$

散布中心出现在 (x_c,z_c) 附近(见图 5-9)的概率为

$$\varphi(x_c,z_c)\mathrm{d}x_c\mathrm{d}z_c,$$

散布中心出现在 (x_c,z_c) 附近且命中目标的概率为

$$P(A\mid(x_c,z_c))\varphi(x_c,z_c)\mathrm{d}x_c\mathrm{d}z_c,$$

n 次发射命中目标的概率为

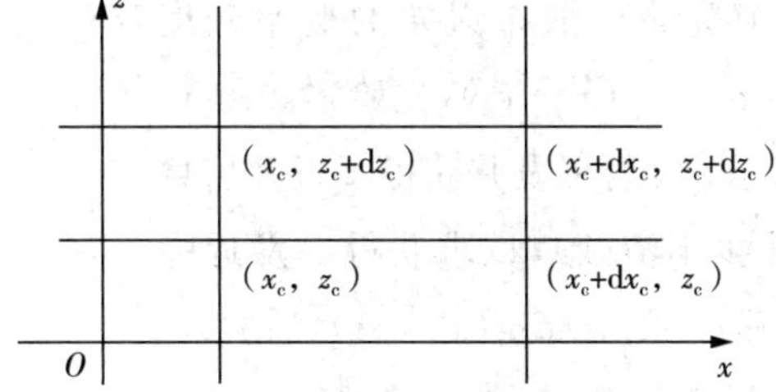

图 5-9　散布中心在 (x_c,z_c) 附近

$$P(A)=\int_{-\infty}^{+\infty}\int_{-\infty}^{+\infty}p(A\mid(x_c,z_c))\varphi(x_c,z_c)\mathrm{d}x_c\mathrm{d}z_c. \qquad (5-31)$$

若对战壕射击,只考虑距离上的射击误差,公式(5-31)变为

$$P(A)=\int_{-\infty}^{+\infty}p(A\mid x_c)\varphi(x_c)\mathrm{d}x_c. \qquad (5-32)$$

舍弃公式(5-31)与公式(5-32)的具体含义,它们便分别是二维和一维连续情形下全概率公式的一般表达式.如果 $n=1$,$A=\{$不命中目标$\}$,则 $P(A\mid x_c)$ 与 $P(A\mid(x_c,z_c))$ 便是在 x_c 与 (x_c,z_c) 给定的条件下发射一发不命中目标的概率.若 $n=1$,$A=\{$近弹$\}$,则 $P(A\mid x_c)$ 与 $P(A\mid(x_c,z_c))$ 便是在 x_c 与 (x_c,z_c) 给定的条件下发射一发近弹的概率.下面以一维为例,计算发射一发得近弹的概率.

$$P(A\mid x_c)=\int_{-\infty}^{0}\varphi(x-x_c)\,\mathrm{d}x=\int_{-\infty}^{0}\frac{\rho}{\sqrt{\pi}B_d}\mathrm{e}^{-\frac{\rho^2(x-x_c)^2}{B_d^2}}\mathrm{d}x$$

$$\overset{\text{令}\frac{x-x_c}{B_d}=t}{=\!=\!=\!=}\int_{-\infty}^{\frac{x_c}{B_d}}\frac{\rho}{\sqrt{\pi}}\mathrm{e}^{-\rho^2t^2}\mathrm{d}t=\Phi\left(-\frac{x_c}{B_d}\right).$$

这里 x_c 为散布中心(诸元误差),是一随机变量,其可能取值为$(-\infty,+\infty)$,对于不同的 x_c,$P(A\mid x_c)$ 可得不同的结果.

发射一发近弹的概率为

$$P(A)=\int_{-\infty}^{+\infty}P(A\mid x_c)\varphi(x_c)\mathrm{d}x_c=\int_{-\infty}^{+\infty}\Phi\left(-\frac{x_c}{B_d}\right)\varphi(x_c)\mathrm{d}x_c=\frac{1}{2}. \tag{5-33}$$

这在直观上看是显然的,理论上也可推出,但比较复杂.

以下借助上述讨论,将第 1 章学过的贝叶斯公式

$$P(B_i\mid A)=\frac{P(B_i)P(A\mid B_i)}{\sum\limits_{i=1}^{n}P(B_i)P(A\mid B_i)},i=1,2,\cdots,n$$

推广到连续的情形.

若已知诸元误差的概率密度为 $\varphi(x_c)$(先验),散布误差的概率密度为 $\varphi(x_s)=\varphi(x-x_c)$(先验),如图 5-10 所示. 发射一发并获得了近弹信息(近多少不清楚),试求获得一发近弹信息后 x_c 的分布 $g(x_c\mid A)$(后验).

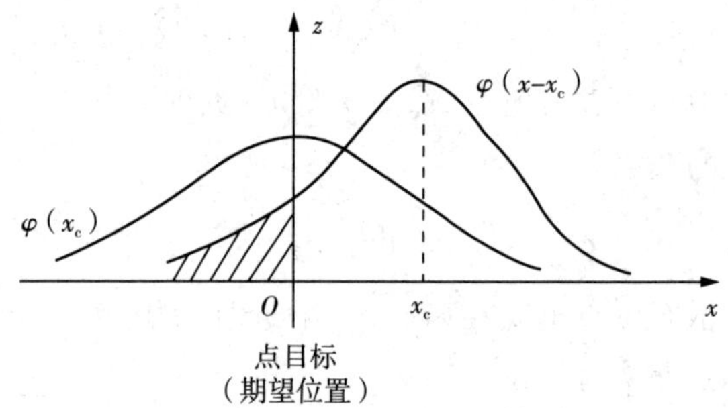

图 5-10　诸元误差的概率密度为 $\varphi(x_c)$

由先验概率和后验概率的关系知

$$P(B_i\mid A)\Leftrightarrow g(x_c\mid A)\mathrm{d}x_c,P(A\mid B_i)\Leftrightarrow P(A\mid x_c),P(B_i)\Leftrightarrow\varphi(x_c)\mathrm{d}x_c.$$

$$\sum_{i=1}^{n}P(B_i)P(A\mid B_i)\Leftrightarrow\int_{-\infty}^{+\infty}P(A\mid x_c)\varphi(x_c)\mathrm{d}x_c.$$

所以

$$g(x_c\mid A)\mathrm{d}x_c=\frac{P(A\mid x_c)\varphi(x_c)\mathrm{d}x_c}{\int_{-\infty}^{+\infty}P(A\mid x_c)\varphi(x_c)\mathrm{d}x_c},$$

即

$$g(x_c\mid A)=\frac{P(A\mid x_c)\varphi(x_c)}{\int_{-\infty}^{+\infty}P(A\mid x_c)\varphi(x_c)\mathrm{d}x_c}. \tag{5-34}$$

舍弃其字母的具体含义，公式(5-34)就是连续情形下的**贝叶斯公式**．

说明：① 由先验概率密度 $\varphi(x_c)$，$\varphi(x-x_c)$ 以及近弹信息，即可得到后验概率密度 $g(x_c \mid A)$；② 公式(5-34)是试射理论的一个基本公式；③ 若把公式中 A 换成 y，x_c 换成 x，则 $P(A \mid x_c)$ 可换成 $f(y \mid x)$，$\varphi(x_c)$ 可换成 $f(x)$，从而得到

$$f(x \mid y)=\frac{f(y \mid x)f(x)}{\int_{-\infty}^{+\infty} f(y \mid x)f(x)\mathrm{d}x}=\frac{f(x \mid y)}{\int_{-\infty}^{+\infty} f(x,y)\mathrm{d}x}=\frac{f(x,y)}{f_Y(x)},$$

这就是**条件概率密度函数**．也就是先验概率密度函数与后验概率密度函数的关系式．

对于二维情形，贝叶斯公式显然为

$$P((x_c,z_c) \mid A)=\frac{P(A \mid (x_c,z_c))\varphi(x_c,z_c)}{\int_{-\infty}^{+\infty}\int_{-\infty}^{+\infty} P(A \mid (x_c,z_c))\varphi(x_c,z_c)\mathrm{d}x_c\mathrm{d}z_c}. \tag{5-35}$$

最后结合上例简单介绍条件期望、条件方差与条件中间误差三个概念．

(1) 条件期望

$$E(x_c \mid A)=\int_{-\infty}^{+\infty} x_c g(x_c \mid A)\mathrm{d}x_c. \tag{5-36}$$

由上例的假设，得

$$E(x_c \mid A)=\int_{-\infty}^{+\infty} 2x_c\Phi\left(-\frac{x_c}{B_d}\right)\varphi(x_c)\mathrm{d}x_c,$$

经化简，可得

$$E(x_c \mid A)=-\frac{k}{\rho\sqrt{\pi(1+k^2)}}E_d,$$

其中 $k=\frac{E_d}{B_d}$. 当 $k=7$ 时，$E(x_c \mid A)\approx -8B_d$，即下次射击要加 $8B_d$，这就是射击学上试射后的修正量．

(2) 条件方差

$$D(x_c \mid A)=E(x_c^2 \mid A)-E^2(x_c \mid A)=\frac{\pi+(\pi-2)k^2}{2\rho^2\pi(1+k^2)}E_d^2.$$

(3) 条件中间误差

$$E=\sqrt{2}\rho\sigma. \tag{5-37}$$

如果修正后再发射一发，获得远(近)弹信息，通过类似研究可得到 x_c 的分布和数字特征的更新的认识．采用这种研究方法，从理论上讲，随着实践信息的不断增加，对 x_c 的认识可以不断加深．

以上介绍的是单炮发射单发的情形，对于单炮多发等情形，研究的思路一样．

习　题　五

1. 设正态变量的 $\mu = 100, E = 10$，求下列概率．

(1) $P\{X < 95\}$；　　(2) $P\{X > 90\}$；

(3) $P\{80 < X < 85\}$；　　(4) $P\{|X - 100| < 20\}$.

2. 设有一批弹，弹重 Q 服从正态分布，$\mu = 50$ kg，$E = 0.1$ kg，规定弹重超过 50.2 kg 的为过重弹，低于 49.9 kg 为过轻弹，在 49.9 kg 至 50.2 kg 内的为合格弹．

(1) 任抽一发弹，求下列情况的概率：

① 过重弹；② 过轻弹；③ 合格弹．

(2) 任抽两发弹，求下列情况的概率：

① 都是合格弹；② 都不是过轻弹．

(3) 任抽三发弹，求至少有一发弹是过轻弹的概率．

3. 火炮对大桥进行射击，桥宽 40 m，射向垂直于大桥，炸点散布中心在大桥前沿，中间误差 $E_X = 80$ m.

(1) 求下列情况的概率：

① 射击一发命中大桥；② 射击三发至少命中一发．

(2) 需要发射多少发炮弹才能使至少命中一发的概率大于 0.90.

4. 炮兵连(四门制)对目标进行射击，目标纵深为 50 m，正面无限长，射击垂直于目标正面．射击时四门炮的炸点散布中心分别为 C_1, C_2, C_3, C_4，且在一条垂直线上．C_1 距目标前沿 20 m，其余依次增加 30 m. 距离散布中间误差 $E_X = 25$ m. 今四门炮各自独立射击一发，求至少命中一发的概率．

5. 用两门炮对目标进行射击，目标纵深为 100 m，正面无限长，射向垂直于目标正面．设第一门炮距离中间误差 $E_1 = 100$ m，第二门炮距离中间误差 $E_2 = 50$ m. 今两门炮各射击一发，求下列条件下两门炮的命中概率．

(1) 两门炮散布中心都在目标中心；

(2) 两门炮散布中心都在目标前沿 100 m.

6. 设 X 为正态变量，已知 $P\{|X - \mu| < 3\} = 0.6$，求中间误差 E.

7. 火炮对一布雷带进行射击，布雷带纵深为 30 m，正面无限长，射击方向垂直于布雷带，散布中心在布雷带前 10 m，炸点距离散布中间误差 $E_X = 20$ m，求：

(1) 命中 5 发的弹药平均消耗量；

(2) 独立射击 20 发时至少命中 1 发的概率；

(3) 独立射击 20 发时的平均命中弹数；

(4) 在命中第一发前平均有多少次不命中．

8. 独立的二维正态变量 (X, Y)，$\mu_x = \mu_y = 0$，$\sigma_x = 2$，$\sigma_y = 3$，求 (X, Y) 落在等概率椭圆 $9x^2 + 4y^2 = 72$ 中的概率．

9. 射击时弹着点散布为圆散布，中间误差 $E = 15$ m. 今以分布中心为圆心画出两个圆，使命中各环及脱靶的概率均为 1/4，求各圆的半径．

10. 火炮对一暴露的火力点进行射击，射击时散布中心与目标中心重合，射向垂直于目标正面，炸点距离散布和方向散布中间误差 $E_X = 30$ m，$E_Y = 8$ m，炮弹爆炸时对暴露火力点的杀伤范围：纵深 $2L_X = 10$

m，正面 $2L_Z = 28$ m，求：

(1) 一次射击时杀伤目标的概率；

(2) 发射 20 发时杀伤目标的概率．

提示：据射击理论知识，计算时把点目标等效为 $2L_X \times 2L_Z$ 的矩形目标．

11. 12.7 mm 高射机枪的口径服从平均值为 12.7 mm、均方差为 0.03 mm 的正态分布，弹径服从平均值为 12.6 mm、均方差为 0.04 mm 的正态分布．求：

(1) 由于枪口太小，导致子弹不能上膛的概率；

(2) 欲使不能上膛的概率小于千分之一，弹径的均方差．

12. 一架小飞机可载四个乘客，飞机对乘客的有效负载为 600 斤．设人的重量(斤) 服从正态分布 $N(120,20)$，求飞机超载的概率．

13. 设(X,Y)为已婚夫妇的身高，X 为丈夫的身高，Y 为妻子的身高，且(X,Y)为二维正态变量．平均高度 $E_X = 1.68$ m，$E_Y = 1.55$ m. 均方差 $\sigma_X = \sigma_Y = 0.02$ m，相关系数 $r = 0.6$. 任选一对夫妇，已知丈夫身高 1.70 m，求妻子身高在 1.53 m 到 1.59 m 之间的概率．

第 6 章　大数定律与中心极限定理

虽然对充满偶然性的随机现象进行少量观察或试验未必能得到其规律性，但是在对其做大量观察或试验后，随机现象的规律性就能呈现出来．比如坦克攻击目标，它的命中率如何确定？在相同条件下向目标进行多次射击，它的命中结果是否会呈现某种规律？为此，本章介绍大数定律与中心极限定理．

大数定律和中心极限定理是概率论的极限理论中极为重要的一部分内容．当随机变量序列的平均值在某种条件下收敛于这些项的期望值时，就是大数定律；当大量随机变量之和在某种条件下逼近于正态分布时，就是中心极限定理．

6.1　大数定律

寻找随机现象的规律性，必须进行大量的试验或观察，比如坦克攻击目标，由于受到各种偶然因素的影响，一次射击可能命中也可能不命中．命中率是坦克重要的性能参数，为了给命中率做科学合理的度量，考虑在相同条件下多次模拟坦克攻击目标的过程，统计坦克命中的频率，将频率作为坦克的命中率．这是我们处理随机事件的常用方法，这种方法的理论依据是什么？为此，下面将学习大数定律．

“大数定律”这四个字原本是一个数学概念，又叫作“平均法则”．在概率论中，随机事件的大量重复出现往往呈现几乎必然的规律，这个规律就是大数定律．通俗地说，就是在试验条件不变的情况下，重复试验多次，随机事件的频率稳定于某一结果．尽管单个随机现象的具体实现不可避免地引起随机偏差，然而在大量随机现象共同作用时，由于这些随机偏差互相抵消和补偿，致使总的平均结果趋于稳定．比如对于坦克的命中率，通常考虑在相同条件下多次模拟坦克攻击目标的过程，统计坦克命中的频率，将频率作为坦克命中率的合理结果．

这样的例子还有很多，例如在分析天平上称量一质量为 u 的物品，以 $X_1, X_2, \cdots, X_n$ 表示 n 次重复测量的结果．当 n 充分大时，它们的算术平均值 $\overline{X}=\frac{1}{n}\sum_{i=1}^{n}X_i$ 对 u 的偏差很小，而且

一般 n 越大,这种偏差越小. 如果把一连串的观察结果 $X_1, X_2, \cdots, X_n$ 看成随机变量,则上述直观现象表明,当 n 充分大时,在一定的收敛意义下,有 $\frac{1}{n}\sum_{i=1}^{n} X_i \to u$,这是大量随机现象的平均结果稳定性的数学表达式,可将这种"**收敛**"称作"**依概率收敛**".

定义 1　设 $\{X_n\}$ 为随机变量序列,对任意 $\varepsilon > 0$,使得

$$\lim_{n\to+\infty} P\{|X_n - X| < \varepsilon\} = 1 \text{ 或 } \lim_{n\to+\infty} P\{|X_n - X| > \varepsilon\} = 0, \tag{6-1}$$

则称**随机变量序列** $\{X_n\}$ **依概率收敛于** X. 记为 $X_n \xrightarrow{P} X$.

依概率收敛是指当 n 充分大时,事件 $\{|X_n - X| < \varepsilon\}$ 发生的可能性很大,但是并不保证当 n 充分大时,所有的 X_n 都是无限接近于 X. 它不同于高等数学中的序列收敛.

人们在实践中观察随机现象时,常常会发现随着试验次数的增多,事件的频率逐渐稳定在某个常数附近. 例如在抛硬币试验中,当试验次数足够多时,正面朝上的频率稳定于 $\frac{1}{2}$,即依概率收敛于 $\frac{1}{2}$. 深入考虑后,人们会提出这样的问题:稳定性的确切含义是什么? 在什么条件下具有稳定性? 这就是大数定律要研究的问题.

大数定律形式有很多种,本节仅介绍几种最常用的大数定律.

定理 1(切比雪夫大数定律)　设 $\{X_n\}$ 是相互独立的随机变量序列,且具有相同的数学期望和方差:$E(X_k) = \mu, D(X_k) = \sigma^2 (k = 1, 2, \cdots)$,则对任意的 $\varepsilon > 0$,

$$\lim_{n\to+\infty} P\left\{\left|\frac{1}{n}\sum_{i=1}^{n} X_i - \mu\right| < \varepsilon\right\} = 1, \tag{6-2}$$

即随机变量序列 $\left\{\frac{1}{n}\sum_{i=1}^{n} X_i\right\}$ 依概率收敛于 μ.

证明　由于

$$E\left[\frac{1}{n}\sum_{k=1}^{n} X_k\right] = \frac{1}{n}\sum_{k=1}^{n} E(X_k) = \frac{1}{n} \cdot n\mu = \mu, \tag{6-3}$$

$$D\left[\frac{1}{n}\sum_{k=1}^{n} X_k\right] = \frac{1}{n^2}\sum_{k=1}^{n} D(X_k) = \frac{1}{n^2} \cdot n\sigma^2 = \frac{\sigma^2}{n}, \tag{6-4}$$

由切比雪夫不等式可得:

$$P\left\{\left|\frac{1}{n}\sum_{k=1}^{n} X_k - \mu\right| < \varepsilon\right\} \geqslant 1 - \frac{\sigma^2/n}{\varepsilon^2}. \tag{6-5}$$

在公式(6 - 5) 中令 $n \to +\infty$,并注意到概率不能大于 1,即得

$$\lim_{n\to+\infty} P\left\{\left|\frac{1}{n}\sum_{k=1}^{n} X_k - \mu\right| < \varepsilon\right\} = 1.$$

这个结论在 1866 年由俄国数学家切比雪夫证明,它是关于大数定律的一个相当普遍的

结论，许多大数定律的古典结果是它的特例．

它表明，独立随机变量序列 $\{X_n\}$ 如果有相同的数学期望和方差，则 $\frac{1}{n}\sum_{i=1}^{n}X_i$ 与其数学期望 μ 偏差很小的概率接近于1．这意味着经过算术平均以后得到的随机变量 $\frac{1}{n}\sum_{i=1}^{n}X_i$，它的取值比较密集地聚集在其数学期望 $E(X_k)=\mu(k=1,2,\cdots)$ 的附近，即经过算术平均以后的随机变量 $\frac{1}{n}\sum_{i=1}^{n}X_i$ 依概率收敛于 μ．此外，切比雪夫大数定律还给出了平均值稳定性的科学描述．

将切比雪夫大数定律应用于 n 重伯努利试验中就可以得到它的推论——伯努利大数定律，作为概率极限定理中的第一个大数定律，它是由雅可比·伯努利于1713年在其发表的著作中提出的，有人认为概率论真正的历史应从伯努利大数定律出现的时刻算起．

定理2(伯努利大数定律) 设 n_A 是 n 重伯努利试验中事件 A 发生的次数，p 是每次试验事件 A 发生的概率，对于 $\forall\varepsilon>0$，都有

$$\lim_{n\to+\infty}P\left\{\left|\frac{n_A}{n}-p\right|<\varepsilon\right\}=1, \tag{6-6}$$

即频率 $\left\{\frac{n_A}{n}\right\}$ 依概率收敛于 p.

证明 令 $X_i=\begin{cases}1,\text{第 } i \text{ 次试验中 } A \text{ 发生},\\0,\text{第 } i \text{ 次试验中 } A \text{ 不发生},\end{cases}\quad i=1,2,\cdots,n.$

显然 $n_A=\sum_{i=1}^{n}X_i$.

由定理条件，$X_i(i=1,2,\cdots,n)$ 独立同分布(均服从两点分布)，且 $E(X_i)=p,D(X_i)=p(1-p)$ 都是常数，从而方差有界．

由切比雪夫大数定律，有

$$\lim_{n\to+\infty}P\left\{\left|\frac{n_A}{n}-p\right|<\varepsilon\right\}=\lim_{n\to+\infty}P\left\{\left|\frac{1}{n}\sum_{i=1}^{n}X_i-p\right|<\varepsilon\right\}=1. \tag{6-7}$$

伯努利大数定律说明：当 n 很大时，n 重伯努利试验中事件 A 发生的频率几乎等于事件 A 在每次试验中发生的概率，这个定律以严格的数学形式刻画了频率的稳定性．因此，在实际应用中，当试验次数很大时，便可以用事件发生的频率来代替事件的概率．例如，前文提到的坦克命中率就可以用在相同条件下多次模拟坦克攻击目标，统计坦克命中的频率代替．

如果事件 A 发生的概率很小，则由伯努利大数定律可知，理论上事件 A 发生的频率也应当很小．因此，实际生活中概率很小的事件在个别试验中几乎是不会发生的，这一原理叫作实际推断原理．如果“概率很小”的事件在一次试验中竟然发生了，那就有理由怀疑概率很

小这一假定的正确性，该推断原理是数理统计中进行统计推断的理论依据．

已知一个随机变量的方差存在，其数学期望必定存在；但反之不成立，即一个随机变量的数学期望存在，其方差不一定存在．以上两个大数定律均假设随机变量序列$\{X_n\}$的方差存在，而下面的辛钦大数定律作为大数定律最一般的形式，去掉了这一假设，仅设每个X_i的数学期望存在，但同时要求$\{X_n\}$为独立同分布的随机变量序列．

定理 3(辛钦大数定律)　设$\{X_n\}$是独立同分布的随机变量序列，$E(X_k)=\mu(k=1,2,\cdots)$，则$\lim\limits_{n\to+\infty}P\left\{\left|\frac{1}{n}\sum\limits_{i=1}^{n}X_i-\mu\right|<\varepsilon\right\}=1$，即**随机变量序列$\left\{\frac{1}{n}\sum\limits_{i=1}^{n}X_i\right\}$依概率收敛于$\mu$.**

辛钦大数定律也称作独立同分布下的大数定律，它说明：当n充分大时，n个独立同分布的随机变量无论其方差是否存在，它的平均值都可以作为随机变量的数学期望的近似值．显然，伯努利大数定律是辛钦大数定律的特例．

辛钦大数定律在不知道X分布的情况下，为寻找随机变量的期望值提供了一条实际可行的途径．例如要估计某新型手枪的命中率，可以试射 5000 把手枪，观察其命中情况，此时可以将其结果作为该型号手枪命中率的一个估计，此时发生的误差是很小的．由辛钦大数定律可知，对于同一个随机变量进行n次独立观察，则所有观察结果的算术平均数依概率收敛于随机变量的期望值，这种方法称为参数估计，它是数理统计的主要研究课题之一．参数估计的重要理论基础之一就是大数定律．辛钦大数定律提供了通过试验确定概率的方法，蒲丰投针问题解法的理论依据就是大数定律．

综上，大数定律就是概率论中描述大量随机现象平均结果的稳定性的定理，大数定律告诉我们大量的随机因素的总和作用在一起导致的结果却是不依赖于个别随机事件的必然结果，从而反映了偶然性中包含必然性的规律．

下面举一例说明大数定律的应用．

例 6.1　设$y=f(x)(0\leqslant y\leqslant 1)$是连续函数，试用概率方法来近似计算积分$\int_0^1 f(x)\mathrm{d}x$.

解　考虑几何型随机试验E：向正方形区域$\{0\leqslant x\leqslant 1,0\leqslant y\leqslant 1\}$中均匀分布地掷点，将$E$独立、重复地做下去，以$A$表示此矩形中曲线$y=f(x)$以下的区域，即$A=\{(x,y)\mid 0\leqslant y\leqslant f(x),x\in[0,1]\}$，并定义随机变量：

$$X_k=\begin{cases}1,\text{第 }k\text{ 次掷的点落入 }A\text{ 中},\\0,\text{第 }k\text{ 次掷的点没落入 }A\text{ 中}.\end{cases}$$

显然，$\{X_k\},k=1,2,\cdots$ 独立同分布，而且

$$E(X_k)=P\{X_k=1\}=|A|=\int_0^1 f(x)\mathrm{d}x,$$

$|A|$表示A的面积．由定理 2 得

$$\lim_{n\to+\infty}\frac{1}{n}\sum_{k=1}^{n}X_k=\int_0^1 f(x)\mathrm{d}x,$$

这表明当 n 充分大时，前 n 次试验中落于 A 中的点数 $\sum\limits_{k=1}^{n}X_k$ 除以 n 即随机事件的频率可以作为 $\int_0^1 f(x)\mathrm{d}x$ 的近似值．

这种计算积分的方法不同于高等数学中的方法，它以大量落入 A 中的随机数为计算依据，利用伯努利大数定律作为理论支撑，称为 Monte－Carlo 方法．它依据大数定律，通过设定随机过程，采用随机抽样统计来计算参数估计量和统计量．根据大数定律，知道样本数量越多，其平均值就越趋近于真实值．由于涉及大量随机数的计算，Monte－Carlo 方法是以高容量和高速度的计算机为前提条件的，因此只是在近些年才得到广泛推广．

6.2 中心极限定理

正态分布是自然界中十分常见的一种分布，很自然会提出这样的问题：为什么正态分布会如此广泛？应该如何解释这一现象？经验表明，许许多多微小的偶然因素共同作用的结果必定导致正态分布．比如炮弹射击的落点与目标的偏差就受许多随机因素的影响，如瞄准误差 X_1、炮弹本身结构引起的误差 X_2、空气阻力产生的误差 X_3 等，要研究这些误差的总和 $X=\sum\limits_{k=1}^{n}X_k$，它是近似服从正态分布的．由于正态分布在概率论的理论和应用中占有中心的地位，人们把与之相关的定理统称作中心极限定理．中心极限定理就是研究独立随机变量之和所特有的规律性问题，即当 n 无限大时，误差总和的极限分布是什么，在什么条件下极限分布是服从正态分布的．

由于无穷个随机变量之和可能趋于 $+\infty$，故本节不研究 n 个随机变量之和本身，而是考虑它的标准化的随机变量 $Z_n=\dfrac{\sum\limits_{k=1}^{n}X_k-E\left(\sum\limits_{k=1}^{n}X_k\right)}{\sqrt{D\left(\sum\limits_{k=1}^{n}X_k\right)}}$ 的分布函数的极限．

定义 2　设随机变量序列 $\{X_n\}$ 相互独立，有有限的数学期望和方差，记

$$Z_n=\frac{\sum\limits_{k=1}^{n}X_k-E\left(\sum\limits_{k=1}^{n}X_k\right)}{\sqrt{D\left(\sum\limits_{k=1}^{n}X_k\right)}},\tag{6-8}$$

若对任意的实数 x，都有

$$\lim_{n\to+\infty}P\{Z_n\leqslant x\}=\int_{-\infty}^{x}\frac{1}{\sqrt{2\pi}}\mathrm{e}^{-\frac{t^2}{2}}\mathrm{d}t,\tag{6-9}$$

则称随机变量序列 $\{X_n\}$ 服从**中心极限定理**.

在概率论中,习惯于把和的分布收敛于正态分布这一类定理叫作中心极限定理.随着条件的不同,有不同的中心极限定理.本节介绍三个常用的中心极限定理.下面给出独立同分布随机变量序列的中心极限定理,也称林德伯格-列维(*Lindberg - Levy*)定理.

定理 4(林德伯格-列维定理)　设随机变量 $\{X_n\}$ 相互独立,服从同一分布,且具有数学期望和方差:$E(X_k)=\mu, D(X_k)=\sigma^2 \neq 0(k=1,2,\cdots)$. 随机变量 $Z_n=\dfrac{\sum\limits_{k=1}^{n} X_k - E\left(\sum\limits_{k=1}^{n} X_k\right)}{\sqrt{D\left(\sum\limits_{k=1}^{n} X_k\right)}}=\dfrac{\sum\limits_{k=1}^{n} X_k - n\mu}{\sqrt{n}\sigma}$ 的分布函数满足:对于任意的 x,

$$\lim_{n\to+\infty} F_n(x)=\lim_{n\to+\infty} P\left\{\frac{\sum\limits_{k=1}^{n} X_k - n\mu}{\sqrt{n}\sigma} \leqslant x\right\}=\int_{-\infty}^{x} \frac{1}{\sqrt{2\pi}} \mathrm{e}^{-\frac{t^2}{2}} \mathrm{d}t, \tag{6-10}$$

即随机变量序列 $\{X_n\}$ 服从中心极限定理.

它表明,无论随机变量序列 $\{X_n\}$ 服从什么分布,只要它们相互独立,服从同一分布且具有数学期望和方差,那么当 n 充分大时,它们的和近似服从正态分布.这正是实际生活中许多随机变量都服从正态分布的基本原因.定理 4 从理论上回答了本节开始提出的问题,炮弹射击的落点与目标的偏差受多个随机因素 X_i 的影响,这些误差的总和 $X=\sum\limits_{k=1}^{n} X_k$ 一定服从正态分布,所以正态分布是最常见的分布,正态随机变量在概率论中占有重要地位.

在正常的射击条件下,根据中心极限定理,炮弹的射程服从或近似服从正态分布.设 a 为理论射程,X 为实际射程,则 $Y=X-a$ 为实际射程对理论射程的偏差,显然 $X=Y+a$. 由于在实际射击中有很多不可控制的随机因素在不断变化,所以造成了实际射程对理论射程的偏差.若设 X_1:射击时炮身振动引起的偏差;X_2:炮弹外形差异引起的偏差;X_3:炮弹内火药的成分引起的偏差;X_4:射击时气流的差异引起的偏差 …… 显然有 $Y=\sum\limits_{i=1}^{n} X_i$. 因为影响实际射程的因素是大量的,所以这里的 n 一定很大.又因为炮身的振动、炮弹的外形、火药的成分、气流的变化等因素之间没有什么关系(或有微弱关系),所以由它们引起的 $X_1, X_2, \cdots, X_n$ 可看作是相互独立的.而正常的射击条件也就是对射程有显著影响的因素已被控制,所以 $X_1, X_2, \cdots, X_n$ 所起的作用可看作是同样微小的.由中心极限定理可知,$Y \sim N(\mu, \sigma^2)$,其中 Y 可正可负且机会均等.当 $\mu=0$ 时,$Y \sim N(0, \sigma^2)$,则 $X=Y+a \sim N(a, \sigma^2)$.

从上述例子中可以很清晰地看到,如果一个随机变量能表示成大量独立随机变量的和,并且其中每一个随机变量所起的作用都很微小,则这个随机变量服从或近似服从正态分布,这给计算带来了很大的方便．

林德伯格-列维定理并非最早出现的定理，历史上最早出现的是它的一个特例 —— 德莫弗-拉普拉斯(DeMoivre－Laplace)定理．

定理5(德莫弗-拉普拉斯定理) 设$\{X_n\}$是独立同分布的随机变量序列，且X_i服从参数为$p(0<p<1)$的二项分布，即$\eta_n=\sum_{i=1}^{n}X_i\sim B(n,p)$，则对于任意$x$恒有

$$\lim_{n\to+\infty}P\left\{\frac{\eta_n-np}{\sqrt{np(1-p)}}\leqslant x\right\}=\int_{-\infty}^{x}\frac{1}{\sqrt{2\pi}}\mathrm{e}^{-\frac{t^2}{2}}\mathrm{d}t. \tag{6-11}$$

证明 η_n可以看成是n个相互独立、服从同一(0-1)分布的随机变量$X_1,X_2,\cdots,X_n$之和，即$\eta_n=\sum_{k=1}^{n}X_k$，其中$X_k(k=1,2,\cdots,n)$的分布律为

$$P\{X_k=i\}=p^i(1-p)^{1-i},i=0,1.$$

由于$E(X_k)=p,D(X_k)=p(1-p)(k=1,2,\cdots,n)$，由定理1得

$$\lim_{n\to+\infty}P\left\{\frac{\eta_n-np}{\sqrt{np(1-p)}}\leqslant x\right\}=\lim_{n\to+\infty}P\left\{\frac{\sum_{k=1}^{n}X_k-np}{\sqrt{np(1-p)}}\leqslant x\right\}=\int_{-\infty}^{x}\frac{1}{\sqrt{2\pi}}\mathrm{e}^{-\frac{t^2}{2}}\mathrm{d}t. \tag{6-12}$$

定理表明，n充分大，$p(0<p<1)$是一个定值时，$\dfrac{\sum_{k=1}^{n}X_k-np}{\sqrt{np(1-p)}}$分布近似服从于标准正态分布，常称为“二项分布收敛于正态分布”，正态分布是二项分布的极限分布．当n充分大时可利用该定理的结论来计算二项分布的概率．

下面举例说明中心极限定理的应用．

例6.2 射击不断地独立进行，设每次击中的概率为0.1.

(1) 试求500次射击中，击中的次数为(48,55]的概率p_1.

(2) 问最少要射击多少次才能使击中次数超过500次的概率大于0.8.

解 以η_n表示前n次射击击中的次数，它服从二项分布$B(n,0.1)$.

(1)$np=500\times0.1=50,npq=500\times0.1\times0.9=45,\alpha=48,\beta=55$，满足定理2的条件，可以用正态分布进行近似计算，

$$p_1=P(48<\eta_{500}\leqslant55)=\Phi\left(\frac{55-50}{\sqrt{45}}\right)-\Phi\left(\frac{48-50}{\sqrt{45}}\right)$$

$$=\Phi\left(\frac{5}{\sqrt{45}}\right)-\Phi\left(\frac{-2}{\sqrt{45}}\right)\approx0.3896.$$

(2) 所需最少射击次数是满足不等式$P(\eta_n>500)>0.8$的最小正整数n.

当n充分大时，

$$P(\eta_n > 500) = P\left(\eta_n > \frac{500 - n \times 0.1}{\sqrt{n \times 0.1 \times 0.9}}\right) = 1 - \Phi\left(\frac{500 - n}{3\sqrt{n}}\right) > 0.8,$$

解此不等式 $\Phi\left(\frac{500-n}{3\sqrt{n}}\right) < 0.2$，得 $\frac{500-n}{3\sqrt{n}} = -0.84$，$n \geqslant 560$.

例 6.3　一艘军舰在某海域执行任务，已知每遭受一次波浪的冲击纵摇角大于 3° 的概率为 $p=1/3$，若军舰遭受了 90000 次波浪冲击，问其中有 29500 ～ 30500 次的纵摇角大于 3° 的概率是多少？

解　将军舰每遭受一次波浪的冲击看作是一次随机试验，并假定各次试验是独立的，将 90000 次波浪冲击中纵摇角大于 3° 的次数记为 X，则 X 是一个随机变量，且有 $X \sim B(90000, 1/3)$，利用定理 2，有

$$P(29500 \leqslant X \leqslant 30500) = P\left(\frac{29500 - np}{\sqrt{np(1-p)}} \leqslant \frac{X - np}{\sqrt{np(1-p)}} \leqslant \frac{30500 - np}{\sqrt{np(1-p)}}\right)$$

$$= \Phi\left(\frac{30500 - np}{\sqrt{np(1-p)}}\right) - \Phi\left(\frac{29500 - np}{\sqrt{np(1-p)}}\right) \approx \Phi\left(\frac{5\sqrt{2}}{2}\right) - \Phi\left(-\frac{5\sqrt{2}}{2}\right) \approx 0.9995.$$

例 6.4　对某目标进行 100 次轰炸，每次轰炸命中目标的弹头数目是一个随机变量，其期望为 2，方差为 1.69，求 100 次轰炸中有 180 颗到 220 颗炸弹命中目标的概率.

解　令第 i 次轰炸命中目标的弹头数目为 X_i，100 次轰炸命中目标弹头数目 $X = \sum_{i=1}^{n} X_i$，则 X 服从二项分布，$E(X) = 200$，$D(X) = 169$，由中心极限定理，则

$$P(180 \leqslant X \leqslant 220) = P(|X - 200| \leqslant 20) = P\left(\left|\frac{X - 200}{13}\right| \leqslant \frac{20}{13}\right)$$

$$\approx P\left(\left|\frac{X - 200}{13}\right| \leqslant 1.54\right) = 2\Phi(1.54) - 1 = 0.87644.$$

一般来说，n 很大，则 p 很小（或 $1-p$ 很小）. 当 $np \to \lambda$ 时，二项分布（$np \leqslant 50$）用泊松分布计算比使用正态分布近似计算更精确.

前文已在独立同分布的条件下解决了随机变量和的极限分布问题. 在实际问题中，各 X_i 具有独立性是常见的，但是很难满足各 X_i 是服从同一分布的随机变量. 比如在日常生活中所遇到的某些加工过程中的测量误差 Y_n，由于其是由大量相互独立的随机因素 X_i 叠加而成的，即 $Y_n = \sum_{i=1}^{n} X_i$，则各 X_i 具有独立性，但不一定同分布. 同时为使极限分布是正态分布，必须对 $Y_n = \sum_{i=1}^{n} X_i$ 的各项有一定的要求. 譬如若允许从第二项开始都等于 0，则极限分布显然由 X_1 的分布完全确定，这时就很难得到有用的结果. 即要使中心极限定理成立，在和的各项中不应有起突出作用的项，或者说，要求各项在概率意义下"均匀的小"，同时还必须对

$Y_n=\sum_{i=1}^{n}X_i$ 的各项有一定的要求．但是，经过研究发现，此时得到的结论在使用时并不方便．所以下面提出的李雅普诺夫(Lyapunov) 定理对矩提出要求，为之后的求解带来了极大的方便．

定理 6(李雅普诺夫定理)　设$\{X_n\}$为独立随机变量序列，并且

$$E(X_k)=\mu_k,\mathrm{Var}(X_k)=\sigma_k^2>0,k=1,2,\cdots,n.$$

记 $B_n^2=\sum_{k=1}^{n}\sigma_k^2$，若存在 $\delta>0$，满足 $\lim\limits_{n\to+\infty}\frac{1}{B_n^{2+\delta}}\sum_{k=1}^{n}E(|X_k-\mu_k|^{2+\delta})=0$，则随机变量

$$Z_n=\frac{\sum_{k=1}^{n}X_k-E\left(\sum_{k=1}^{n}X_k\right)}{\sqrt{\mathrm{Var}\left(\sum_{k=1}^{n}X_k\right)}}=\frac{\sum_{k=1}^{n}X_k-\sum_{k=1}^{n}\mu_k}{B_n}\qquad(6-13)$$

的分布函数 $F_n(x)$，对于任意的 x 满足

$$\lim_{n\to+\infty}F_n(x)=\lim_{n\to+\infty}P\left\{\frac{\sum_{k=1}^{n}X_k-\sum_{k=1}^{n}\mu_k}{B_n}\leqslant x\right\}=\int_{-\infty}^{x}\frac{1}{\sqrt{2\pi}}\mathrm{e}^{-\frac{t^2}{2}}\mathrm{d}t=\Phi(x).\qquad(6-14)$$

这个定理是李雅普诺夫在 1900 年提出的，它表明在定理条件下，当 n 很大时，随机变量 $Z_n=\frac{\sum_{k=1}^{n}X_k-\sum_{k=1}^{n}\mu_k}{B_n}$ 近似服从正态分布 $N(0,1)$．由此，当 n 很大时，$\sum_{k=1}^{n}X_k=B_nZ_n+\sum_{k=1}^{n}\mu_k$ 近似地服从正态分布 $N\left(\sum_{k-1}^{n}\mu_k,B_n^2\right)$．也就是说，无论各个随机变量 $X_k(k=1,2,\cdots,n)$ 服从什么分布，只要满足定理条件，那么当 n 很大时，它们的和 $\sum_{k-1}^{n}X_k$ 就近似地服从正态分布，这就是为什么正态随机变量在概率论中占有重要地位的一个基本原因．

在实际生活的很多问题中，所考虑的随机变量往往可以表示成很多个独立的随机变量之和．例如在任一指定时刻，一个城市的耗电量是大量用户的耗电量的总和；一个物理实验的测量误差是由许多观察不到的、可加的微小误差所合成的，它们往往近似地服从正态分布．下面介绍一个直观反映正态分布的经典的随机试验——高尔顿钉板试验．

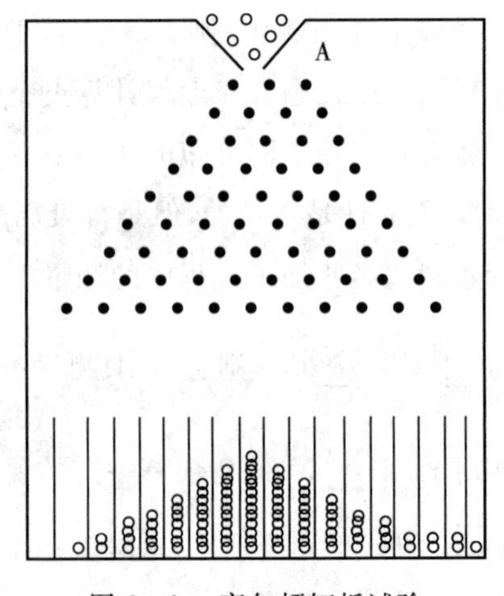

图 6-1　高尔顿钉板试验

例 6.5　(高尔顿钉板试验)　高尔顿钉板实验是由英国生物统计学家高尔顿(Galton) 设计的，模型如图 6-1 所示．每一黑点代表钉在板上的一颗钉子，它们间的距离相等，上面一颗恰巧在下面两颗的

正中间．从入口 A 处放进一个小圆球，它的直径略小于两钉子间的距离，由于板是倾斜放着的，球每碰到一次钉子，就以概率 1/2 滚向左下边(或右下边)，于是又碰到下一个钉子，如此继续，直到滚入板底的一个格子内为止．把许多小球从 A 放下去，只要球的个数充分大，它们在板底所堆成的曲线就近似于正态分布 $N(0,n)$ 的概率密度曲线，这里 n 是钉子的横排排数．

现在用中心极限定理来解释这个现象．引进随机变量：

$$X_k=\begin{cases}1, & \text{第 } k \text{ 次碰钉后小球向右},\\ -1, & \text{第 } k \text{ 次碰钉后小球向左}.\end{cases}$$

$P(X_k=1)=\dfrac{1}{2}$，而 $Y_n=\sum\limits_{k=1}^{n}X_k$ 表示第 n 次碰钉后的位置，n 为钉子的横排排数．由于 $E(X_k)=0, D(X_k)=1$，又由定理 1 知，$\dfrac{Y_n}{\sqrt{n}}\sim N(0,1)(n\to+\infty)$，亦即 Y_n 的分布近似于 $N(0,n)$. 于是有

$$P\{-l<Y_n<l\}=P\left\{\frac{-l}{\sqrt{n}}\leqslant\frac{Y_n}{\sqrt{n}}\leqslant\frac{l}{\sqrt{n}}\right\}\approx\frac{1}{\sqrt{2\pi}}\int_{-\frac{l}{\sqrt{n}}}^{\frac{l}{\sqrt{n}}}\mathrm{e}^{-\frac{t^2}{2}}\mathrm{d}t.$$

若设 $n=16$，则得

$$P\{-l<Y_{16}<l\}=\frac{1}{\sqrt{2\pi}}\int_{-\frac{l}{4}}^{\frac{l}{4}}\mathrm{e}^{-\frac{t^2}{2}}\mathrm{d}t.$$

右方值可由标准正态表查出．例如：

$$P\{-1<Y_{16}<1\}\approx\frac{1}{\sqrt{2\pi}}\int_{-0.25}^{0.25}\mathrm{e}^{-\frac{t^2}{2}}\mathrm{d}t=0.1974.$$

现在独立地投掷 60 个小球，则大约有 $60\times0.1974\approx12$ 个落在[−1,1]两格之中．列表如下：

区　间	近似概率	近似球数
[−1,1]	0.1974	12
[−2,2]	0.3829	23
[−3,3]	0.5467	33
[−4,4]	0.6827	41
[−5,5]	0.7887	47
[−6,6]	0.8664	52
[−7,7]	0.9199	55
[−8,8]	0.9545	57
[−9,9]	0.9756	59
[−10,10]	0.9876	59

表中数据说明：一个球在碰过16次钉子后落于[−2,2]中的概率为0.3829；如果用60个球做实验，则约有23个球落在[−2,2]之中．

中心极限定理是概率论中最著名的定理之一，它不仅提供了计算独立随机变量之和的近似概率的简单方法，而且有助于解释为什么很多自然群体的经验频率呈现出钟形曲线这一值得注意的事实．在后面的课程中，还将经常用到中心极限定理．

习　题　六

1. 一个供电网内共有10000盏功率相同的灯，夜晚每一盏灯开着的概率是0.7，假设各盏灯开、关彼此独立，求夜晚同时开着的灯数在6800到7200之间的概率．

2. 多次重复观测一个物理量，假设每次测量产生的随机误差都服从正态分布 $N(0,0.3^2)$，如果取 n 次测量的算术平均值作为测量结果，试计算：

(1) 测量结果与真值之差的绝对值小于一个小正数 δ 的概率 P；

(2) 给定 $\delta=0.05$，使 P 不小于0.95，至少应进行的测量次数 n.

3. 设 $X_i(i=1,2,\cdots,50)$ 是相互独立的随机变量，且服从参数 $\lambda=0.03$ 的泊松分布，记 $Z=\sum\limits_{i=1}^{50}X_i$，利用中心极限定理求 $P\{Z>3\}$.

4. 设某部件由10个部分组成，每部分的长度 X_i 为随机变量，$X_1,X_2,\cdots,X_{10}$ 相互独立同分布，$E(X_i)=2\ \mathrm{mm}$，$\sqrt{D(X_i)}=0.5\ \mathrm{mm}$，若规定总长度为 $(20\pm1)\ \mathrm{mm}$ 是合格产品，求产品合格的概率．

5. 有100道单项选择题，每个题中有4个备选答案，且其中只有一个答案是正确的，规定选择正确得1分，选择错误得0分，假设无知者对于每一个题都是从4个备选答案中随机地选答，并且没有不选的情况，计算他的分数能够超过35分的概率．

6. (1) 一个复杂系统由100个相互独立的元件组成，系统运行期间每个元件损坏的概率为0.1，又知系统运行至少需要85个元件正常工作，求系统可靠度(即正常工作的概率)；(2) 假如上述系统由 n 个相互独立的元件组成，至少80%的元件正常工作才能使系统正常运行，问 n 至少多大才能保证系统可靠度为0.95?

7. 某保险公司多年的统计资料表明，在索赔户中被盗索赔户约占20%，以 X 表示在随意抽查的100个索赔户中因被盗向保险公司索赔的户数．

(1) 写出 X 的概率分布；

(2) 用德莫弗-拉普拉斯定理求被盗索赔户不少于14户且不多于30户的概率近似值．

8. 某运输公司有500辆汽车参加保险，在1年里汽车出事故的概率为0.006，参加保险的汽车每年交保险费800元，若出事故保险公司最多赔偿50000元，试利用中心极限定理计算保险公司1年赚钱不小于200000元的概率．

9. 某工厂生产的灯泡的平均寿命为2000小时，改进工艺后，平均寿命提高到2250小时，标准差仍为250小时．为鉴定此项新工艺，特规定：任意抽取若干只灯泡，若平均寿命超过2200小时，就可承认此项新工艺．工厂为使此项新工艺通过鉴定的概率不小于0.997，问至少应抽检多少只灯泡?

10. 设随机变量序列 $X_1,X_2,\cdots,X_n$ 相互独立同分布，且 $E(X_n)=0$，求 $\lim\limits_{n\to+\infty}P\left\{\sum\limits_{i=1}^{n}X_i<n\right\}$.

11. 设随机变量序列 $X_1, X_2, \cdots, X_n$ 满足条件 $\lim\limits_{n\to+\infty} \frac{1}{n^2} D\left(\sum\limits_{i=1}^{n} X_i\right) = 0$，证明

$$\lim_{n\to+\infty} P\left\{\left|\frac{1}{n}\sum_{i=1}^{n} X_i - \frac{1}{n}\sum_{i=1}^{n} E(X_i)\right| < \varepsilon\right\} = 1.$$

12. 若系统由 n 个相互独立的部件组成，为使系统正常工作需 80% 的部件是完好的，n 至少多大才能使系统正常工作的概率不小于 0.95？

13. 某系统备有 $D_1, D_2, \cdots, D_{30}$ 共 30 个电子器件，若 D_i 损坏，则 D_{i+1} 立即使用．设 D_i 的寿命为服从参数 $\lambda = 0.1$ 的指数分布的随机变量，T 为 30 个器件使用的总时间，求 T 超过 350 小时的概率．

14. 某车间有 200 台车床，由于各种原因每台车床有 60% 的时间在开动，每台车床开动期间耗电能为 E. 问至少供给此车间多少电能才能以 99.9% 的概率保证此车间不因供电不足影响生产？

15. 从装有 3 个白球和 1 个黑球的盒中有放回地取 n 个球（放回抽样）. 设 k 是白球出现的次数，问 n 需多大时才能使得 $P\left\{\left|\frac{k}{n} - p\right| < 0.001\right\} = 0.9964$？（其中 p 是每一次取到白球的概率）

16. 某药厂断言，该厂生产的某种药品对于一种疑难的血液病的治愈率为 0.8. 医院检验员任意抽查 100 个服用该药品的病人，如果其中多于 75 人被治愈，就接受这一断言，否则就拒绝这一断言．(1) 若实际上此药品对这种疾病的治愈率是 0.8，则接受这一断言的概率是多少？(2) 若实际上此药品对这种疾病的治愈率为 0.7，则接受这一断言的概率是多少？

第7章　参数估计

本书前六章讲述了概率论的基本内容，从本章开始介绍数理统计的内容．数理统计是具有广泛应用的一个数学分支，它以概率论为理论基础，根据试验或观察得到的数据来研究随机现象，对研究对象的客观规律性作出种种合理的估计和判断．数理统计的内容包括：收集、整理数据资料，对所得的数据资料进行分析、研究，从而对所研究的对象的性质、特点作出推断．本书只讲述统计推断的基本内容．

概率论中研究的随机变量，其分布都是假设已知的，在这一前提下去研究它的性质、特点和规律性，如求出它的数字特征，讨论随机变量函数的分布，介绍常用的各种分布等．数理统计中研究的随机变量，其分布是未知的或者是不完全知道的，人们是通过对所研究的随机变量进行重复独立的观察，得到许多观测值，对这些数据进行分析，从而对所研究的随机变量的分布作出种种推断．

本章介绍总体、随机样本及统计量等基本概念，并着重介绍几个常用统计量及抽样分布．

7.1　数理统计的基本概念

7.1.1　随机样本

随机试验的结果很多是可以用数来表示的，另外有一些试验的结果虽是定性的，但也可以将它们数量化．例如，检验某个学校学生的血型这一试验，其可能结果有O型、A型、B型、AB型4种，是定性的，如果分别以1，2，3，4依次记这4种血型，那么试验的结果就能用数来表示．

数理统计往往研究有关对象的某一项数量指标，例如研究某种型号灯泡的寿命这一数量指标．为此，考虑与这一数量指标相联系的随机试验，对这一数量指标进行试验或观察，将试验的全部可能的观察值称为**总体**或**母体**，这些值不一定都相同，数量上也不一定是有限的，每一个可能观察值称为**个体**，总体中所包含个体的个数称为总体的**容量**．

例 7.1　工厂生产一批火箭弹,共有 1000 发.现在要了解这批火箭弹弹重指标是否符合标准,从中任意抽取 20 发进行试验,得到试验数据如下(单位:kg):

18.84,18.83,18.79,18.84,18.81,18.83,18.79,18.88,18.82,18.81,

18.85,18.86,18.85,18.85,18.86,18.85,18.83,18.82,18.86,18.83.

这里所谓的总体就是这批火箭弹的全部(1000 个)弹重数据,而每一发火箭弹的弹重数据则称为个体.

容量为有限的总体称为**有限总体**,容量为无限的总体称为**无限总体**.例如,考察某大学一年级男生的身高这一试验中,若一年级男生共 2000 人,每个男生的身高是一个可能的观察值,全部身高观察值所构成的总体中共含有 2000 个可能的观察值,是一个有限总体.又如,考察某一湖泊当年某种鱼的含汞量,所得总体也是有限总体.观察并记录某一地点每天(包括以往、现在和将来)的最高气温,或者测量某湖泊任一地点的深度,所得总体是无限总体.有些有限总体的容量很大,也可认为它是一个无限总体.例如,考察某年度全国正在使用的某型号灯泡的寿命所形成的总体,显然观察值众多,可以近似当作无限总体处理.

总体中的每一个个体都是随机试验的一个观察值,因此它是某一随机变量 X 的值,这样,一个总体对应于一个随机变量 X,对总体的研究就是对随机变量 X 的研究.X 的分布函数和数字特征就称为总体的**分布函数**和**数字特征**.今后将不区分总体与相应的随机变量,统称为总体 X.

例如,为检验自生产线出来的零件是正品还是次品,以 0 表示产品为正品,以 1 表示产品为次品.设出现次品的概率为 p(常数),那么总体是由一些"0"和一些"1"所组成,这一总体对应于一个随机变量 X,它服从参数为 p 的(0-1)分布

$$P\{X=x\}=p^x(1-p)^{1-x},\quad x=0,1,$$

这时就将它说成是(0-1)分布总体,意指总体中的观察值是(0-1)分布随机变量的值.又如,上述灯泡寿命这一总体是指数分布总体,意指总体中的观察值是指数分布随机变量的值.

在许多实际问题中,总体的分布一般是未知的,或仅知道它服从某一分布而其中包含着未知参数.在数理统计中,人们一般是通过从总体中抽取一部分个体,根据所获得的数据来对总体的分布作出推断,被抽取的部分个体叫作总体的一个样本.

所谓从总体中抽取一个个体,就是对总体 X 进行一次观察(即进行一次试验),并记录其结果.在相同的条件下对总体 X 进行 n 次重复、独立地观察,将 n 次观察结果按照试验的次序记为 $X_1,X_2,\cdots,X_n$.由于 $X_1,X_2,\cdots,X_n$ 是对随机变量 X 观察的结果,且各次观察是在相同条件下独立进行的,所以有理由认为 $X_1,X_2,\cdots,X_n$ 是相互独立的,且都是与 X 具有相同分布的随机变量.这样得到的 $X_1,X_2,\cdots,X_n$ 称为来自总体 X 的一个**简单随机样本**,n 称为这个**样本的容量**.以后如无特别说明,所提到的样本都是指简单随机样本.

当 n 次观察完成,就得到一组实数 $x_1,x_2,\cdots,x_n$,它们依次是随机变量 $X_1,X_2,\cdots,X_n$ 的

观察值,称为**样本值**. 将 $x_1,x_2,\cdots,x_n$ 理解为 n 维空间中的一个点,则 $X_1,X_2,\cdots,X_n$ 的所有可能取值所构成的集合称作**样本空间**. 而样本的一个观察值就是样本空间中的一个点,叫作**样本点**. 显然,在不同的抽取中,得到的样本点一般是不同的.

抽取样本的目的是根据样本 $X_1,X_2,\cdots,X_n$ 的性质对总体 X 的某些特性进行评估和推断,所以抽取的样本应该尽可能大地反映总体的特征. 因此,一般抽取样本应满足下列要求:

(1) 从总体中抽取样本必须是随机的,即每个个体被抽取的概率要一样.

(2) 抽取的样本 $X_1,X_2,\cdots,X_n$ 是相互独立的,即每次的观察结果既不影响其他的观测结果,也不受其他的观测结果所影响.

(3) 样本要反映总体的特性,这就要求样本的每一个分量 $X_i(i=1,2,\cdots,n)$ 都与总体 X 同分布.

对于有限总体,采用放回抽样就能得到简单随机样本,但放回抽样使用起来不方便,当个体的总数 N 比要得到的样本容量 n 大得多时,在实际中可将不放回抽样近似地当作放回抽样来处理.

至于无限总体,因抽取一个个体不影响它的分布,所以总是用不放回抽样. 例如,在生产过程中,每隔一定时间抽取一个个体,抽取 n 个就得到一个简单随机样本;实验室中的记录,水文、气象等观察资料都是样本;试制新产品得到的样品的质量指标也常被认为是样本.

综合上述,给出以下的定义.

定义 1 设 X 是具有分布函数 F 的随机变量,若 $X_1,X_2,\cdots,X_n$ 是具有同一分布函数 F 且相互独立的随机变量,则称 $X_1,X_2,\cdots,X_n$ 是从分布函数 F(或总体 F、或总体 X) 中得到的**容量为 n 的简单随机样本**,简称**样本**,它们的观察值 $x_1,x_2,\cdots,x_n$ 称为**样本值**,又称为 X 的 n **个独立的观察值**.

样本也可看成是一个随机向量,写成 $(X_1,X_2,\cdots,X_n)$,此时样本值相应地写成 $(x_1,x_2,\cdots,x_n)$. 若 $(x_1,x_2,\cdots,x_n)$ 与 $(y_1,y_2,\cdots,y_n)$ 都是相应于样本 $(X_1,X_2,\cdots,X_n)$ 的样本值,一般来说它们是不相同的.

由定义得:若 $X_1,X_2,\cdots,X_n$ 为 F 的一个样本,则 $X_1,X_2,\cdots,X_n$ 相互独立,且它们的分布函数都是 F,则 $(X_1,X_2,\cdots,X_n)$ 的分布函数为

$$F^*(x_1,x_2,\cdots,x_n)=\prod_{i=1}^{n}F(x_i), \tag{7-1}$$

又若 X 具有概率密度 f,则 $(X_1,X_2,\cdots,X_n)$ 的联合概率密度为

$$f^*(x_1,x_2,\cdots,x_n)=\prod_{i=1}^{n}f(x_i). \tag{7-2}$$

7.1.2 抽样分布

随机样本是对总体进行统计、分析与推断的依据. 在应用时,往往并不直接使用样本本

身进行推断,而是要对其进行"加工""整理",以便把它们所提供的关于总体的信息集中起来,也就是说,要针对不同的问题,构造样本函数,利用这些样本函数进行统计推断.

定义2　设 $X_1,X_2,\cdots,X_n$ 是来自总体 X 的一个样本,$g(X_1,X_2,\cdots,X_n)$ 是 $X_1,X_2,\cdots,X_n$ 的函数,若 g 中不含未知参数,则称函数 $g(X_1,X_2,\cdots,X_n)$ 是一个**统计量**.

因为 $X_1,X_2,\cdots,X_n$ 都是随机变量,而统计量 $g(X_1,X_2,\cdots,X_n)$ 是随机变量的函数,因此统计量也是一个随机变量.设 $x_1,x_2,\cdots,x_n$ 是相应于样本 $X_1,X_2,\cdots,X_n$ 的样本值,则称 $g(x_1,x_2,\cdots,x_n)$ 是 $g(X_1,X_2,\cdots,X_n)$ 的**观察值**.

下面列出几个常用的统计量.设 $X_1,X_2,\cdots,X_n$ 是来自总体 X 的一个样本,$x_1,x_2,\cdots,x_n$ 是这一样本的观察值.

样本平均值:

$$\overline{X}=\frac{1}{n}\sum_{i=1}^{n}X_i. \tag{7-3}$$

样本方差:

$$S^2=\frac{1}{n-1}\sum_{i=1}^{n}(X_i-\overline{X})^2=\frac{1}{n-1}\left[\sum_{i=1}^{n}X_i^2-n\overline{X}^2\right]. \tag{7-4}$$

样本标准差:

$$S=\sqrt{S^2}=\sqrt{\frac{1}{n-1}\sum_{i=1}^{n}(X_i-\overline{X})^2}. \tag{7-5}$$

样本 k 阶(原点)矩:

$$A_k=\frac{1}{n}\sum_{i=1}^{n}X_i^k,k=1,2,\cdots. \tag{7-6}$$

样本 k 阶中心矩:

$$B_k=\frac{1}{n}\sum_{i=1}^{n}(X_i-\overline{X})^k,k=1,2,3,\cdots. \tag{7-7}$$

它们的观察值分别为

$$\bar{x}=\frac{1}{n}\sum_{i=1}^{n}x_i. \tag{7-8}$$

$$s^2=\frac{1}{n-1}\sum_{i=1}^{n}(x_i-\bar{x})^2=\frac{1}{n-1}\left[\sum_{i=1}^{n}x_i^2-n\bar{x}^2\right]. \tag{7-9}$$

$$s=\sqrt{s^2}=\sqrt{\frac{1}{n-1}\sum_{i=1}^{n}(x_i-\bar{x})^2}. \tag{7-10}$$

$$a_k=\frac{1}{n}\sum_{i=1}^{n}x_i^k,k=1,2,\cdots. \tag{7-11}$$

$$b_k=\frac{1}{n}\sum_{i=1}^{n}(x_i-\bar{x})^k,k=2,3,\cdots. \tag{7-12}$$

这些观察值仍分别称为样本均值、样本方差、样本标准差、样本 k 阶(原点)矩与样本 k 阶中心矩.

若总体 X 的 k 阶矩 $E(X^k)\overset{\Delta}{=}\mu_k$ 存在,则当 $n\to\infty$ 时,$A_k\xrightarrow{P}\mu_k,k=1,2,\cdots$. 这是因为 $X_1,X_2,\cdots,X_n$ 独立且与总体 X 同分布,所以 $X_1^k,X_2^k,\cdots,X_n^k$ 独立且与 X^k 同分布. 故有

$$E(X_1^k)=E(X_2^k)=\cdots=E(X_n^k)=\mu_k.$$

从而由辛钦大数定理知:

$$\frac{1}{n}\sum_{i=1}^{n}X_i^k\xrightarrow{P}\mu_k,k=1,2,\cdots.$$

进而由依概率收敛序列的性质知:

$$g(A_1,A_2,\cdots,A_k)\xrightarrow{P}g(\mu_1,\mu_2,\cdots,\mu_k),$$

其中 g 为连续函数.

统计量的分布称为**抽样分布**. 在使用统计量进行推断时常需要知道它的分布. 当总体的分布函数已知时,抽样分布是确定的,然而要求出统计量的精确分布,一般来说是困难的. 本节介绍来自正态总体的几个常用统计量的分布.

1. χ^2 分布

设 $X_1,X_2,\cdots,X_n$ 为来自总体 $N(0,1)$ 的样本,则称统计量

$$\chi^2=X_1^2+X_2^2+\cdots+X_n^2 \tag{7-13}$$

服从自由度为 n 的 **χ^2 分布**,记为 $\chi^2\sim\chi^2(n)$.

此处,自由度是指公式(7-13)右端包含的独立变量的个数.

$\chi^2(n)$ 分布的概率密度为

$$f(y)=\begin{cases}\dfrac{1}{2^{\frac{n}{2}}\Gamma\left(\dfrac{n}{2}\right)}y^{\frac{n}{2}-1}\mathrm{e}^{-\frac{y}{2}},y>0,\\ 0, \qquad 其他.\end{cases} \tag{7-14}$$

$f(y)$ 的图像如图 7-1 所示.

χ^2 分布有以下重要性质:

χ^2 分布可加性: 设 $\chi_1^2\sim\chi^2(n_1)$,$\chi_2^2\sim\chi^2(n_2)$,且 χ_1^2,χ_2^2 相互独立,则有

$$\chi_1^2+\chi_2^2\sim\chi^2(n_1+n_2). \tag{7-15}$$

χ^2 分布的数学期望和方差: 若 $\chi^2\sim\chi^2(n)$,则有

$$E(\chi^2)=n,D(\chi^2)=2n. \tag{7-16}$$

事实上，因 $X_i \sim N(0,1)$，故

$$E(X_i^2)=D(X_i)=1,$$

$$D(X_i^2)=E(X_i^4)-[E(X_i^2)]^2=3-1=2,i=1,2,\cdots,n.$$

于是

$$E(\chi^2)=E\left(\sum_{i=1}^{n}X_i^2\right)=\sum_{i=1}^{n}E(X_i^2)=n,$$

$$D(\chi^2)=D\left(\sum_{i=1}^{n}X_i^2\right)=\sum_{i=1}^{n}D(X_i^2)=2n.$$

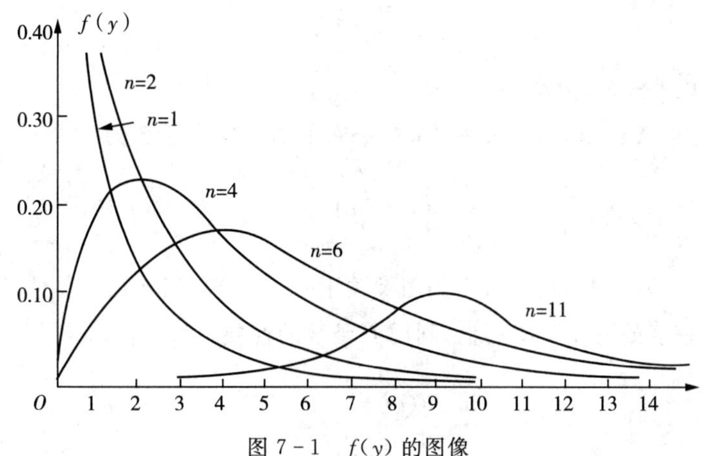

图 7-1　$f(y)$ 的图像

χ^2 分布的上 α 分位点：对于给定的正数 α，$0<\alpha<1$，满足条件

$$P\{\chi^2>\chi_\alpha^2(n)\}=\int_{\chi_\alpha^2(n)}^{+\infty}f(y)\mathrm{d}y=\alpha \tag{7-17}$$

的点 $\chi_\alpha^2(n)$ 就是 $\chi^2(n)$ 分布的上 α 分位点，如图 7-2 所示.

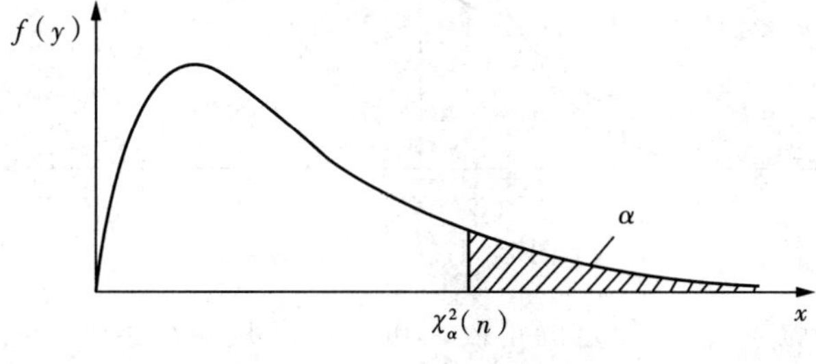

图 7-2　χ^2 分布的上 α 分位点

对于不同的 α，n，上 α 分位点的值已制成表格，可以查用(参见附录五). 例如，对于 $\alpha=0.1$，$n=25$，查得 $\chi_{0.1}^2(25)=34.382$. 费希尔(R. A. Fisher) 曾证明，当 n 充分大时，近似地有

$$\chi_\alpha^2(n) \approx \frac{1}{2}(z_\alpha + \sqrt{2n-1})^2, \tag{7-18}$$

其中 z_α 是标准正态分布的上 α 分位点．利用公式(7-18)可以求得当 $n>45$ 时，$\chi^2(n)$ 分布的上 α 分位点的近似值．

例如，由公式(7-18)可得 $\chi_{0.05}^2(50) \approx \frac{1}{2}(1.645+\sqrt{99})^2 \approx 67.221$(由更详细的表得 $\chi_{0.05}^2(50)=67.505$)．

2．*t* 分布

设 $X \sim N(0,1)$，$Y \sim \chi^2(n)$，且 X 与 Y 相互独立，则称随机变量

$$t=\frac{X}{\sqrt{Y/n}} \tag{7-19}$$

服从自由度为 n 的 **t 分布**，记作 $t \sim t(n)$．

t 分布又称**学生氏(Student)分布**．$t(n)$ 分布的概率密度函数为

$$h(t)=\frac{\Gamma[(n+1)/2]}{\sqrt{\pi n}\,\Gamma(n/2)}\left(1+\frac{t^2}{n}\right)^{-(n+1)/2}, -\infty<t<+\infty. \tag{7-20}$$

图 7-3 给出了 $h(t)$ 的图像，$h(t)$ 的图像关于 $t=0$ 对称，当 n 充分大时，其图像类似于标准正态变量概率密度的图像．事实上，利用 Γ 函数的性质可得

$$\lim_{n\to+\infty} h(t)=\frac{1}{\sqrt{2\pi}}e^{-t^2/2}. \tag{7-21}$$

故当 n 足够大时，t 分布近似于 $N(0,1)$ 分布．但对于较小的 n，t 分布与 $N(0,1)$ 分布相差较大．

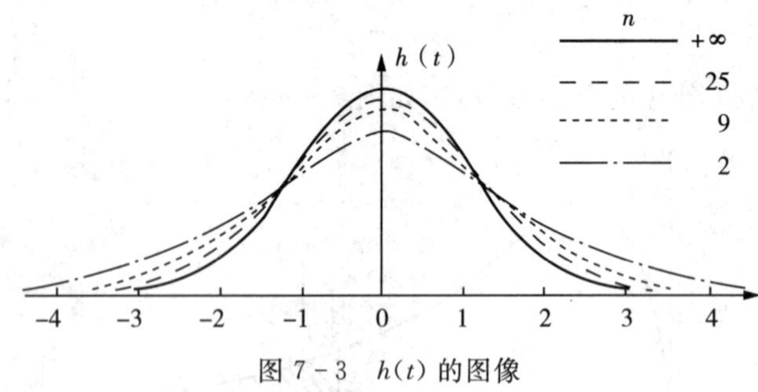

图 7-3　$h(t)$ 的图像

t 分布的上 α 分位点：对于给定的正数 α，$0<\alpha<1$，满足条件

$$P\{t>t_\alpha(n)\}=\int_{t_\alpha(n)}^{+\infty} h(t)\,dt=\alpha \tag{7-22}$$

的点 $t_\alpha(n)$ 为 $t(n)$ 分布的上 α 分位点(见图 7-4)．

由 t 分布上 α 分位点的定义及 $h(t)$ 图像的对称性知

$$t_{1-\alpha}(n)=-t_{\alpha}(n). \tag{7-23}$$

t 分布的上 α 分位点可自附录四查得．在 $n>45$ 时，对于常用的 α 值，可用正态分布近似，即

$$t_{\alpha}(n)\approx z_{\alpha}. \tag{7-24}$$

3. F 分布

设 $U\sim\chi^2(n_1)$，$V\sim\chi^2(n_2)$，且 U，V 相互独立，则称随机变量

$$F=\frac{U/n_1}{V/n_2} \tag{7-25}$$

服从自由度为 (n_1,n_2) 的 **F 分布**，记为 $F\sim F(n_1,n_2)$.

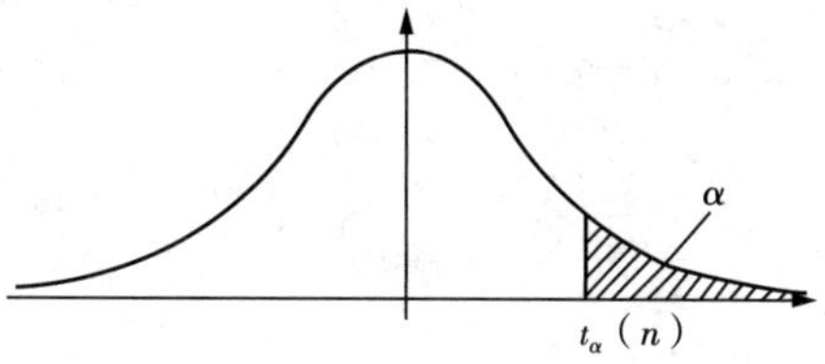

图 7-4　t 分布的上 α 分位点

$F(n_1,n_2)$ 分布的概率密度函数为

$$\psi(y)=\begin{cases}\dfrac{\Gamma\left(\dfrac{n_1+n_2}{2}\right)\left(\dfrac{n_1}{n_2}\right)^{\frac{n_1}{2}}y^{\frac{n_1}{2}-1}}{\Gamma\left(\dfrac{n_1}{2}\right)\Gamma\left(\dfrac{n_2}{2}\right)\left(1+\dfrac{n_1}{n_2}y\right)^{\frac{n_1+n_2}{2}}}, & y>0,\\ 0, & y\leqslant 0.\end{cases} \tag{7-26}$$

图 7-5 给出了 $\psi(y)$ 的图像．

由定义可知，若 $F\sim F(n_1,n_2)$，则

$$\frac{1}{F}\sim F(n_2,n_1). \tag{7-27}$$

F 分布的上 α 分位点：对于给定的正数 α，$0<\alpha<1$，满足条件

$$P\{F>F_{\alpha}(n_1,n_2)\}=\int_{F_{\alpha}(n_1,n_2)}^{+\infty}\psi(y)\mathrm{d}y=\alpha \tag{7-28}$$

的点 $F_{\alpha}(n_1,n_2)$ 为 $F(n_1,n_2)$ 分布的上 α 分位点(见图 7-6)．F 分布的上 α 分位点见附录六．

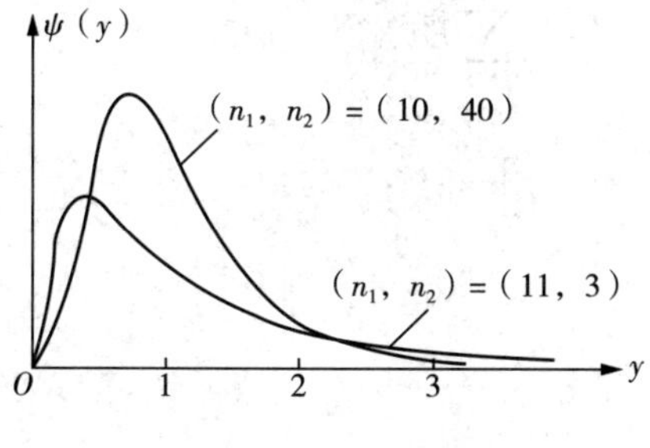

图 7-5　$\psi(y)$ 的图像

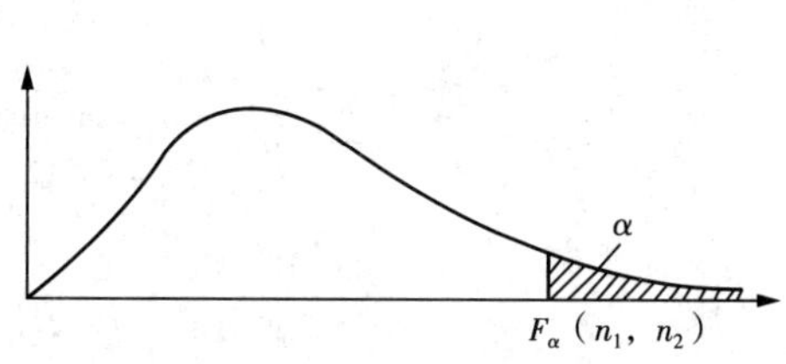

图 7-6　F 分布的上 α 分位点

F 分布的上 α 分位点有以下重要性质：

$$F_{1-\alpha}(n_1,n_2)=\frac{1}{F_\alpha(n_2,n_1)}. \tag{7-29}$$

证明 若 $F\sim F(n_1,n_2)$，按定义

$$1-\alpha=P\{F>F_{1-\alpha}(n_1,n_2)\}=P\left\{\frac{1}{F}<\frac{1}{F_{1-\alpha}(n_1,n_2)}\right\}$$

$$=1-P\left\{\frac{1}{F}\geqslant\frac{1}{F_{1-\alpha}(n_1,n_2)}\right\}=1-P\left\{\frac{1}{F}>\frac{1}{F_{1-\alpha}(n_1,n_2)}\right\},$$

于是

$$P\left\{\frac{1}{F}>\frac{1}{F_{1-\alpha}(n_1,n_2)}\right\}=\alpha, \tag{7-30}$$

再由 $\frac{1}{F}\sim F(n_2,n_1)$ 知

$$P\left\{\frac{1}{F}>F_\alpha(n_2,n_1)\right\}=\alpha, \tag{7-31}$$

比较公式(7－30)、公式(7－31)得

$$\frac{1}{F_{1-\alpha}(n_1,n_2)}=F_\alpha(n_2,n_1),\text{即 } F_{1-\alpha}(n_1,n_2)=\frac{1}{F_\alpha(n_2,n_1)}.$$

该结论常用来求 F 分布表中未列出的一些上 α 分位点.

7.1.3 正态总体的样本均值与样本方差的分布

设总体 X(不管服从什么分布，只要均值和方差存在)的均值为 μ，方差为 σ^2，$X_1,X_2,\cdots,X_n$ 是来自 X 的一个样本，$\overline{X}$，S^2 分别是样本均值和样本方差，则有

$$E(\overline{X})=\mu,D(\overline{X})=\frac{\sigma^2}{n}. \tag{7-32}$$

而

$$E(S^2)=E\left[\frac{1}{n-1}\left(\sum_{i=1}^{n}X_i^2-n\overline{X}^2\right)\right]=\frac{1}{n-1}\left[\sum_{i=1}^{n}E(X_i^2)-nE(\overline{X}^2)\right]$$

$$=\frac{1}{n-1}\left[\sum_{i=1}^{n}(\sigma^2+\mu^2)-n(\sigma^2/n+\mu^2)\right]=\sigma^2,$$

即

$$E(S^2)=\sigma^2. \tag{7-33}$$

进而，设 $X\sim N(\mu,\sigma^2)$，则 $\overline{X}=\frac{1}{n}\sum_{i=1}^{n}X_i$ 也服从正态分布，于是得到以下定理.

定理 1 设 $X_1,X_2,\cdots,X_n$ 是来自正态总体 $N(\mu,\sigma^2)$ 的样本，$\overline{X}$ 是样本均值，则有

$$\overline{X}\sim N\left(\mu,\frac{\sigma^2}{n}\right).$$

对于正态总体 $N(\mu,\sigma^2)$ 的样本均值 $\overline{X}$ 和样本方差 S^2，有以下两个重要定理.

定理 2 设 $X_1,X_2,\cdots,X_n$ 是总体 $N(\mu,\sigma^2)$ 的样本，$\overline{X},S^2$ 分别是样本均值和样本方差，则有

$$\frac{(n-1)S^2}{\sigma^2}\sim\chi^2(n-1), \tag{7-34}$$

且 X 与 S^2 相互独立.

证明略.

定理 3 设 $X_1,X_2,\cdots,X_n$ 是来自总体 $N(\mu,\sigma^2)$ 的样本，$\overline{X}$ 与 S^2 分别是样本均值和样本方差，则有

$$\frac{\overline{X}-\mu}{S/\sqrt{n}}\sim t(n-1). \tag{7-35}$$

证明 由定理 1、定理 2 得

$$\frac{\overline{X}-\mu}{\sigma/\sqrt{n}}\sim N(0,1),\frac{(n-1)S^2}{\sigma^2}\sim\chi^2(n-1),$$

且两者独立，由 t 分布的定义知

$$\frac{\overline{X}-\mu}{\sigma/\sqrt{n}}\Bigg/\sqrt{\frac{(n-1)S^2}{\sigma^2(n-1)}}\sim t(n-1),$$

化简上式左边，即得公式(7-35).

对于两个正态总体的样本均值和样本方差有以下定理.

定理 4 设 $X_1,X_2,\cdots,X_{n_1}$ 与 $Y_1,Y_2,\cdots,Y_{n_2}$ 分别是来自正态总体 $N(\mu_1,\sigma_1^2)$ 和 $N(\mu_2,\sigma_2^2)$ 的样本，且这两个样本相互独立. 设 $\overline{X}=\frac{1}{n_1}\sum\limits_{i=1}^{n_1}X_i,\overline{Y}=\frac{1}{n_2}\sum\limits_{i=1}^{n_2}Y_i$ 分别是这两个样本的样本均值；$S_1^2=\frac{1}{n_1-1}\sum\limits_{i=1}^{n_1}(X_i-\overline{X})^2,S_2^2=\frac{1}{n_2-1}\sum\limits_{i=1}^{n_2}(Y_i-\overline{Y})^2$ 分别是这两个样本的样本方差，则有

(1) $\dfrac{S_1^2/S_2^2}{\sigma_1^2/\sigma_2^2}\sim F(n_1-1,n_2-1)$；

(2) 当 $\sigma_1^2=\sigma_2^2=\sigma^2$ 时，

$$\frac{(\overline{X}-\overline{Y})-(\mu_1-\mu_2)}{S_w\sqrt{\frac{1}{n_1}+\frac{1}{n_2}}}\sim t(n_1+n_2-2), \tag{7-36}$$

其中，$S_w^2=\dfrac{(n_1-1)S_1^2+(n_2-1)S_2^2}{(n_1+n_2-2)}$，$S_w=\sqrt{S_w^2}$.

证明 (1) 由定理 2 得

$$\frac{(n_1-1)S_1^2}{\sigma_1^2}\sim\chi^2(n_1-1),\frac{(n_2-1)S_2^2}{\sigma_2^2}\sim\chi^2(n_2-1),$$

由假设知 S_1^2,S_2^2 相互独立，则由 F 分布的定义知

$$\frac{(n_1-1)S_1^2}{(n_1-1)\sigma_1^2}\Big/\frac{(n_2-1)S_2^2}{(n_2-1)\sigma_2^2}\sim F(n_1-1,n_2-1),$$

即

$$\frac{S_1^2/S_2^2}{\sigma_1^2/\sigma_2^2}\sim F(n_1-1,n_2-1).$$

(2) 易知 $\overline{X}-\overline{Y}\sim N\left(\mu_1-\mu_2,\dfrac{\sigma^2}{n_1}+\dfrac{\sigma^2}{n_2}\right)$，即有

$$U=\frac{(\overline{X}-\overline{Y})-(\mu_1-\mu_2)}{\sigma\sqrt{\dfrac{1}{n_1}+\dfrac{1}{n_2}}}\sim N(0,1),$$

又由给定条件知

$$\frac{(n_1-1)S_1^2}{\sigma^2}\sim\chi^2(n_1-1),\frac{(n_2-1)S_2^2}{\sigma^2}\sim\chi^2(n_2-1),$$

且它们相互独立，故由 χ^2 分布的可加性知

$$V=\frac{(n_1-1)S_1^2}{\sigma^2}+\frac{(n_2-1)S_2^2}{\sigma^2}\sim\chi^2(n_1+n_2-2),$$

可以证明 U 与 V 相互独立(略). 从而按 t 分布的定义得

$$\frac{U}{\sqrt{V/(n_1+n_2-2)}}=\frac{(\overline{X}-\overline{Y})-(\mu_1-\mu_2)}{S_w\sqrt{\dfrac{1}{n_1}+\dfrac{1}{n_2}}}\sim t(n_1+n_2-2).$$

本节所介绍的几个分布以及四个定理在下面各章节中都起着重要的作用．应注意，它们都是在总体为正态这一基本假设下得到的．

7.2 参数估计

统计推断的基本问题可以分为两大类，一类是估计问题，另一类是假设检验问题．本章讨论总体参数的点估计和区间估计．

7.2.1　点估计

设总体 X 的分布函数的形式已知，但它的一个或多个参数未知，借助于总体 X 的一个样本来估计总体未知参数的值的问题称为参数的点估计问题．

例 7.2　某弹药制造厂一天中发生着火现象的次数 X 是一个随机变量，假设它服从以 $\lambda > 0$ 为参数的泊松分布，参数 λ 未知．现有以下的样本值，试估计参数 λ.

着火次数 k	0	1	2	3	4	5	6	
发生 k 次着火的天数 n_k	75	90	54	22	6	2	1	$\sum = 250$

解　由于 $X \sim P(\lambda)$，故有 $\lambda = E(X)$. 我们自然想到用样本均值来估计总体的均值 $E(X)$，现由已知数据计算得到

$$\bar{x} = \frac{\sum\limits_{k=0}^{6} k n_k}{\sum\limits_{k=0}^{6} n_k} = \frac{1}{250}(0 \times 75 + 1 \times 90 + 2 \times 54 + 3 \times 22 + 4 \times 6 + 5 \times 2 + 6 \times 1) \approx 1.22,$$

即 $E(X) = \lambda$ 的估计为 1.22.

点估计问题的一般提法如下：设总体 X 的分布函数 $F(x;\theta)$ 的形式为已知，θ 是待估参数，$X_1, X_2, \cdots, X_n$ 是 X 的一个样本，$x_1, x_2, \cdots, x_n$ 是相应的一个样本值．点估计问题就是要构造一个适当的统计量 $\hat{\theta}(X_1, X_2, \cdots, X_n)$，用它的观察值 $\hat{\theta}(x_1, x_2, \cdots, x_n)$ 作为未知参数 θ 的近似值．故称 $\hat{\theta}(X_1, X_2, \cdots, X_n)$ 为 θ 的**估计量**，称 $\hat{\theta}(x_1, x_2, \cdots, x_n)$ 为 θ 的**估计值**．在不致混淆的情况下统称估计量和估计值为**估计**，并都简记为 $\hat{\theta}$. 由于估计量是样本的函数，因此对于不同的样本值，θ 的估计值一般是不相同的．

例如在例 7.2 中，用样本均值来估计总体均值．即有估计量 $\hat{\lambda} = \hat{E}(X) = \frac{1}{n}\sum\limits_{k=1}^{n} X_k$，$n = 250$，估计值 $\hat{\lambda} = \hat{E}(X) = \frac{1}{n}\sum\limits_{k=1}^{n} x_k = 1.22$.

如何构造未知参数的估计量呢？主要有以下方法：

(1) 矩估计法；

(2) 极大似然估计法；

(3) 最小二乘估计法．

下节将具体介绍前两种常用的方法．

7.2.2　矩估计法与极大似然估计法

1. 矩估计法

矩估计法是由英国统计学家皮尔逊(Pearson) 于 1894 年提出的，也是最古老的估计法

之一. 它的基本思想是以样本矩作为相应总体矩的估计量,以样本矩的连续函数作为相应的总体矩的连续函数的估计量.

设 X 为连续型随机变量,概率密度为 $f(x;\theta_1,\theta_2,\cdots,\theta_k)$,或 X 为离散型随机变量,其分布律为 $P\{X=x\}=p(x;\theta_1,\theta_2,\cdots,\theta_k)$,其中 $\theta_1,\theta_2,\cdots,\theta_k$ 为待估参数,$X_1,X_2,\cdots,X_n$ 是来自 X 的样本. 假设总体 X 的前 k 阶矩 $\mu_l=E(X^l)=\int_{-\infty}^{+\infty}x^l f(x;\theta_1,\theta_2,\cdots,\theta_k)\mathrm{d}x$,$l=1,2,\cdots,k$($X$ 为连续型随机变量)或 $\mu_l=E(X^l)=\sum\limits_{x\in R_X}x^l p(x;\theta_1,\theta_2,\cdots,\theta_k)$,$l=1,2,\cdots,k$($X$ 为离散型随机变量,R_X 是 X 可能取值的范围)存在,一般说来,它们是 $\theta_1,\theta_2,\cdots,\theta_k$ 的函数.

基于样本矩 $A_l=\dfrac{1}{n}\sum\limits_{i=1}^{n}X_i^l$ 依概率收敛于相应的总体矩 $\mu_l(l=1,2,\cdots,k)$,样本矩的连续函数依概率收敛于相应的总体矩的连续函数,我们就用样本矩作为相应的总体矩的估计量,而以样本矩的连续函数作为相应的总体矩的连续函数的估计量. 这种估计方法称为**矩估计法**.

矩估计法的具体做法如下:

设

$$\begin{cases}\mu_1=\mu_1(\theta_1,\theta_2,\cdots,\theta_k),\\ \mu_2=\mu_2(\theta_1,\theta_2,\cdots,\theta_k),\\ \qquad\vdots\\ \mu_k=\mu_k(\theta_1,\theta_2,\cdots,\theta_k).\end{cases}$$

这是一个包含 k 个未知参数 $\theta_1,\theta_2,\cdots,\theta_k$ 的联立方程组. 一般来说,可以从中解出 $\theta_1,\theta_2,\cdots,\theta_k$,得到

$$\begin{cases}\theta_1=\theta_1(\mu_1,\mu_2,\cdots,\mu_k),\\ \theta_2=\theta_2(\mu_1,\mu_2,\cdots,\mu_k),\\ \qquad\vdots\\ \theta_k=\theta_k(\mu_1,\mu_2,\cdots,\mu_k).\end{cases}$$

以 A_i 分别代替上式中的 $\mu_i(i=1,2,\cdots,k)$,就以

$$\hat{\theta}_i=\theta_i(A_1,A_2,\cdots,A_k),i=1,2,\cdots,k$$

分别作为 $\theta_i(i=1,2,\cdots,k)$ 的估计量,这种估计量称为**矩估计量**. 矩估计量的观察值称为**矩估计值**.

例 7.3 设总体 X 在 $[a,b]$ 上服从均匀分布,a,b 未知. $X_1,X_2,\cdots,X_n$ 是来自 X 的样本,试求 a,b 的矩估计量.

解
$$\begin{cases}\mu_1=E(X)=\dfrac{a+b}{2},\\[2ex] \mu_2=E(X^2)=D(X)+[E(X)]^2=\dfrac{(b-a)^2}{12}+\dfrac{(a+b)^2}{4},\end{cases}$$

即

$$\begin{cases}a+b=2\mu_1,\\ b-a=\sqrt{12(\mu_2-\mu_1^2)}.\end{cases}$$

解这一方程组得

$$a=\mu_1-\sqrt{3(\mu_2-\mu_1^2)},\quad b=\mu_1+\sqrt{3(\mu_2-\mu_1^2)},$$

分别以 A_1,A_2 代替 μ_1,μ_2，得到 a,b 的矩估计量分别为

$$\hat{a}=A_1-\sqrt{3(A_2-A_1^2)}=\overline{X}-\sqrt{\frac{3}{n}\sum_{i=1}^{n}(X_i-\overline{X})^2},$$

$$\hat{b}=A_1+\sqrt{3(A_2-A_1^2)}=\overline{X}+\sqrt{\frac{3}{n}\sum_{i=1}^{n}(X_i-\overline{X})^2}.$$

注意：$\dfrac{1}{n}\sum\limits_{i=1}^{n}(X_i-\overline{X})^2=\dfrac{1}{n}\sum\limits_{i=1}^{n}X_i^2-\overline{X}^2$.

例 7.4　设总体 X 的均值 μ 及方差 σ^2 都存在，且有 $\sigma^2>0$，但 μ,σ^2 均未知，又设 $X_1,X_2,\cdots,X_n$ 是来自 X 的样本．试求 μ,σ^2 的矩估计量．

解
$$\begin{cases}\mu_1=E(X)=\mu,\\ \mu_2=E(X^2)=D(X)+[E(X)]^2=\sigma^2+\mu^2,\end{cases}$$

解得

$$\begin{cases}\mu=\mu_1,\\ \sigma^2=\mu_2-\mu_1^2.\end{cases}$$

分别以 A_1,A_2 代替 μ_1,μ_2，得到 μ 和 σ^2 的矩估计量分别为

$$\hat{\mu}=A_1=\overline{X},$$

$$\hat{\sigma}^2=A_2-A_1^2=\frac{1}{n}\sum_{i=1}^{n}X_i^2-\overline{X}^2=\frac{1}{n}\sum_{i=1}^{n}(X_i-\overline{X})^2.$$

所得结果表明，总体均值与方差的矩估计量的表达式不因总体的分布不同而异．

例如，$X\sim N(\mu,\sigma^2)$，μ,σ^2 未知，即得 μ,σ^2 的矩估计量为

$$\hat{\mu}=\overline{X},\quad \hat{\sigma}^2=\frac{1}{n}\sum_{i=1}^{n}(X_i-\overline{X})^2.$$

例 7.5　为了侦察敌方的军事实力，要了解敌方拥有的某种型号的坦克数．侦察员发

现，这种坦克的身上有出厂编号，且从1开始．如果任意记录一辆坦克的编号为 X，则可以认为 X 是一个随机变量，且其分布律如下：

X	1	2	3	…	N
p_k	$\frac{1}{N}$	$\frac{1}{N}$	$\frac{1}{N}$	…	$\frac{1}{N}$

其中 N 是未知参数．设 $X_1,X_2,\cdots,X_n$ 是 X 的一个样本．在实际中，为获取样本 $X_1,X_2,\cdots,X_n$，侦察员要想方设法去记录 N 辆坦克的编号．当然，这时可以近似地认为样本有代表性与独立性．这时

$$E(X)=\frac{1+2+\cdots+N}{N}=\frac{N+1}{2},$$

因此，N 的矩估计量 $\hat{N}$ 满足方程

$$\mu_1=A_1,即\frac{\hat{N}+1}{2}=\overline{X},$$

从而 $\hat{N}=2\overline{X}-1$.

利用矩估计估计未知参数的值，直观方便，但矩估计要求随机变量 X 的原点矩必须存在，否则无法使用矩估计．

2. 极大似然估计法

极大似然估计法也称为最大似然估计法，是获得总体分布中未知参数点估计值的一种重要方法．它最早是由德国数学家高斯提出，但极大似然估计这一名称是由英国统计学家费希尔(R. A. Fisher)给出，并证明了相关性质．这种方法与求极大值有关，但不是纯粹的求最值问题．极大似然估计法的基本思想：在一次观察中某一事件出现了，那么可认为此事件出现的可能性极大．下面用一个简单的例子来进一步说明．

引例　已知袋中装有两种颜色的球，黑球和白球．已知白球比黑球少，试估计黑白两种球的数量之比．

解　设从袋中任取一球，是白球的概率为 p，则 p 是待估计量．

做 n 次独立重复试验，样本为 $X_1,X_2,\cdots,X_n$，观察值为 $x_1,x_2,\cdots,x_n$.

$$X_i=\begin{cases}1,第\ i\ 次摸到白球；\\0,第\ i\ 次摸到黑球．\end{cases}\quad(i=1,2,\cdots,n)$$

$$P\{X_i=1\}=p,P\{X_i=0\}=1-p=q,$$

$$P\{X=x_i\}=p^{x_i}q^{1-x_i},x_i=0,1(i=1,2,\cdots,n),$$

$$L(x_1,x_2,\cdots,x_n)=\prod_{i=1}^{n}P(X=x_i)=p^{\sum\limits_{i=1}^{n}x_i}q^{n-\sum\limits_{i=1}^{n}x_i}.$$

若 $n=100$，$\sum_{i=1}^{n} x_i=9$（即摸球 100 次，其中 9 个白球、91 个黑球），则有

$$L=p^9 q^{100-9}=p^9 (1-p)^{91}.$$

在一次观察中，出现了 9 个白球、91 个黑球，有理由认为白球出现的概率极大．即

$$L=p^9 (1-p)^{91}=\max.$$

求 L 取极大值时的 p 值．令

$$\frac{\mathrm{d}L}{\mathrm{d}p}=9p^8 (1-p)^{91}+91p^9 (1-p)^{90}(-1)=0,$$

解得 $\hat{p}=0.09$. 从而把 $\hat{p}=0.09$ 作为 X 摸得白球的概率 p 的估计值．所以，白球与黑球的比为 0.09 ∶ 0.91，即白球与黑球之比约为 1 ∶ 10.

若总体 X 为离散型，其分布律 $P\{X=x\}=p(x;\theta)$，$\theta\in\Theta$ 的形式为已知，θ 为待估参数，Θ 是 θ 可能取值的范围．设 $X_1,X_2,\cdots,X_n$ 是来自 X 的样本，则 $X_1,X_2,\cdots,X_n$ 的联合分布律为 $\prod_{i=1}^{n} P(x_i;\theta)$. 又设 $x_1,x_2,\cdots,x_n$ 是相应于样本 $X_1,X_2,\cdots,X_n$ 的一个样本值．易知样本 $X_1,X_2,\cdots,X_n$ 取到观察值 $x_1,x_2,\cdots,x_n$ 的概率，即事件 $\{X_1=x_1,X_2=x_2,\cdots,X_n=x_n\}$ 发生的概率为

$$L(\theta)=L(x_1,x_2,\cdots,x_n;\theta)=\prod_{i=1}^{n} P(x_i;\theta),\theta\in\Theta. \tag{7-37}$$

这一概率随 θ 的取值而变化，它是 θ 的函数．$L(\theta)$ 称为样本的**似然函数**（注意，这里 $x_1,x_2,\cdots,x_n$ 是已知的样本值，它们都是常数）.

关于极大似然估计法，我们有以下的直观想法：现在已经取到样本值 $x_1,x_2,\cdots,x_n$，这表明取到这一样本值的概率 $L(\theta)$ 比较大．我们当然不会考虑那些不能使样本 $x_1,x_2,\cdots,x_n$ 出现的 $\theta\in\Theta$ 作为 θ 的估计．再者，如果已知当 $\theta=\theta_0\in\Theta$ 时，$L(\theta)$ 取很大值，而 Θ 中的其他 θ 的值使 $L(\theta)$ 取很小值，则自然认为取 θ_0 作为未知参数 θ 的估计值较为合理．极大似然估计法就是固定样本观察值 $x_1,x_2,\cdots,x_n$，在 θ 取值的可能范围 Θ 内挑选使似然函数 $L(x_1,x_2,\cdots,x_n;\theta)$ 达到极大的参数值 $\hat{\theta}$，作为参数 θ 的估计值，即取 $\hat{\theta}$ 使

$$L(x_1,x_2,\cdots,x_n;\hat{\theta})=\max_{\theta\in\Theta} L(x_1,x_2,\cdots,x_n;\theta), \tag{7-38}$$

这样得到的 $\hat{\theta}$ 与样本值 $x_1,x_2,\cdots,x_n$ 有关，常记为 $\hat{\theta}(x_1,x_2,\cdots,x_n)$，称其为参数 θ 的**极大似然估计值**，而相应的统计量 $\hat{\theta}(X_1,X_2,\cdots,X_n)$ 为参数 θ 的**极大似然估计量**．

若总体 X 为连续型，其概率密度 $f(x;\theta)$，$\theta\in\Theta$ 的形式为已知，θ 为待估参数，Θ 是 θ 可能取值的范围．设 $X_1,X_2,\cdots,X_n$ 是来自总体 X 的样本，则 $X_1,X_2,\cdots,X_n$ 的联合概率密度为 $\prod_{i=1}^{n} f(x_i;\theta)$. 设 $x_1,x_2,\cdots,x_n$ 是相应于样本 $X_1,X_2,\cdots,X_n$ 的一个样本值，则随机点

$(X_1, X_2, \cdots, X_n)$ 落在点 $(x_1, x_2, \cdots, x_n)$ 的邻域（边长分别为 $\mathrm{d}x_1, \mathrm{d}x_2, \cdots, \mathrm{d}x_n$ 的 n 维长方体）内的概率近似地为

$$\prod_{i=1}^{n} f(x_i;\theta)\mathrm{d}x_i. \tag{7-39}$$

其值随 θ 的取值而变化. 与离散型的情况一样，取 θ 的估计值 $\hat{\theta}$，使公式(7-39)表示的概率取得极大值，但因为 $\prod_{i=1}^{n}\mathrm{d}x_i$ 不随 θ 而变化，故只需考虑函数

$$L(\theta) = L(x_1, x_2, \cdots, x_n;\theta) = \prod_{i=1}^{n} f(x_i;\theta) \tag{7-40}$$

的极大值. 这里 $L(\theta)$ 称为样本的**似然函数**. 若

$$L(x_1, x_2, \cdots, x_n;\hat{\theta}) = \max_{\theta\in\Theta} L(x_1, x_2, \cdots, x_n;\theta),$$

则称 $\hat{\theta}(x_1, x_2, \cdots, x_n)$ 为 θ 的**极大似然估计值**，称 $\hat{\theta}(X_1, X_2, \cdots, X_n)$ 为 θ 的**极大似然估计量**.

这样，确定极大似然估计量的问题就归结为微分学中求极大值的问题了. 极大似然估计法也同样适合于分布中含有多个未知参数 $\theta_1, \theta_2, \cdots, \theta_k$ 的情况.

在很多情形下，$p(x;\theta)$ 和 $f(x;\theta)$ 关于 θ 可微，这时 θ 常可从方程

$$\frac{\mathrm{d}}{\mathrm{d}\theta}L(\theta) = 0 \tag{7-41}$$

解得. 又因 $L(\theta)$ 与 $\ln L(\theta)$ 在同一 θ 处取到极值，因此，θ 的极大似然估计也可以从方程

$$\frac{\mathrm{d}}{\mathrm{d}\theta}\ln L(\theta) = 0 \tag{7-42}$$

求得，而且利用后一方程求解往往更简便，公式(7-42)称为对数似然方程.

例 7.6 设总体 X 服从参数为 λ 的**泊松分布**，λ 为未知参数，$X_1, X_2, \cdots, X_n$ 为来自总体 X 的一个样本. 试求未知参数 λ 的极大似然估计量.

解 设 $x_1, x_2, \cdots, x_n$ 为样本的一个观察值，这时似然函数为

$$L(x_1, x_2, \cdots, x_n;\lambda) = \prod_{i=1}^{n}\left(\frac{\lambda^{x_i}\mathrm{e}^{-\lambda}}{x_i!}\right) = \left(\prod_{i=1}^{n}\frac{\lambda^{x_i}}{x_i!}\right)\mathrm{e}^{-n\lambda},$$

$$\ln L(x_1, x_2, \cdots, x_n;\lambda) = \left(\sum_{i=1}^{n}x_i\right)\cdot\ln\lambda - n\lambda - \sum_{i=1}^{n}\ln(x_i!).$$

令 $\dfrac{\mathrm{d}\ln L}{\mathrm{d}\lambda} = 0$，解得 λ 的极大似然估计值 $\hat{\lambda} = \dfrac{1}{n}\sum_{i=1}^{n}x_i$.

因此 λ 的极大似然估计量 $\hat{\lambda} = \dfrac{1}{n}\sum_{i=1}^{n}X_i = \overline{X}$. 这与矩估计法得到的结果是相同的.

例 7.7 设总体 X 服从指数分布，它的概率密度函数为

$$f(x;\lambda)=\begin{cases}\lambda e^{-\lambda x}, & x>0;\\ 0, & x\leqslant 0.\end{cases}$$

其中λ为未知参数. 设$X_1,X_2,\cdots,X_n$是来自总体X的一个样本,试求未知参数λ的极大似然估计量.

解 设$x_1,x_2,\cdots,x_n$是样本$X_1,X_2,\cdots,X_n$的观察值. 这时似然函数为

$$L(x_1,x_2,\cdots,x_n;\lambda)=\lambda^n e^{-\lambda\sum_{i=1}^{n}x_i},x_i>0(i=1,2,\cdots,n),$$

$$\ln L(x_1,x_2,\cdots,x_n;\lambda)=n\ln\lambda-\lambda\sum_{i=1}^{n}x_i,$$

令$\dfrac{\mathrm{d}\ln L}{\mathrm{d}\lambda}=\dfrac{n}{\lambda}-\sum\limits_{i=1}^{n}x_i=0$,解得$\lambda$的极大似然估计值$\hat{\lambda}=\dfrac{n}{\sum\limits_{i=1}^{n}x_i}=\dfrac{1}{\bar{x}}$.

因此,未知参数λ的极大似然估计量为$\hat{\lambda}=\dfrac{1}{\bar{X}}$.

另一方面,按矩估计法,λ的矩估计量也为$\dfrac{1}{\bar{X}}$.

例7.8 设总体X服从正态分布$N(\mu,\sigma^2)$,其中μ与σ^2为未知参数,$X_1,X_2,\cdots,X_n$是X的一个样本,试求未知参数μ,σ^2的极大似然估计量.

解 X的概率密度为

$$f(x;\mu,\sigma^2)=\frac{1}{\sqrt{2\pi}\,\sigma}\exp\left[-\frac{1}{2\sigma^2}(x-\mu)^2\right],$$

似然函数为

$$L(\mu,\sigma^2)=\prod_{i=1}^{n}\frac{1}{\sqrt{2\pi}\,\sigma}\exp\left[-\frac{1}{2\sigma^2}(x_i-\mu)^2\right],$$

$$\ln L=-\frac{n}{2}\ln(2\pi)-\frac{n}{2}\ln\sigma^2-\frac{1}{2\sigma^2}\sum_{i=1}^{n}(x_i-\mu)^2.$$

令

$$\begin{cases}\dfrac{\partial\ln L}{\partial\mu}=\dfrac{1}{\sigma^2}\sum\limits_{i=1}^{n}(x_i-\mu)=0,\\[2ex] \dfrac{\partial\ln L}{\partial\sigma^2}=-\dfrac{n}{2\sigma^2}+\dfrac{1}{2\sigma^4}\sum\limits_{i=1}^{n}(x_i-\mu)^2=0,\end{cases}$$

解得

$$\begin{cases}\hat{\mu}=\dfrac{1}{n}\sum\limits_{i=1}^{n}x_i=\bar{x},\\[2ex] \hat{\sigma}^2=\dfrac{1}{n}\sum\limits_{i=1}^{n}(x_i-\bar{x})^2.\end{cases}$$

因此，μ,σ^2 的极大似然估计量分别为

$$\hat{\mu}=\overline{X},\hat{\sigma}^2=\frac{1}{n}\sum_{i=1}^{n}(X_i-\overline{X})^2,$$

它们与相应的矩估计量一致．

例 7.9 设总体 X 在 $[a,b]$ 上服从均匀分布，a,b 未知．$x_1,x_2,\cdots,x_n$ 是一个样本值，试求 a,b 的极大似然估计量．

解 记 $x_{(1)}=\min\{x_1,x_2,\cdots,x_n\}$，$x_{(n)}=\max\{x_1,x_2,\cdots,x_n\}$，$X$ 的概率密度是

$$f(x;a,b)=\begin{cases}\dfrac{1}{b-a}, & a\leqslant x\leqslant b,\\ 0, & \text{其他}.\end{cases}$$

似然函数为

$$L(a,b)=\begin{cases}\dfrac{1}{(b-a)^n}, & a\leqslant x_1,x_2,\cdots,x_n\leqslant b,\\ 0, & \text{其他}.\end{cases}$$

由于 $a\leqslant x_1,x_2,\cdots,x_n\leqslant b$，等价于 $a\leqslant x_{(1)},x_{(n)}\leqslant b$. 似然函数可写成

$$L(a,b)=\begin{cases}\dfrac{1}{(b-a)^n}, & a\leqslant x_{(1)},b\geqslant x_{(n)},\\ 0, & \text{其他}.\end{cases}$$

于是对于满足条件 $a\leqslant x_{(1)},b\geqslant x_{(n)}$ 的任意 a,b 有

$$L(a,b)=\frac{1}{(b-a)^n}\leqslant\frac{1}{(x_{(n)}-x_{(1)})^n},$$

即 $L(a,b)$ 在 $a=x_{(1)},b=x_{(n)}$ 时取到极大值 $(x_{(n)}-x_{(1)})^{-n}$. 故 a,b 的极大似然估计值为

$$\hat{a}=x_{(1)}=\min_{1\leqslant i\leqslant n}x_i,\hat{b}=x_{(n)}=\max_{1\leqslant i\leqslant n}x_i,$$

a,b 的极大似然估计量为

$$\hat{a}=\min_{1\leqslant i\leqslant n}X_i,\hat{b}=\max_{1\leqslant i\leqslant n}X_i.$$

此外，极大似然估计具有下述性质：设 θ 的函数 $u=u(\theta)$，$\theta\in\Theta$ 具有单值反函数 $\theta=\theta(u)$，$u\in U$. 又假设 $\hat{\theta}$ 是 X 的概率分布中参数 θ 的极大似然估计，则 $\hat{u}=u(\hat{\theta})$ 是 $u(\theta)$ 的极大似然估计．这一性质称为极大似然估计的**不变性**．

事实上，因为 $\hat{\theta}$ 是 θ 的极大似然估计，于是有

$$L(x_1,x_2,\cdots,x_n;\hat{\theta})=\max_{\theta\in\Theta}L(x_1,x_2,\cdots,x_n;\theta),$$

其中，$x_1,x_2,\cdots,x_n$ 是 X 的一个样本值，考虑到 $\hat{u}=u(\hat{\theta})$，且有 $\hat{\theta}=\theta(\hat{u})$，根据上式可写成

$$L(x_1,x_2,\cdots,x_n;\theta(\hat{u}))=\max_{u\in U}L(x_1,x_2,\cdots,x_n;\theta(u)),$$

这就证明了 $\hat{u}=u(\hat{\theta})$ 是 $u(\theta)$ 的极大似然估计.

当总体分布中含有多个未知参数时,也具有上述性质.如在例7.8中已知 σ^2 的极大似然估计为

$$\hat{\sigma}^2=\frac{1}{n}\sum_{i=1}^{n}(X_i-\overline{X})^2,$$

又函数 $u=u(\sigma^2)=\sqrt{\sigma^2}$ 有单值反函数 $\sigma^2=u^2(u\geqslant 0)$,根据上述性质,得到标准差 σ 的极大似然估计量为

$$\hat{\sigma}=\sqrt{\hat{\sigma}^2}=\sqrt{\frac{1}{n}\sum_{i=1}^{n}(X_i-\overline{X})^2}.$$

7.2.3　估计量的评选标准

上文介绍了两种常用的未知参数的估计方法,对于同一个参数,用不同的估计方法求出的估计量可能不相同,如上一节的例7.3和例7.9,原则上任何统计量都可以作为未知参数的估计量,那么采用哪一个估计量最佳呢?这就涉及用什么样的标准来评价估计量的问题.下面介绍几个常用的标准.

1. 无偏性

设 $X_1,X_2,\cdots,X_n$ 是总体 X 的一个样本,$\theta\in\Theta$ 是包含在总体 X 的分布中的待估参数,这里 Θ 是 θ 的取值范围.

无偏性　若估计量 $\hat{\theta}=\hat{\theta}(X_1,X_2,\cdots,X_n)$ 的数学期望 $E(\hat{\theta})$ 存在,且对于任意的 $\theta\in\Theta$ 有

$$E(\hat{\theta})=\theta. \tag{7-43}$$

则称 $\hat{\theta}$ 是 θ 的**无偏估计量**.

估计量的无偏性是说对于某些样本值,由这一估计量得到的估计值相对于真值来说偏大,有些则偏小.反复将这一估计量使用多次,就"平均"来说其偏差为零,在科学技术中 $E(\hat{\theta})-\theta$ 称为以 $\hat{\theta}$ 作为 θ 的估计的系统偏差,无偏估计的实际意义就是无系统偏差.

例如,设总体 X 的均值为 μ,方差 $\sigma^2>0$,由上一章知识知

$$E(\overline{X})=\mu,E(S^2)=\sigma^2,$$

这就是说不论总体服从什么分布,样本均值 $\overline{X}$ 是总体均值 μ 的无偏估计;样本方差 $S^2=\frac{1}{n-1}\sum_{i=1}^{n}(X_i-\overline{X})^2$ 是总体方差 σ^2 的无偏估计.而估计量 $\frac{1}{n}\sum_{i=1}^{n}(X_i-\overline{X})^2$ 却不是 σ^2 的无偏估计,因此一般取 S^2 作为 σ^2 的估计量.

例7.10　设总体 X 的 k 阶矩 $\mu_k=E(X^k)(k\geqslant 1)$ 存在,又设 $X_1,X_2,\cdots,X_n$ 是 X 的一个

样本，试证明不论总体服从什么分布，k 阶样本矩 $A_k=\frac{1}{n}\sum_{i=1}^{n}X_i^k$ 是 k 阶总体矩 μ_k 的无偏估计量．

证明 $X_1,X_2,\cdots,X_n$ 与 X 同分布，故有

$$E(X_i^k)=E(X^k)=\mu_k,i=1,2,\cdots,n.$$

即有

$$E(A_k)=\frac{1}{n}\sum_{i=1}^{n}E(X_i^k)=\mu_k.$$

例 7.11 设总体 X 服从指数分布，其概率密度为

$$f\left(x;\frac{1}{\theta}\right)=\begin{cases}\frac{1}{\theta}\mathrm{e}^{-\frac{x}{\theta}},x>0,\\0, \quad x\leqslant 0.\end{cases}$$

其中参数 $\theta>0$ 为未知，又设 $X_1,X_2,\cdots,X_n$ 是来自 X 的一个样本，$Z=\min\{X_1,X_2,\cdots,X_n\}$，试证 $\overline{X}$ 和 nZ 都是 θ 的无偏估计量．

证明 因为 $E(\overline{X})=E(X)=\theta$，所以 $\overline{X}$ 是 θ 的无偏估计量．而 $Z=\min\{X_1,X_2,\cdots,X_n\}$ 具有概率密度

$$f_{\min}\left(x;\frac{1}{\theta}\right)=\begin{cases}\frac{n}{\theta}\mathrm{e}^{-\frac{n}{\theta}x},x>0,\\0, \quad x\leqslant 0.\end{cases}$$

故知

$$E(Z)=\frac{\theta}{n},$$

$$E(nZ)=\theta,$$

即 nZ 也是参数 θ 的无偏估计量．

由此可见，一个未知参数可以有不同的无偏估计量．事实上，本例中 $X_1,X_2,\cdots,X_n$ 中的每一个都可以作为 θ 的无偏估计量．

2. 有效性

现在来比较参数 θ 的两个无偏估计量 $\hat{\theta}_1$ 和 $\hat{\theta}_2$，如果在样本容量 n 相同的情况下，$\hat{\theta}_1$ 的观察值较 $\hat{\theta}_2$ 更密集地位于真值 θ 的附近，可认为 $\hat{\theta}_1$ 比 $\hat{\theta}_2$ 更为理想．由于方差是随机变量取值与数学期望(此时数学期望 $E(\hat{\theta}_1)=E(\hat{\theta}_2)=\theta$)的偏离程度的度量，所以无偏估计以方差小者为好．这就引出了估计量的有效性这一概念．

有效性 设 $\hat{\theta}_1=\hat{\theta}_1(X_1,X_2,\cdots,X_n)$ 与 $\hat{\theta}_2=\hat{\theta}_2(X_1,X_2,\cdots,X_n)$ 都是 θ 的无偏估计量，若对于任意的 $\theta\in\Theta$，有

$$D(\hat{\theta}_1) < D(\hat{\theta}_2), \tag{7-44}$$

且至少对某一个 $\theta \in \Theta$，公式(7－44)中的不等号成立，则称 $\hat{\theta}_1$ 较 $\hat{\theta}_2$ **有效**．

例 7.12　试证当 $n > 1$ 时，θ 的无偏估计量 $\overline{X}$ 较 θ 的无偏估计量 nZ 有效．

证明　由于 $D(X) = \theta^2$，故有 $D(\overline{X}) = \frac{\theta^2}{n}$．又由于 $D(Z) = \frac{\theta^2}{n^2}$，故有 $D(nZ) = \theta^2$．当 $n > 1$ 时，$D(nZ) > D(\overline{X})$，故 $\overline{X}$ 较 nZ 有效．

例 7.13　设总体 X 服从$[0,\theta]$上的均匀分布，$\theta > 0$ 为未知参数，$X_1, X_2, \cdots, X_n$ 是总体 X 的一个样本．试比较参数 θ 的两个无偏估计量 $\hat{\theta}_1 = 2\overline{X}$ 与 $\hat{\theta}_2 = \frac{n+1}{n}\max\{X_1, X_2, \cdots, X_n\}$ 的有效性．

由于 $E(X) = \frac{\theta}{2}$，因此 θ 的矩估计量为 $\hat{\theta}_1 = 2\overline{X}$，它显然是 θ 的无偏估计．不难求得 θ 的极大似然估计量为 $\max\{X_1, X_2, \cdots, X_n\}$．$E(\max\{X_1, X_2, \cdots, X_n\}) = \frac{n}{n+1}\theta$．因此，$\hat{\theta}_2 = \frac{n+1}{n}\max\{X_1, X_2, \cdots, X_n\}$ 也是 θ 的无偏估计．

为了比较 $\hat{\theta}_1$ 与 $\hat{\theta}_2$ 哪个更有效，需要计算它们的方差，已知 $D(X) = \frac{\theta^2}{12}$，因此

$$D(\hat{\theta}_1) = 4D(\overline{X}) = \frac{4}{n}D(X) = \frac{\theta^2}{3n},$$

$$D(\hat{\theta}_2) = \left(\frac{n+1}{n}\right)^2 \frac{n\theta^2}{(n+1)^2(n+2)} = \frac{\theta^2}{n(n+2)},$$

比较上面两个式子，易知 $n \geqslant 1$ 时，$n(n+2) > 3n$，$D(\hat{\theta}_2) < D(\hat{\theta}_1)$，所以 $\hat{\theta}_2$ 较 $\hat{\theta}_1$ 有效．

均匀分布的这个特性是很有趣的，它显示了顺序统计量的作用．在实际应用中，顺序统计量的一个优点是不用计算，只要比较大小，用起来更方便．例如，用估计量 $\hat{\theta}_1$ 还要算平均值 $\frac{1}{n}\sum_{i=1}^{n} X_i$，用估计量 $\hat{\theta}_2$ 只要排出 $X_1, X_2, \cdots, X_n$ 中的极大值再加以修正即可．

3. 相合性

前面介绍的无偏性与有效性都是在样本容量 n 固定的前提下提出的．我们自然希望随着样本容量的增大，一个估计量的值稳定于待估参数的真值．这样，对估计量又有下述相合性的要求．

相合性　设 $\hat{\theta}(X_1, X_2, \cdots, X_n)$ 为参数 θ 的估计量，若对于任意 $\theta \in \Theta$，当 $n \to +\infty$ 时，$\hat{\theta}(X_1, X_2, \cdots, X_n)$ 依概率收敛于 θ，则称 $\hat{\theta}$ 为 θ 的**相合估计量**．即若对于任意 $\theta \in \Theta$ 都满足：对于任意的 $\varepsilon > 0$，有

$$\lim_{n\to\infty} P\{|\hat{\theta}(X_1, X_2, \cdots, X_n) - \theta| \geqslant \varepsilon\} = 0, \tag{7-45}$$

则称 $\hat{\theta}$ 为 θ 的**相合估计量**．

由前文知，样本 $k(k\geqslant 1)$ 阶矩是总体 X 的 k 阶矩 $\mu_k=E(X^k)$ 的相合估计量，进而若待估参数 $\theta=g(\mu_1,\mu_2,\cdots,\mu_k)$，其中 g 为连续函数，则 θ 的矩估计量 $\hat{\theta}=g(\hat{\mu}_1,\hat{\mu}_2,\cdots,\hat{\mu}_k)=g(A_1,A_2,\cdots,A_k)$ 是 θ 的相合估计量.

由极大似然估计法得到的估计量在一定条件下也具有相合性.

相合性是对一个估计量的基本要求，若估计量不具有相合性，那么不论将样本容量 n 取得多么大，都不能将 θ 估计得足够准确，这样的估计量是不可取的.

上述无偏性、有效性、相合性是评价估计量的一些基本标准，其他标准这里不再赘述.

7.3 区间估计

对于一个未知量，人们在测量或计算时，除了得到近似值以外，还需估计误差，即要求知道近似值的精确程度(亦即所求真值所在的范围). 类似地，对于未知参数 θ，除了求出它的点估计 $\hat{\theta}$ 外，我们还希望估计出一个范围，并希望知道这个范围包含参数 θ 真值的可信程度，这样的范围通常以区间的形式给出，同时还给出此区间包含参数 θ 真值的可信程度. 这种形式的估计称为区间估计，这样的区间即称之为置信区间. 现在我们引入置信区间的定义.

置信区间 设总体 X 的分布函数 $F(x;\theta)$ 含有一个未知参数 θ，$\theta\in\Theta$(Θ 是 θ 的取值范围)，对于给定值 $\alpha(0<\alpha<1)$，若由来自 X 的样本 $X_1,X_2,\cdots,X_n$ 确定的两个统计量 $\underline{\theta}=\underline{\theta}(X_1,X_2,\cdots,X_n)$ 和 $\bar{\theta}=\bar{\theta}(X_1,X_2,\cdots,X_n)$ $(\underline{\theta}<\bar{\theta})$，对于任意 $\theta\in\Theta$ 满足

$$P\{\underline{\theta}(X_1,X_2,\cdots,X_n)<\theta<\bar{\theta}(X_1,X_2,\cdots,X_n)\}\geqslant 1-\alpha, \qquad (7-46)$$

则称随机区间 $(\underline{\theta},\bar{\theta})$ 是 θ 的置信水平为 $1-\alpha$ 的**置信区间**，$\underline{\theta}$ 和 $\bar{\theta}$ 分别称为置信水平为 $1-\alpha$ 的双侧置信区间的**置信下限**和**置信上限**，$1-\alpha$ 称为**置信水平**.

当 X 是连续型随机变量时，对于给定的 α，按要求 $P\{\underline{\theta}<\theta<\bar{\theta}\}=1-\alpha$ 求出置信区间. 而当 X 是离散型随机变量时，对于给定的 α，常常找不到区间 $(\underline{\theta},\bar{\theta})$ 使得 $P\{\underline{\theta}<\theta<\bar{\theta}\}$ 恰为 $1-\alpha$. 此时区间 $(\underline{\theta},\bar{\theta})$ 使得 $P\{\underline{\theta}<\theta<\bar{\theta}\}$ 至少为 $1-\alpha$，尽可能接近 $1-\alpha$.

公式(7-46) 的含义如下：若反复抽样多次(各次得到的样本的容量相等，都是 n). 每个样本确定一个区间 $(\underline{\theta},\bar{\theta})$，每个这样的区间要么包含 θ 的真值，要么不包含 θ 的真值(见图 7-7). 按伯努利大数定理，在这么多的区间中，包含 θ 真值的约占 $100(1-\alpha)\%$，不包含 θ 真值的仅占 $100\alpha\%$. 例如，若 $\alpha=0.01$，反复抽样 1000 次，则得到的 1000 个区间中不包含 θ 真值的仅为 10 个.

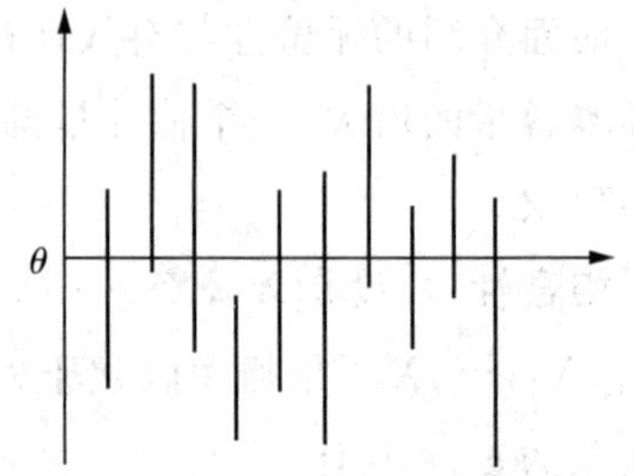

图 7-7 样本确定的区间内可能含 θ 的真值也可能不含 θ

例 7.14 设总体 $X\sim N(\mu,\sigma^2)$，σ^2 为已知，μ 为未知，设 $X_1,X_2,\cdots,X_n$ 是来自 X 的样本，求 μ 的置信水平

为 $1-\alpha$ 的置信区间.

解　已知 $\overline{X}$ 是 μ 的无偏估计,且有

$$\frac{\overline{X}-\mu}{\sigma/\sqrt{n}} \sim N(0,1), \tag{7-47}$$

$\dfrac{\overline{X}-\mu}{\sigma/\sqrt{n}}$ 所服从的分布 $N(0,1)$ 不依赖于任何未知参数,按标准正态分布的上 α 分位点的定义(见图 7-8),有

$$P\left\{\left|\frac{\overline{X}-\mu}{\sigma/\sqrt{n}}\right|<z_{\alpha/2}\right\}-1-\alpha, \tag{7-48}$$

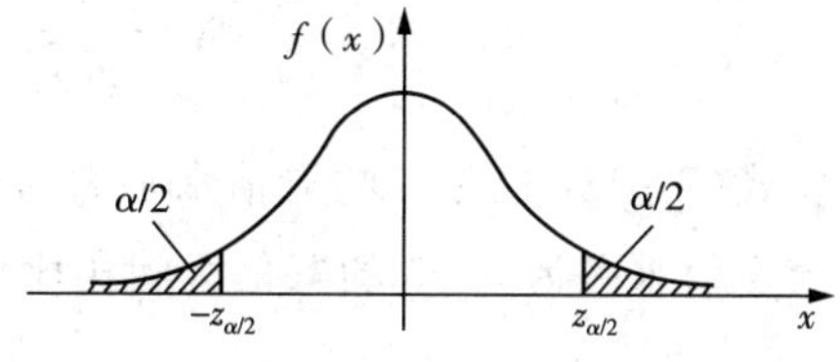

图 7-8　标准正态分布的上 α 分位点

即

$$P\left\{\overline{X}-\frac{\sigma}{\sqrt{n}}z_{\alpha/2}<\mu<\overline{X}+\frac{\sigma}{\sqrt{n}}z_{\alpha/2}\right\}=1-\alpha. \tag{7-49}$$

这样就得到了 μ 的一个置信水平为 $1-\alpha$ 的置信区间

$$\left(\overline{X}-\frac{\sigma}{\sqrt{n}}z_{\alpha/2},\overline{X}+\frac{\sigma}{\sqrt{n}}z_{\alpha/2}\right). \tag{7-50}$$

该置信区间常写成

$$\left(\overline{X}\pm\frac{\sigma}{\sqrt{n}}z_{\alpha/2}\right). \tag{7-51}$$

如果取 $1-\alpha=0.95$,即 $\alpha=0.05$,又若 $\sigma=1,n=16$,查表得 $z_{\alpha/2}=z_{0.025}=1.96$. 于是便得到一个置信水平为 0.95 的置信区间

$$\left(\overline{X}\pm\frac{1}{\sqrt{16}}\times 1.96\right),\text{即}(\overline{X}\pm 0.49). \tag{7-52}$$

再者,若由一个样本值算得的样本均值的观察值 $\bar{x}=5.20$,则得到一个区间 (5.20 ± 0.49),即 $(4.71,5.69)$.

注意:这已经不是一个随机区间了,但仍称它为 μ 的置信水平为 0.95 的置信区间. 其含义:若反复抽样多次,每个样本值($n=16$)按公式(7-51)确定一个区间,按上面的解释,在这么多的区间中,包含 μ 的约占 95%,不包含 μ 的约仅占 5%. 现在抽样得到的区间 $(4.71,5.69)$,则该区间属于那些包含 μ 的区间的可信程度为 95%,或"该区间包含 μ"这一陈述的可信程度为 95%.

置信水平为 $1-\alpha$ 的置信区间并不是唯一的,以例 7.14 来说,若给定 $\alpha=0.05$,则又有

$$P\left\{-z_{0.04}<\frac{\overline{X}-\mu}{\sigma/\sqrt{n}}<z_{0.01}\right\}=0.95,$$

即

$$P\left\{\overline{X}-\frac{\sigma}{\sqrt{n}}z_{0.01}<\mu<\overline{X}+\frac{\sigma}{\sqrt{n}}z_{0.04}\right\}=0.95,$$

故

$$\left(\overline{X}-\frac{\sigma}{\sqrt{n}}z_{0.01},\quad \overline{X}+\frac{\sigma}{\sqrt{n}}z_{0.04}\right). \tag{7-53}$$

公式(7-53)也是μ的置信水平为0.95的置信区间．将它与公式(7-50)中令$\alpha=0.05$所得的置信水平为0.95的置信区间相比较,可知由公式(7-50)所确定的区间的长度为

$$2\times\frac{\sigma}{\sqrt{n}}z_{0.025}=3.92\times\frac{\sigma}{\sqrt{n}},$$

这一长度要比公式(7-53)的长度$\frac{\sigma}{\sqrt{n}}(z_{0.04}+z_{0.01})=4.08\times\frac{\sigma}{\sqrt{n}}$短．置信区间短表示估计的精度高,故由公式(7-50)给出的区间较公式(7-53)为优．

参考例7.14可得寻求未知数θ的置信区间的具体做法如下：

(1) 寻找一个样本$X_1,X_2,\cdots,X_n$和θ的函数$W=W(X_1,X_2,\cdots,X_n;\theta)$,使得$W$的分布不依赖于$\theta$以及其他未知参数,称具有这种性质的函数$W$为**枢轴量**．

(2) 对于给定的置信水平$1-\alpha$,给出两个常数a,b,使得

$$P\{a<W(X_1,X_2,\cdots,X_n;\theta)<b\}=1-\alpha,$$

若能从$a<W(X_1,X_2,\cdots,X_n;\theta)<b$得到与之等价的$\theta$的不等式$\underline{\theta}<\theta<\bar{\theta}$,其中$\underline{\theta}=\underline{\theta}(X_1,X_2,\cdots,X_n)$,$\bar{\theta}=\bar{\theta}(X_1,X_2,\cdots,X_n)$都是统计量,那么$(\underline{\theta},\bar{\theta})$就是$\theta$的置信水平为$1-\alpha$的置信区间．

枢轴量$W=W(X_1,X_2,\cdots,X_n;\theta)$的构造通常可以从$\theta$的点估计着手考虑．常用的正态总体的参数的置信区间可以用上述步骤推得．

例7.15 四名学生彼此独立地测量同一块土地的面积(单位:平方千米),得数据如下：12.6,13.4,12.8,13.2. 已知测量值$X\sim N(\mu,0.09)$,试求未知参数μ的双侧95%置信区间．

解 μ的一个较优估计值是$\bar{x}=\frac{1}{4}\sum_{i=1}^{4}x_i=13$,自然会想到置信区间的形式最好是$(13-d,13+d)$,其中$d$要根据置信水平$1-\alpha=0.95$来确定．

站在抽样前的立场看,按照上述定义,d应满足

$$P(\overline{X}-d<\mu<\overline{X}+d)=0.95, \tag{7-54}$$

由于随机变量

$$J=\frac{\overline{X}-\mu}{\sigma/\sqrt{n}}=\frac{\sqrt{4}}{0.3}(\overline{X}-\mu)\sim N(0,1),$$

因此公式(7-54)可以等价地表示成

$$P\left(-\frac{2d}{0.3}<J<\frac{2d}{0.3}\right)=0.95,$$

亦即 $P\left(J>\frac{2d}{0.3}\right)=0.025$，所以$\frac{2d}{0.3}=z_{0.025}$，$z_\alpha$ 是 $N(0,1)$ 的上 α 分位点．于是，

$$d=\frac{0.3}{2}\times z_{0.025}=\frac{0.3}{2}\times 1.96=0.29.$$

这样便得到 μ 的双侧 95% 置信区间为

$$(13-0.29,13+0.29)=(12.71,13.29).$$

7.4　正态总体均值与方差的区间估计

7.4.1　单个正态总体 $N(\mu,\sigma^2)$ 的情况

设 $X_1,X_2,\cdots,X_n$ 为总体 $N(\mu,\sigma^2)$ 的一个样本，并设已给定置信水平为 $1-\alpha$. $\overline{X}$，S^2 分别是样本的均值和样本方差．

1. 均值 μ 的置信区间

(1) 方差 σ^2 已知

由 $\overline{X}\sim N(E(\overline{X}),D(\overline{X}))$，可得

$$E(\overline{X})=E(X)=\mu,D(\overline{X})=\frac{D(X)}{n}=\frac{\sigma^2}{n},$$

于是 $\overline{X}\sim N\left(\mu,\frac{\sigma^2}{n}\right)$. 由非标准正态分布与标准正态分布的关系，随机变量

$$Z=\frac{\overline{X}-\mu}{\sigma/\sqrt{n}}\sim N(0,1). \tag{7-55}$$

对于给定的置信度 $1-\alpha$，作概率

$$P\{|Z|<z_{\alpha/2}\}=1-\alpha, \tag{7-56}$$

其中点 $z_{\alpha/2}$ 是满足 $P\{Z>z_{\alpha/2}\}=\frac{\alpha}{2}$ 的上$\frac{\alpha}{2}$分位点，如图 7-9 所示．

对于给定的置信度 $1-\alpha$，不难从标准正态分布表中查出 $z_{\alpha/2}$ 的值．

由公式(7-56)得不等式

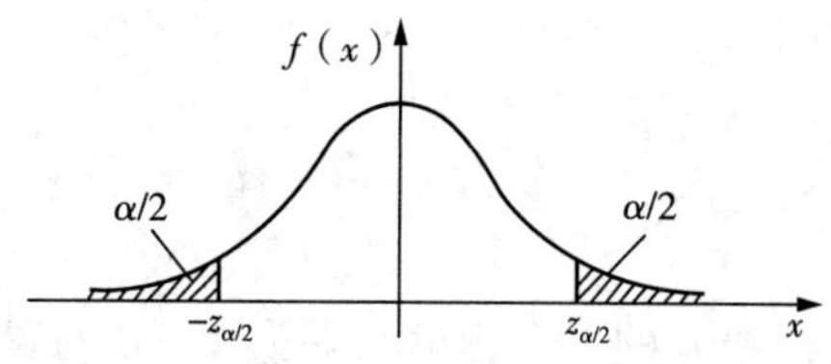

图 7-9　方差 σ^2 已知的情况

$$-z_{\alpha/2}<\frac{\overline{X}-\mu}{\sigma/\sqrt{n}}<z_{\alpha/2},$$

推得

$$\overline{X}-z_{\alpha/2}\cdot\frac{\sigma}{\sqrt{n}}<\mu<\overline{X}+z_{\alpha/2}\cdot\frac{\sigma}{\sqrt{n}},$$

若记 $d=z_{\alpha/2}\cdot\frac{\sigma}{\sqrt{n}}$,得到

$$\overline{X}-d<\mu<\overline{X}+d,$$

取 $\underline{\theta}=\overline{X}-d,\bar{\theta}=\overline{X}+d$,于是在方差已知的条件下,一个正态总体期望置信度为 $1-\alpha$ 的置信区间为 $(\underline{\theta},\bar{\theta})=(\overline{X}-d,\overline{X}+d)$,其中 $\overline{X}$ 为样本均值,d 称为**半区幅**.

由此可见,置信区间长度 $2d$ 与样本容量有关.如果希望置信区间长度取得小些,即估计精度高些,n 必须取得较大.但是,当 n 很大时,在实际工作中将会付出较大代价.

此时采用公式(7-47)中的枢轴量$\frac{\overline{X}-\mu}{\sigma/\sqrt{n}}$,得到 μ 的一个置信水平为 $1-\alpha$ 的置信区间为

$$\left(\overline{X}\pm\frac{\sigma}{\sqrt{n}}z_{\alpha/2}\right). \tag{7-57}$$

(2) 方差 σ^2 未知

此时不能使用公式(7-55)给出的区间,因其中含有未知参数 σ,考虑到 S^2 是 σ^2 的无偏估计,将公式(7-47)中的 σ 换成 $S=\sqrt{S^2}$,由定理 3 知

$$\frac{\overline{X}-\mu}{S/\sqrt{n}}\sim t(n-1), \tag{7-58}$$

右边的分布 $t(n-1)$ 不依赖于任何未知参数,使用$\frac{\overline{X}-\mu}{S/\sqrt{n}}$ 作为枢轴量可得(见图 7-10),

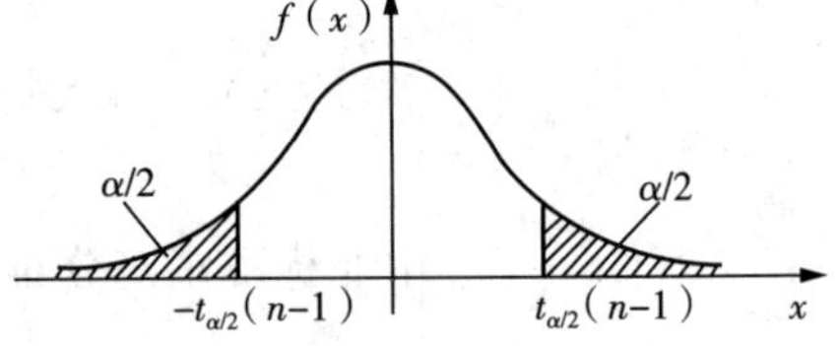

图 7-10　方差 σ^2 未知的情况

$$P\left\{-t_{\alpha/2}(n-1)<\frac{\overline{X}-\mu}{S/\sqrt{n}}<t_{\alpha/2}(n-1)\right\}=1-\alpha, \tag{7-59}$$

即

$$P\left\{\overline{X}-\frac{S}{\sqrt{n}}t_{\alpha/2}(n-1)<\mu<\overline{X}+\frac{S}{\sqrt{n}}t_{\alpha/2}(n-1)\right\}=1-\alpha,$$

于是得到 μ 的一个置信水平为 $1-\alpha$ 的置信区间为

$$\left(\overline{X}\pm\frac{S}{\sqrt{n}}t_{\alpha/2}(n-1)\right). \tag{7-60}$$

例7.16　有一大批糖果，现从中随机的抽取16袋，称得质量(以g计)如下：

506,508,499,503,504,510,497,512,514,505,493,496,506,502,509,496.

设袋装糖果的质量近似地服从正态分布，试求总体均值 μ 的置信水平为0.95的置信区间.

解　这里 $1-\alpha=0.95$，$\frac{\alpha}{2}=0.025$，$n-1=15$，$t_{0.025}(15)=2.1315$，由给出的数据算得 $\bar{x}=503.75$，$S=6.2022$. 由公式(7-60)得均值 μ 的一个置信水平为0.95的置信区间为 $\left(503.75\pm\frac{6.2022}{\sqrt{16}}\times2.1315\right)$，即(500.4,507.1).

这就是说估计袋装糖果质量的均值在500.4 g和507.1 g之间，这个估计的可信程度为95%. 若以此区间任一值作为 μ 的近似值，其误差不大于 $\frac{6.2022}{\sqrt{16}}\times2.1315\approx6.61$，这个误差估计的可信程度为95%.

在实际问题中，总体方差 σ^2 未知的情况居多，故公式(7-60)较公式(7-57)有更大的实用价值.

例7.17　设出生婴儿(男)的体重服从正态分布，对12名男性婴儿测得体重(g)数据为:3100,2520,3000,3000,3600,3160,3560,3320,2880,2600,3400,2540. 试以置信度为0.95的情况下估计男性婴儿平均体重的置信区间.

解　设男性婴儿体重为总体 X，$n=12$，$\bar{X}=3056.67$，$S^2=(375.3140)^2$，$1-\alpha=0.95$，$\alpha=0.05$，查 t 分布表得 $t_{0.025}(11)=2.2010$，于是

$$d=t_{0.025}(11)\sqrt{\frac{S^2}{12}}=238.46,$$

$$\underline{\theta}=\bar{X}-d=2818.21,\bar{\theta}=\bar{X}+d=3295.13.$$

所以，男婴儿平均体重置信度为0.95的置信区间为(2818.21,3295.13). 换言之，男性婴儿平均体重在2818.21 g与3295.13 g之间的可靠程度是95%.

例7.18　从一批炮弹中任取5发进行射击，测得初速度值(单位:m/s)为

604.2,602.8,603.4,604.2,604.2.

给定置信度为0.95，求初速度均值的置信区间(初速度服从正态分布).

解　(1) 计算样本均值 $\bar{x}$，得 $\bar{x}=603.76$；

(2) 给定 $\alpha=0.05$ 下，自由度为4，查 t 分布表得 $t_{0.025}(4)=2.776$；

(3) 计算 $\underline{\theta}=\bar{x}-t_{\alpha/2}\sqrt{\frac{S^2}{n}}=601.96$，$\bar{\theta}=\bar{x}+t_{\alpha/2}\sqrt{\frac{S^2}{n}}=605.56$；

(4) 所求置信区间为(601.96,605.56).

2. *方差 σ^2 的置信区间*

根据实际问题的需要，此处只介绍 μ 未知的情况.

σ^2 的无偏估计为 S^2,由定理 2 知

$$\frac{(n-1)S^2}{\sigma^2} \sim \chi^2(n-1) \tag{7-61}$$

公式(7-61)右端的分布不依赖于任何未知参数,取 $\frac{(n-1)S^2}{\sigma^2}$ 作为枢轴量(见图 7-11),即得

$$P\left\{\chi^2_{1-\alpha/2}(n-1) < \frac{(n-1)S^2}{\sigma^2} < \chi^2_{\alpha/2}(n-1)\right\} = 1-\alpha, \tag{7-62}$$

即

$$P\left\{\frac{(n-1)S^2}{\chi^2_{\alpha/2}(n-1)} < \sigma^2 < \frac{(n-1)S^2}{\chi^2_{1-\alpha/2}(n-1)}\right\} = 1-\alpha. \tag{7-63}$$

这样就得到方差 σ^2 的一个置信水平为 $1-\alpha$ 的置信区间

$$\left(\frac{(n-1)S^2}{\chi^2_{\alpha/2}(n-1)}, \frac{(n-1)S^2}{\chi^2_{1-\alpha/2}(n-1)}\right). \tag{7-64}$$

由公式(7-63)还可得到标准差 σ 的一个置信水平为 $1-\alpha$ 的置信区间

$$\left(\frac{\sqrt{(n-1)}S}{\sqrt{\chi^2_{\alpha/2}(n-1)}}, \frac{\sqrt{(n-1)}S}{\sqrt{\chi^2_{1-\alpha/2}(n-1)}}\right). \tag{7-65}$$

注意,在密度函数不对称时,如 χ^2 分布和 F 分布,习惯上仍是取对称的分位点(见图 7-11)中的上分位点 $\chi^2_{1-\alpha/2}(n-1)$ 与 $\chi^2_{\alpha/2}(n-1)$ 来确定置信区间的.

例 7.19 求例 7.16 中总体标准差 σ 的一个置信水平为 0.95 的置信区间.

解 现在 $\alpha/2=0.025, 1-\alpha/2=0.975, n-1=15$,查表得

$$\chi^2_{0.025}(15)=27.484, \chi^2_{0.975}(15)=6.262,$$

又因 $S=6.2022$,得所求的标准差 σ 的一个置信水平为 0.95 的置信区间为(4.58,9.60).

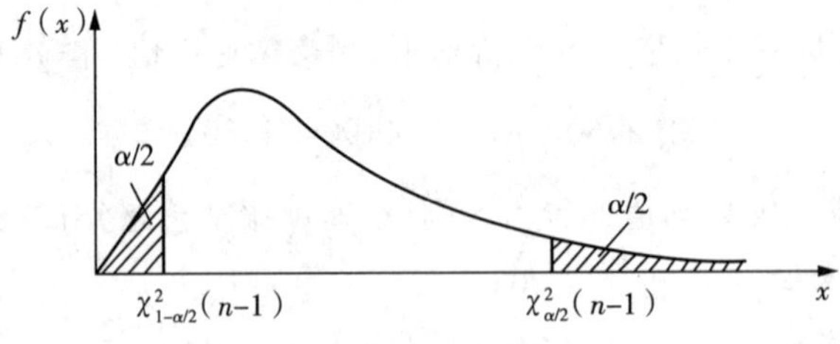

图 7-11 方差 σ^2 的置信区间

7.4.2 两个总体 $N(\mu_1,\sigma_1^2)$,$N(\mu_2,\sigma_2^2)$ 的情况

在实际中常遇到如下问题:已知产品的某一质量指标服从正态分布,但由于原料、设备条件、操作人员不同,或工艺过程的改变等因素,引起总体均值、总体方差有所改变. 我们需

要知道这些变化有多大，这就需要考虑两个正态总体均值差或方差比的估计问题．

设已给定置信水平为 $1-\alpha$，并设 $X_1,X_2,\cdots,X_{n_1}$ 是来自第一个总体的样本，$X_1,X_2,\cdots,X_{n_2}$ 是来自第二个总体的样本，这两个样本相互独立．且设 $\overline{X},\overline{Y}$ 分别为第一个、第二个总体的样本均值，S_1^2,S_2^2 分别是第一个、第二个总体的样本方差．

1. 两个总体均值差 $\mu_1-\mu_2$ 的置信区间

(1) σ_1^2,σ_2^2 均已知

因 $\overline{X},\overline{Y}$ 分别为 μ_1,μ_2 的无偏估计，故 $\overline{X}-\overline{Y}$ 是 $\mu_1-\mu_2$ 的无偏估计．由 $\overline{X},\overline{Y}$ 的独立性以及 $\overline{X}\sim N\left(\mu_1,\frac{\sigma_1^2}{n_1}\right)$，$\overline{Y}\sim N\left(\mu_2,\frac{\sigma_2^2}{n_2}\right)$ 得

$$\overline{X}-\overline{Y}\sim N\left(\mu_1-\mu_2,\frac{\sigma_1^2}{n_1}+\frac{\sigma_2^2}{n_2}\right),\tag{7-66}$$

或

$$\frac{(\overline{X}-\overline{Y})-(\mu_1-\mu_2)}{\sqrt{\frac{\sigma_1^2}{n_1}+\frac{\sigma_2^2}{n_2}}}\sim N(0,1).\tag{7-67}$$

取公式(7-67)左边的函数为枢轴量，即得 $\mu_1-\mu_2$ 的一个置信水平为 $1-\alpha$ 的置信区间为

$$\left(\overline{X}-\overline{Y}-z_{\alpha/2}\sqrt{\frac{\sigma_1^2}{n_1}+\frac{\sigma_2^2}{n_2}},\overline{X}-\overline{Y}+z_{\alpha/2}\sqrt{\frac{\sigma_1^2}{n_1}+\frac{\sigma_2^2}{n_2}}\right).\tag{7-68}$$

(2) $\sigma_1^2=\sigma_2^2=\sigma^2$，但 σ^2 未知

此时，由定理 4 得

$$\frac{(\overline{X}-\overline{Y})-(\mu_1-\mu_2)}{S_w\sqrt{\frac{1}{n_1}+\frac{1}{n_2}}}\sim t(n_1+n_2-2).\tag{7-69}$$

取公式(7-69)左边的函数为枢轴量，可得 $\mu_1-\mu_2$ 的一个置信水平为 $1-\alpha$ 的置信区间为

$$\left(\overline{X}-\overline{Y}-t_{\alpha/2}(n_1+n_2-2)S_w\sqrt{\frac{1}{n_1}+\frac{1}{n_2}},\overline{X}-\overline{Y}+t_{\alpha/2}(n_1+n_2-2)S_w\sqrt{\frac{1}{n_1}+\frac{1}{n_2}}\right).\tag{7-70}$$

此处

$$S_w^2=\frac{(n_1-1)S_1^2+(n_2-1)S_2^2}{n_1+n_2-2},S_w=\sqrt{S_w^2}.\tag{7-71}$$

例 7.20　为比较 Ⅰ、Ⅱ 两种型号步枪子弹的枪口速度，随机地取 Ⅰ 型子弹 10 发，得到枪口速度的平均值为 $\bar{x}_1=500$ m/s，标准差 $S_1=1.10$ m/s；随机地取 Ⅱ 型子弹 20 发，得到枪口速度的平均值为 $\bar{x}_2=496$ m/s，标准差 $S_2=1.20$ m/s. 假设两个总体都可认为近似地服从正态分布，且由生产过程可认为它们的方差相等．求两总体均值差 $\mu_1-\mu_2$ 的置信度为 0.95

的置信区间.

解 按实际情况,可认为分别来自两个总体的样本是相互独立的.又因由假设两总体的方差相等,但数值未知,故可用公式(7-69)求均值差的置信区间.由于

$$1-\alpha=0.95,\frac{\alpha}{2}=0.025,t_{0.025}(28)=2.0484,$$

$$n_1=10,n_2=20,n_1+n_2-2=28,$$

$$S_w^2=(9\times1.10^2+19\times1.20^2)/28,S_w=\sqrt{S_w^2}=1.1688,$$

故所求总体均值差 $\mu_1-\mu_2$ 的置信度为 0.95 的置信区间是(d_1,d_2),

$$d_1=(\bar{x}_1-\bar{x}_2)-S_w\times t_{0.025}(28)\sqrt{\frac{1}{10}+\frac{1}{20}},$$

$$d_2=(\bar{x}_1-\bar{x}_2)+S_w\times t_{0.025}(28)\sqrt{\frac{1}{10}+\frac{1}{20}},$$

$$(d_1,d_2)=(3.07,4.93).$$

本题中得到的置信区间的下限大于零,在实际生活中 μ_1 比 μ_2 大.

例7.21 随机、独立地从A批导线中抽取4根,从B批导线中抽取5根,测得电阻(欧姆)数据如下.

A批:0.143,0.142,0.143,0.137;

B批:0.140,0.142,0.136,0.138,0.140.

设测试数据服从正态分布 $N(\mu_1,\sigma^2)$ 与 $N(\mu_2,\sigma^2)$,其中 σ^2 未知,试以 0.95 为置信度估计出 $\mu_1-\mu_2$ 的置信区间.

解 $n_1=4,n_2=5,n_1+n_2-2=7,\alpha=0.05$,可得

$$\overline{X_1}=0.14125,S_1^2=0.002872^2,$$

$$\overline{X_2}=0.1392,S_2^2=0.002280^2,$$

$$S_w^2=\frac{(n_1-1)S_1^2+(n_2-1)S_2^2}{n_1+n_2-2}=\frac{3\times0.002872^2+4\times0.002280^2}{7}=0.000006505,$$

$$S_w=0.00255,t_{0.025}(7)=2.3646,$$

$$\overline{X}_1-\overline{X}_2=0.00205,d=t_{\alpha/2}S_w\sqrt{\frac{1}{n_1}+\frac{1}{n_2}}=0.00404,$$

$$\underline{\theta}=(\overline{X}_1-\overline{X}_2)-d=-0.00199,\quad \bar{\theta}=(\overline{X}_1-\overline{X}_2)+d=0.00609,$$

所以,有95%的可靠程度估计A批导线与B批导线的期望差落在(-0.00199,0.00609)内.

一般地说,若 $\mu_1-\mu_2$ 的置信下限大于0,则可认为 $\mu_1>\mu_2$;若 $\mu_1-\mu_2$ 的置信上限小于0,

则可认为 $\mu_1 < \mu_2$. 但本例则不能由 $\underline{\theta}$ 与 $\bar{\theta}$ 推断哪个总体期望大或者小.

2. 两个总体方差比 σ_1^2/σ_2^2 的置信区间

此处仅讨论总体均值 μ_1, μ_2 均未知的情况,由定理 4 得

$$\frac{S_1^2/S_2^2}{\sigma_1^2/\sigma_2^2} \sim F(n_1-1, n_2-1), \tag{7-72}$$

并且分布 $F(n_1-1, n_2-1)$ 不依赖于任何未知参数. 取 $\dfrac{S_1^2/S_2^2}{\sigma_1^2/\sigma_2^2}$ 为枢轴量得

$$P\left\{F_{1-\alpha/2}(n_1-1, n_2-1) < \frac{S_1^2/S_2^2}{\sigma_1^2/\sigma_2^2} < F_{\alpha/2}(n_1-1, n_2-1)\right\} = 1-\alpha, \tag{7-73}$$

即

$$P\left\{\frac{S_1^2}{S_2^2} \times \frac{1}{F_{\alpha/2}(n_1-1, n_2-1)} < \frac{\sigma_1^2}{\sigma_2^2} < \frac{S_1^2}{S_2^2} \times \frac{1}{F_{1-\alpha/2}(n_1-1, n_2-1)}\right\} = 1-\alpha, \tag{7-74}$$

于是得到 σ_1^2/σ_2^2 的一个置信水平为 $1-\alpha$ 的置信区间为

$$\left(\frac{S_1^2}{S_2^2} \times \frac{1}{F_{\alpha/2}(n_1-1, n_2-1)}, \frac{S_1^2}{S_2^2} \times \frac{1}{F_{1-\alpha/2}(n_1-1, n_2-1)}\right). \tag{7-75}$$

例 7.22　对甲、乙两台机器所加工的同一种零件抽样,测得厚度(mm) 数据如下.

甲:6.2,5.7,6.5,6.0,6.3,5.8,5.7,6.0,5.8,6.0,6.0;

乙:5.6,5.9,5.6,5.7,5.8,6.0,5.5,5.7,5.5.

设零件厚度服从正态分布,试以 95% 置信度估计出甲、乙两台机器所加工的零件厚度的方差比的置信区间.

解　设甲机器所加工的零件厚度总体服从分布 $N(\mu_1, \sigma_1^2)$,乙机器所加工的零件厚度总体服从分布 $N(\mu_2, \sigma_2^2)$.

由数据得 $n_1=11, S_1^2=0.2530^2, n_2=9, S_2^2=0.1732^2, 1-\alpha=0.95, \alpha=0.05$,查 F 分布表,得

$$F_{1-\alpha/2}(n_1-1, n_2-1) = F_{0.975}(10,8) = \frac{1}{F_{0.025}(8,10)} = \frac{1}{3.85},$$

$$F_{\alpha/2}(n_1-1, n_2-1) = F_{0.025}(10,8) = 4.30.$$

$$F_{1-\alpha/2}(n_1-1, n_2-1) < \frac{S_1^2/S_2^2}{\sigma_1^2/\sigma_2^2} < F_{\alpha/2}(n_1-1, n_2-1),$$

$$P\left(\frac{S_1^2}{S_2^2} \times \frac{1}{F_{0.025}(10,8)} < \frac{\sigma_1^2}{\sigma_2^2} < \frac{S_1^2}{S_2^2} \times \frac{1}{F_{0.975}(10,8)}\right) = 0.95.$$

于是甲、乙两台机器所加工的零件厚度的方差比在 95% 的置信度下的置信区间为 $\left(\dfrac{1}{4.30} \times \dfrac{0.2530^2}{0.1732^2}, 3.85 \times \dfrac{0.2530^2}{0.1732^2}\right)$,即(0.496,8.215).

由于$\dfrac{\sigma_1^2}{\sigma_2^2}$的置信区间含数1，则难以推断甲、乙两台机器所加工的零件厚度的波动性谁大谁小，我们就认为σ_1^2,σ_2^2两者没有显著差别.

7.4.3　单侧置信区间

在上述讨论中，对于未知参数θ，已给出两个统计量$\underline{\theta},\bar{\theta}(\underline{\theta}<\bar{\theta})$，得到$\theta$的双侧置信区间.但在某些实际问题中，例如，对于设备、原件的寿命来说，平均寿命的数值越大越好，所以关注的是平均寿命θ的"下限"；与之相反，在考虑化学药品中杂质含量的均值μ时，我们常关心参数μ的"上限". 这就引出了单侧置信区间的概念.

对于给定值$\alpha(0<\alpha<1)$，若由样本$X_1,X_2,\cdots,X_n$确定的统计量$\underline{\theta}=\underline{\theta}(X_1,X_2,\cdots,X_n)$，对于任意$\theta\in\Theta$满足

$$P\{\theta>\underline{\theta}\}\geqslant 1-\alpha, \tag{7-76}$$

则称随机区间$(\underline{\theta},+\infty)$是$\theta$的置信水平为$1-\alpha$的**单侧置信区间**，$\underline{\theta}$称为$\theta$的置信水平为$1-\alpha$的**单侧置信下限**.

又若统计量$\bar{\theta}=\bar{\theta}(X_1,X_2,\cdots,X_n)$，对于任意$\theta\in\Theta$满足

$$P\{\theta<\bar{\theta}\}\geqslant 1-\alpha, \tag{7-77}$$

则称随机区间$(-\infty,\bar{\theta})$是θ的置信水平为$1-\alpha$的**单侧置信区间**，$\bar{\theta}$称为θ的置信水平为$1-\alpha$的**单侧置信上限**.

例如，对于正态总体X(见图7-12)，若均值μ、方差σ^2均未知，设$X_1,X_2,\cdots,X_n$是一个样本，由$\dfrac{\overline{X}-\mu}{S/\sqrt{n}}\sim t(n-1)$有

$$P\left\{\frac{\overline{X}-\mu}{S/\sqrt{n}}<t_\alpha(n-1)\right\}=1-\alpha,$$

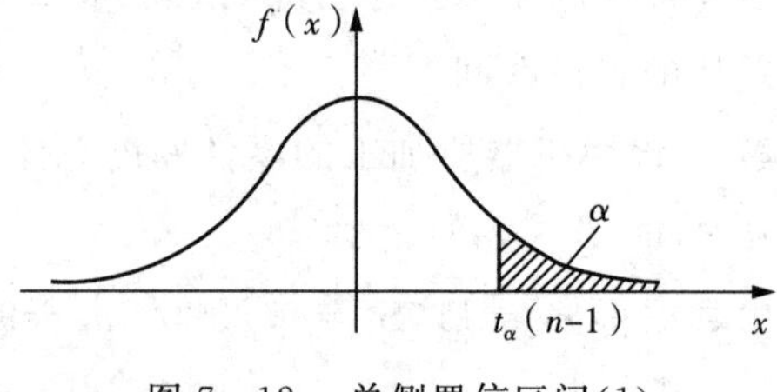

图7-12　单侧置信区间(1)

即

$$P\left\{\mu>\overline{X}-\frac{S}{\sqrt{n}}t_\alpha(n-1)\right\}=1-\alpha,$$

于是得到μ的置信水平为$1-\alpha$的单侧置信区间为

$$\left(\overline{X}-\frac{S}{\sqrt{n}}t_\alpha(n-1),+\infty\right). \tag{7-78}$$

μ的置信水平为$1-\alpha$的单侧置信下限为

$$\underline{\mu}=\overline{X}-\frac{S}{\sqrt{n}}t_\alpha(n-1). \tag{7-79}$$

又由$\frac{(n-1)S^2}{\sigma^2}\sim\chi^2(n-1)$有(见图7-13)

$$P\left\{\frac{(n-1)S^2}{\sigma^2}>\chi^2_{1-\alpha}(n-1)\right\}=1-\alpha,$$

即

$$P\left\{\sigma^2<\frac{(n-1)S^2}{\chi^2_{1-\alpha}(n-1)}\right\}=1-\alpha,$$

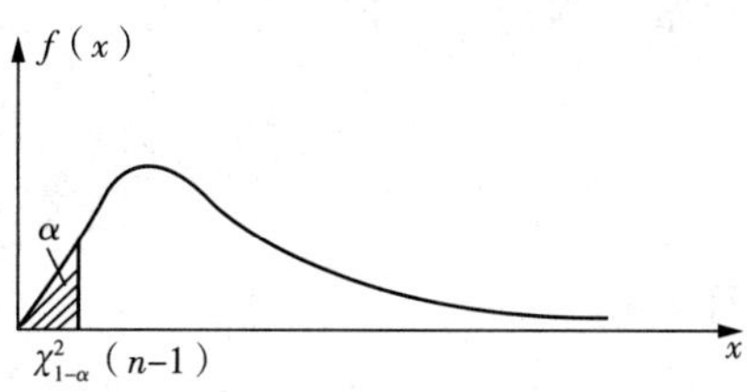

图7-13　单侧置信区间(2)

于是得σ^2的置信水平为$1-\alpha$的单侧置信区间为

$$\left(0,\frac{(n-1)S^2}{\chi^2_{1-\alpha}(n-1)}\right). \tag{7-80}$$

σ^2的置信水平为$1-\alpha$的单侧置信上限为

$$\bar{\sigma}^2=\frac{(n-1)S^2}{\chi^2_{1-\alpha}(n-1)}. \tag{7-81}$$

例7.23　从一批灯泡中随机取5只做寿命试验,测得寿命(以h计)为

1050,1100,1120,1250,1280.

设灯泡寿命服从正态分布.求灯泡寿命平均值的置信水平为0.95的单侧置信下限.

解　$1-\alpha=0.95,n=5,t_\alpha(n-1)=t_{0.05}(4)=2.1318,\bar{x}=1160,S^2=9950$.由式(7-79)得所求单侧置信下限为

$$\underline{\mu}=\bar{x}-\frac{S}{\sqrt{n}}t_\alpha(n-1)=1065.$$

7.5　(0-1)分布参数的区间估计

设有一容量$n>50$的大样本,它来自(0-1)分布的总体X,X的分布律为

$$f(x;p)=p^x(1-p)^{1-x},x=0,1. \tag{7-82}$$

其中p为未知参数.现在来求p的置信水平为$1-\alpha$的置信区间.

已知(0-1)分布的均值和方差分别为

$$\mu=p,\sigma^2=p(1-p). \tag{7-83}$$

设$X_1,X_2,\cdots,X_n$是一个样本.因样本容量比较大,由中心极限定理,知

$$\frac{\sum_{i=1}^{n}X_i-np}{\sqrt{np(1-p)}}=\frac{n\bar{X}-np}{\sqrt{np(1-p)}} \tag{7-84}$$

近似地服从 $N(0,1)$ 分布，于是有

$$P\left\{-z_{\alpha/2}<\frac{n\overline{X}-np}{\sqrt{np(1-p)}}<z_{\alpha/2}\right\}\approx 1-\alpha. \tag{7-85}$$

而不等式

$$-z_{\alpha/2}<\frac{n\overline{X}-np}{\sqrt{np(1-p)}}<z_{\alpha/2} \tag{7-86}$$

等价于

$$(n+z_{\alpha/2}^2)p^2-(2n\overline{X}+z_{\alpha/2}^2)p+n\overline{X}^2<0, \tag{7-87}$$

记

$$p_1=\frac{1}{2a}(-b-\sqrt{b^2-4ac}), \tag{7-88}$$

$$p_2=\frac{1}{2a}(-b+\sqrt{b^2-4ac}), \tag{7-89}$$

此处 $a=n+z_{\alpha/2}^2$，$b=-(2n\overline{X}+z_{\alpha/2}^2)$，$c=n\overline{X}^2$. 于是由公式(7-86)得 p 的一个近似地置信水平为 $1-\alpha$ 的置信区间为(p_1,p_2).

例 7.24 一大批产品的100个样品中有60个一级品，求这批产品中一级品的概率 p 的置信水平为0.95的置信区间.

解 一级品的概率 p 是(0-1)分布的参数，此处 $n=100$，$\bar{x}=60/100=0.6$，$1-\alpha=0.95$，$z_{\alpha/2}=1.96$，按公式(7-88)、公式(7-89)来求 p 的置信区间，其中

$$a=n+z_{\alpha/2}^2=103.84, b=-(2n\bar{x}+z_{\alpha/2}^2)=-123.84, c=n\bar{x}^2=36,$$

于是 $p_1=0.50$，$p_2=0.69$，故得 p 的一个置信水平为0.95的置信区间为(0.50,0.69).

习　题　七

1. 指出下列分布中的参数，并写出它的参数空间：

(1) 二项分布；(2) 泊松分布；(3) 在$(0,\theta)$上的均匀分布；(4) 正态分布 $N(\mu,\sigma^2)$.

2. 设 $X_1,X_2,\cdots,X_n$ 是来自指数分布

$$f(x)=\begin{cases}\lambda e^{-\lambda}, x\geqslant 0,\\ 0, \quad x<0\end{cases} (\lambda>0)$$

的简单随机样本.

(1) 求 $X_1,X_2,\cdots,X_n$ 的概率分布密度；

(2) 设 $n=10$，且样本的一组观察值为(4,6,4,3,5,4,5,8,4,7)，求样本均值与方差的观察值.

3. 在计算样本均值与方差时，常常先对数据 $x_1,x_2,\cdots,x_n$ 作变换以简化运算，

$$y_i=\frac{x_i-a}{b}, i=1,2,\cdots,n,$$

a,b 是常数，$b \neq 0$. 试证明：

$$\bar{x} = b\bar{y} + a, s_x^2 = b^2 s_y^2,$$

其中，$\bar{x} = \frac{1}{n}\sum_{i=1}^{n} x_i, \bar{y} = \frac{1}{n}\sum_{i=1}^{n} y_i, s_x^2 = \frac{1}{n}\sum_{i=1}^{n}(x_i - \bar{x})^2, s_y^2 = \frac{1}{n}\sum_{i=1}^{n}(y_i - \bar{y})^2$.

4. 使用某一仪器对同一数据进行 12 次独立测量，其结果为：232.50，232.48，232.15，232.53，232.45，232.30，232.48，232.05，232.45，232.60，232.30，232.47. 试用上题介绍的简便方法求样本均值与样本方差.

5. 设 $X_1, X_2, \cdots, X_n$ 是取自总体 $N(0,1)$ 的容量为 6 的一个样本，令

$$\eta = (X_1 + X_2 + X_3)^2 + (X_4 + X_5 + X_6)^2.$$

求常数 c，使 $c\eta$ 服从 χ^2 分布.

6. 在总体 $N(80,20^2)$ 中随机地抽取一容量为 100 的样本，$\overline{X}$ 表示样本均值，求 $P\{|\overline{X} - 80| > 3\}$.

7. 求总体 $X \sim N(20,3^2)$ 的容量为 10，15 的两个独立样本均值差的绝对值大于 0.3 的概率.

8. 设 $X_1, X_2, \cdots, X_n$ 为取自(0-1)分布总体 X 的一个样本，求 $E(\overline{X})$ 和 $D(\overline{X})$.

9. 设在总体 $N(\mu,\sigma^2)$ 中抽取一容量为 16 的样本，求 $P\left\{\frac{S^2}{\sigma^2} \leqslant 2.041\right\}$.

10. 设随机变量 X 和 Y 相互独立，且都服从分布 $N(0,3^2)$，而 $X_1, X_2, \cdots, X_9$ 和 $Y_1, Y_2, \cdots, Y_9$ 分别是来自总体 X 和 Y 的简单随机样本，其中 $U = \frac{X_1 + X_2 + \cdots + X_9}{\sqrt{Y_1^2 + Y_2^2 + \cdots + Y_9^2}}$，统计量 U 服从什么分布？

11. 某糖厂用自动打包机装糖，现从糖包中随机地取 4 包，重量为 99.3，98.7，100.5，101.2，试用矩估计法估计这批糖包的平均重量和离散度.

12. 设总体 X 服从区间 $[a,b]$ 上的均匀分布，其分布密度为

$$f(x) = \begin{cases} \frac{1}{b-a}, a \leqslant x \leqslant b, \\ 0, \quad 其他. \end{cases}$$

其中 a,b 是未知参数，试求 a,b 的矩估计量.

13. 设总体 X 的分布列为

X	-1	0	2
P	2θ	θ	$1-3\theta$

其中 $0 < \theta < \frac{1}{3}$，θ 为未知参数，试求 θ 的矩估计量.

14. 已知某种优质三极管的寿命 $X \sim N(\mu,\sigma^2)$，在这一批三极管中随机地抽取 8 只，测得寿命如下(以小时计)：

9504，8876，9432，9610，8975，9032，8768，9323.

试求 μ,σ^2 的矩估计值.

15. 设 $X_1, X_2, \cdots, X_n$ 来自参数为 λ 的指数分布，其密度函数为

$$f(x,\lambda) = \begin{cases} \lambda e^{-\lambda x}, x > 0, \\ 0, \quad x \leqslant 0. \end{cases}$$

试求 λ 的矩估计量.

16. 设 $X_1,X_2,\cdots,X_n$ 是来自参数为 λ 的泊松分布总体的一个样本. 求 λ 的极大似然估计量及矩估计量.

17. 设总体 X 具有密度函数

$$f(x,\theta)=\begin{cases}\theta(\theta+1)x^{\theta-1}(1-x), & 0<x<1,\\ 0, & \text{其他}.\end{cases}$$

其中 $\theta>0$. 从中抽得一样本 $X_1,X_2,\cdots,X_n$,试求 θ 的矩法估计量.

18. 设 $X_1,X_2,\cdots,X_n$ 是来自对数级数分布 $P(X=k)=-\dfrac{1}{\ln(1-p)}\cdot\dfrac{p^k}{k},0<p<1,k=1,2,\cdots$ 的一个样本,用矩法求参数 p 的估计量.

19. 在密度函数 $f(x)=(\alpha+1)\cdot x^{\alpha},0<x<1$ 中参数 α 的极大似然估计量是什么? 矩法估计量是什么?

20. 已知在一次试验中,事件 A 发生的概率是一个未知常数 p,今在 n 次重复独立试验中,观察到事件 A 发生 f 次,试求 p 的极大似然估计.

21. 用极大似然法估计几何分布 $P(X=k)=p(1-p)^{k-1},k=1,2,\cdots$ 中的未知参数 p.

22. 一位地质学家为研究密歇根湖滩地区的岩石成分,随机地从该地区取 100 个样品,每个样品有 10 块石子,记录了每个样品中属于石灰石的石子数. 假设这 100 次观察相互独立,并且由过去经验知,它们都服从参数为 $n=10$、p 的二项分布,p 是这个地区一块石子是石灰石的概率. 求 p 的极大似然估计值. 该地质学家所得的数据如下:

样品的石子数	0	1	2	3	4	5	6	7	8	9	10
观察到石灰石的样品个数	0	1	6	7	23	26	21	12	3	1	0

23. (1) 设 $Z=\ln X\sim N(\mu,\sigma^2)$,即 X 服从对数正态分布. 验证:$E(X)=e^{\left(\mu+\frac{1}{2}\sigma^2\right)}$.

(2) 设自(1)中的总体 X 中取一容量为 n 的样本 $x_1,x_2,\cdots,x_n$,求 $E(X)$ 的极大似然估计. 此处设 μ,σ^2 均为未知.

(3) 已知在文学家萧伯纳的某本书中,一个句子的单词数近似地服从对数正态分布. 设未知参数为 μ,σ^2. 今自该书中随机地取 20 个句子,这些句子中的单词数分别为:52,24,15,67,15,22,63,26,16,32,7,33,28,14,7,29,10,6,59,30. 问这本书中,一个句子字数均值的极大似然估计值等于多少?

24. 设总体 $X\sim N(\mu,\sigma^2)$,$X_1,X_2,\cdots,X_n$ 是来自 X 的一个样本. 试确定常数 c,使 $c\sum\limits_{i=1}^{n-1}(X_{i+1}-X_i)^2$ 为 σ^2 的无偏估计.

25. 试证明均匀分布 $f(x)=\begin{cases}\dfrac{1}{\theta}, & 0<x\leqslant\theta,\\ 0, & \text{其他},\end{cases}$ 其中,未知参数 θ 的极大似然估计不是无偏的.

26. 设分别自总体 $N(\mu_1,\sigma^2)$ 和 $N(\mu_2,\sigma^2)$ 中抽取容量为 n_1,n_2 的两个独立样本,其样本方差分别为 S_1^2,S_2^2. 试证,对于任意常数 $a,b(a+b=1)$,$Z=aS_1^2+bS_2^2$ 都是 σ^2 的无偏估计,并确定常数 a,b 使 $D(Z)$ 达到最小.

27. 随机地从一批零件中抽取 16 个,测得长度(单位:cm)为:2.14,2.10,2.13,2.15,2.13,2.12,2.13,

2.10,2.15,2.12,2.14,2.10,2.13,2.11,2.14,2.11. 设零件长度的分布为正态分布,试求总体均值的90%的置信区间:

(1) 若$\sigma = 0.01$;

(2) 若σ未知.

28. 对方差σ^2已知的正态总体来说,问需抽取容量n为多少的样本才能使总体均值μ的置信度为$100(1-\alpha)\%$的置信区间的长度不大于L?

29. 随机地取9发某种炮弹做试验,得炮口速度的样本标准差$S = 11$. 设炮口速度服从正态分布,求这种炮弹炮口速度的标准差σ的置信度为0.95的置信区间.

30. 设A,B两位化验员用相同的方法独立地对某种聚合物含氯量各做10次测定,其测定值的样本方差依次为$s_A^2 = 0.5419$,$s_B^2 = 0.6065$. 设σ_A^2,σ_B^2分别为A,B测定值总体的方差,设总体均为正态的. 求方差比σ_A^2/σ_B^2的置信度为0.95的置信区间.

31. 为研究某种汽车轮胎的磨损特性,随机地选择16只轮胎,每只轮胎行驶到磨坏为止. 记录所行驶的路程(以km计)如下:41250,40187,43175,41010,39265,41872,42654,41287,38970,40200,42550,41095,40680,43500,39775,40400. 假定这些数据来自正态总体$N(\mu,\sigma^2)$. 其中μ,σ^2未知,试求μ的置信度为0.95的单侧置信下限.

32. 设样本$X_1,X_2,\cdots,X_n$的均值为$\overline{X} = \sum_{i=1}^{n} X_i$,证明对任何常数$C$,有$\overline{X} = C + \frac{1}{n}\sum_{i=1}^{n}(X_i - C)$. 并说明此公式在计算均值时的作用.

33. 现进行立靶密集试验,射击一组7发,测得弹着点坐标如下:

弹序 i	1	2	3	4	5	6	7
高低 y_i(m)	4.20	4.00	4.20	3.90	3.80	1.80	2.80
方向 z_i(m)	5.50	1.40	4.40	1.80	3.70	2.60	−0.20

求平均弹着点坐标$(\bar{y},\bar{z})$.

34. 炸点对目标的距离偏差用两种方法测量.

(1) 用测距机测量,测量精度用中间误差表示:$E_1 = 10$ m,对某发炸点测得$x_1 = 120$ m;

(2) 用交会测量,交会观测的精度用中间误差表示:$E_2 = 6$ m,对该发炸点的测量结果为$x_2 = 102$ m.

求炸点距离偏差,并评定所求出的偏差的精度.

35. 设X为正态总体$N(\mu,\sigma^2)$,今有两个独立样本:$(X_{11},X_{12},\cdots,X_{1n_1})$,$(X_{21},X_{22},\cdots,X_{2n_2})$,两样本的均值为$\overline{X}_1 = \frac{1}{n_1}\sum_{j=1}^{n_1} X_{1j}$,$\overline{X}_2 = \frac{1}{n_2}\sum_{j=1}^{n_2} X_{2j}$. 对数学期望$\mu$有两个估计$\hat{a} = \frac{n_1\overline{X}_1 + n_2\overline{X}_2}{n_1 + n_2}$, $\hat{a}^* = \frac{\overline{X_1} + \overline{X_2}}{2}$,试比较两个估计的优劣.

36. 敌炮兵连的距离用三种方法进行测量.

(1) 光测交会,此法的标准差为30 m,进行了两次交会,得出:6140 m,6180 m;

(2) 声测交会,此法的标准差为75 m,进行了四次交会,得出:6250 m,6150 m,6200 m,6400 m;

(3) 测距仪,此法的标准差为50 m,进行了三次测量,得出:6150 m,6275 m,6345 m.

求敌炮兵连的距离和估计精度.

37. 某反坦克火器的直射距离为 375 m,该火器使用一种测瞄合一的瞄准装置．今确定其测距精度,在直射距离上放置一物体,测量 8 次得:369 m,378 m,315 m,420 m,385 m,401 m,372 m,340 m. 求测距误差的中间误差的估计和该估计的精度．

38. 某测距仪器对同一目标的距离进行测量,已知距离 $d=2375$ m,8 次测量结果如下:2369 m,2378 m,2315 m,2420 m,2385 m,2401 m,2372 m,2383 m. 求测距误差的中间误差的估计和该估计的精度．

39. 设正态总体 $X\sim N(\mu,\sigma^2)$ 的大小为 n 的样本是 $X_1,X_2,\cdots,X_n$,今作变换

$$U_i=\frac{X_i-c}{d},\quad i=1,2,\cdots,n,$$

式中 c,d 是常数．计算 $\overline{U}=\frac{1}{n}\sum_{i=1}^{n}U_i,\hat{\sigma}_u=\sqrt{\frac{1}{n-1}\sum_{i=1}^{n}(U_i-\overline{U})^2},\hat{E}_u=0.6745\sqrt{\frac{1}{n-1}\sum_{i=1}^{n}(U_i-\overline{U})^2}$．试证:$\overline{X}=c+d\overline{U},\hat{\sigma}_x=|d|\hat{\sigma}_u,\hat{E}_x=|d|\hat{E}_u$,并说明这个公式在计算均方差和中间误差时的作用．

40. 检查弹药质量时用标准火炮射击,求出距离相对中间误差的估计 $\hat{\gamma}_x=\hat{E}_x/\overline{X}$,并规定:$\hat{\gamma}_x\leqslant\frac{1}{400}$ 为优等;$\frac{1}{400}<\hat{\gamma}_x\leqslant\frac{1}{200}$ 为上等;$\frac{1}{200}<\hat{\gamma}_x\leqslant\frac{1}{100}$ 为中等;$\hat{\gamma}_x>\frac{1}{100}$ 为不合格．今对被检查的一批弹药抽取 10 发进行射击试验,测得距离坐标 x_i(单位:m):5340,5330,5305,5290,5315,5322,5306,5340,5353,5329. 试判断此批弹药属于哪一等级?

41. 某反坦克武器在距离 500 m 的立靶上进行密集试验,进行三组射击,每组合 7 发,测出弹着点坐标 (y_i,z_i). y_i 为高低坐标,z_i 为方向坐标,具体如下表所示(单位:m).

组别	1		2		3	
坐标	y_i	z_i	y_i	z_i	y_i	z_i
1	−0.78	0.29	−2.30	−1.08	−1.53	0.58
2	−0.77	−0.42	−1.32	−0.26	−0.71	0.37
3	−1.70	−1.16	−0.28	−0.22	−0.06	0.50
4	−1.07	−0.90	−1.52	−0.53	−0.63	0.65
5	−1.02	−0.16	−0.85	−0.66	−0.30	−0.22
6	−1.42	0.15	−0.33	−0.49	−0.26	0.94
7	−0.58	−1.85	0.32	0.12	−2.17	−0.14

求高低及方向散布中间误差的估计及估计精度．

42. 对某武器进行射程及密集试验,以相同诸元射击三组得出如下数据:

组序 i	弹数 n_i	平均射程 $\overline{x}_i$(m)	射程中间误差估计 $\hat{E}_i$(m)
1	7	6050	25
2	8	6080	30
3	9	5970	27

求该武器的射击及射程散布中间误差的估计及估计精度．

第 8 章　统计假设检验

统计假设检验(简称**假设检验**)和参数估计一样,都是数理统计的重要组成部分,也是兵工产品的验收、武器质量的鉴定等实际问题中经常使用的方法．本章主要介绍假设检验的基本理论和一些常用的检验方法．

假设检验问题主要有两种类型:**参数型**和**非参数型**．本章着重讨论参数型的假设检验问题,至于非参数型的假设检验问题,只作简单介绍．所谓“假设检验”指的是在总体的分布函数完全未知或只知其形式、不知其参数的情况下,为推断总体的某些未知特性,提出关于总体的某些假设．这些假设可能产生于对随机现象的实际观察,也可能产生于对随机现象的理论分析．本章用“hypothesis”一词的第一个字母的大写“H”表示统计假设．

(1) 对于某总体 X 的概率分布,可以提出以下一些假设．

H_1:X 服从泊松分布;

H_2:X 服从正态分布．

(2) 对于两个或两个以上的总体,可以提出以下一些假设．

H_1:它们有相同的分布;

H_2:它们相互独立．

(3) 对于总体 X 的分布参数,可以提出以下一些假设．

$H_1:\mu=\mu_0$;$H_2:\mu\leqslant\mu_0$;$H_3:\mu\geqslant\mu_0$;$H_4:\mu\neq\mu_0$;$H_5:\sigma=\sigma_0$;$H_6:\sigma\geqslant\sigma_0$;$H_7:\sigma\leqslant\sigma_0$;$H_8:\sigma\neq\sigma_0$．其中 μ_0 和 σ_0 是已知常数,而 $\mu=E(X)$ 和 $\sigma^2=D(X)$ 是未知常数．

在以上各例中,统计假设 H 可能成立也可能不成立．所谓检验假设 H,就是要根据随机样本对所提出的假设作出是接受还是拒绝的决策．假设检验是作出这一决策的过程．

8.1　假设检验的基本概念

关于统计假设和假设检验的一些基本概念,本节将依据一个具体的问题 —— 包装机作业是否正常的检验问题逐步引入．

例 8.1　用一台自动包装机进行葡萄糖的包装作业,额定标准每袋质量为 500 g. 假定在正常情况下，所出产品一袋糖的质量服从正态分布，并且长期积累的资料表明标准差为 15 g 比较稳定．某日开工后，为检查包装机的工作是否正常，从它生产的产品中随机地取出 9 袋，称得它们的质量分别为（单位：g）：497，506，518，511，524，519，488，515，512. 问包装机的作业是否正常？

8.1.1 简单假设和复合假设、原假设和备择假设

包装机作业是否正常的检验问题是一个统计推断问题．袋装糖的质量 X 是这个问题的总体，以 μ,σ 分别表示总体 X 的均值和标准差．由于长期积累的资料表明标准差比较稳定，故可设 $\sigma=\sigma_0=15$. 于是总体 X 所属的分布族为正态分布族：

$$F=\{N(\mu,15^2)\mid -\infty<\mu<+\infty\},$$

这里参数 μ 为总体均值，是未知的，分布函数族的允许参数集（即参数 μ 的一切可能取值的全体）为 $\Theta=(-\infty,+\infty)$．若令集合

$$\Theta_0=\{\mu=\mu_0=500\},\Theta_1=\Theta-\Theta_0=\{-\infty<\mu<+\infty,\mu\neq 500\},$$

那么包装机作业正常等价于总体 X 的均值 $\mu=\mu_0=500$，即总体 X 的分布为 $N(\mu,15^2)$，$\mu\in\Theta_0$；包装机作业不正常等价于总体 X 的均值 $\mu\neq\mu_0=500$，即总体 X 的分布为 $N(\mu,15^2)$，$\mu\in\Theta_1$. 关于包装机作业的两种推测，转化为关于总体 X 也就是关于参数 μ 的两种推测．这种推测可用假设的形式给出．

定义 1 设 Θ_i 为总体分布族 $F=\{F_\theta:\theta\in\Theta\}$ 的允许参数集 Θ 的一个非空子集，则命题"总体的分布为 $F_\theta,\theta\in\Theta_i$"称为关于总体的一个假设，记为"$H_i:\theta\in\Theta_i$"，简记为"$\theta\in\Theta_i$"或"$H_i$". 若 Θ_i 是单点集，则 H_i 称为**简单假设**，否则称为**复合假设**．

与包装机作业是否正常的检验问题相类似的问题，在实践中大量存在，这类问题都是在寻求"是"或"非"的答案．它们关于总体分布族 $F=\{F_\theta:\theta\in\Theta\}$ 都提出了两个假设．为了区别起见，称其中一个假设为**原假设（零假设或基本假设）**，记为 $H_0:\theta\in\Theta_0$；另一个称为**备择假设（对立假设）**，记为 $H_1:\theta\in\Theta_1$. 在例 8.1 中，选取单点集 $\Theta_0=\{\mu=\mu_0=500\}$ 作为原假设，而选取 $\Theta_1=\Theta-\Theta_0=\{\mu\neq\mu_0\}$ 作为备择假设．为了使判断不是模棱两可的，总要求 Θ_0 与 Θ_1 是 Θ 的两个互不相交的非空子集（$\Theta_0\cup\Theta_1=\Theta$ 不一定成立）. 这类问题的一般提法是：在给定备择假设 H_1 下，对原假设 H_0 作出判断：是接受原假设 H_0（意味着否定备择假设 H_1），还是否定原假设 H_0（意味着接受备择假设 H_1）. 这类问题称为 H_0 对 H_1 的假设检验问题，记为

$$H_0:\theta\in\Theta_0,H_1:\theta\in\Theta_1,\text{简记为}\ \theta\in\Theta_0,\theta\in\Theta_1\ \text{或}\ H_0,H_1. \tag{8-1}$$

在例 8.1 中，就是要检验 $H_0:\mu=\mu_0=500$，$H_1:\mu\neq\mu_0$ 这两个相互对立的假设．

8.1.2 检验统计量和临界值

在假设检验问题中，可以作出的决定有两个．至于采取哪一个决定，取决于样本 X_1，

$X_2,\cdots,X_n$ 的观察值 $x_1,x_2,\cdots,x_n$. 这就需要在过程中制定一个规则,使得对每一次观察值 $x_1,x_2,\cdots,x_n$,这个规则将决定是接受还是否定原假设. 每个这样的规则称为一个检验,记为 ϕ,往往要从具体问题的直观背景出发来制定检验 ϕ.

首先对样本 $X_1,X_2,\cdots,X_n$ 进行加工,把样本中包含的关于未知参数的信息集中起来,构造一个适用于检验假设的统计量 $T=T(X_1,X_2,\cdots,X_n)$. 在这个例子中,取统计量 $Z=\dfrac{\overline{X}-\mu_0}{\sigma_0/\sqrt{n}}$,且在 H_0 为真时,Z 的分布为标准正态分布 $N(0,1)$.

一般而言,在 H_0 为真、包装机作业正常时,Z 观察值的绝对值 $|z|$ 相对而言比较小,而在 H_0 非真、包装机作业不正常时,$|z|$ 往往比较大. 因而可以根据 $|z|$ 取值的大小来制定检验 ϕ,对于样本的每个观察值 $x_1,x_2,\cdots,x_n$,首先计算 Z 的观察值的绝对值: $|z|=\dfrac{|\overline{x}-\mu_0|}{\sigma_0/\sqrt{n}}$,当 $|z|$ 较大时就否定 H_0,反之就接受 H_0. 这也就是说,按照规则

$$\phi\text{:当 } |z|\geqslant C \text{ 时,否定 } H_0\text{;当 } |z|<C \text{ 时,接受 } H_0, \tag{8-2}$$

对原假设作出判断,其中 C 是一个待定常数. 不同的 C 值表示不同的检验 ϕ,随着 C 的变化,可以得到一类检验.

在大多数具体问题中,从分析它的直观背景出发而得到的检验,其形式往往与公式(8-2)类似,也就是被某个统计量 $T=T(X_1,X_2,\cdots,X_n)$ 和待定常数 C 所描述. $T=T(X_1,X_2,\cdots,X_n)$ 和 C 分别称为**检验统计量**和**检验的临界值**. 这种检验具有足够的直观性和可信度,常用于各类实际问题.

8.1.3　否定域和接受域

样本 $X_1,X_2,\cdots,X_n$ 的观察值 $x_1,x_2,\cdots,x_n$ 的一切可能取值的集合称为**样本空间**,记作 X^n,即

$$X^n=\{x=(x_1,x_2,\cdots,x_n)\mid x_i\in\mathbf{R},i=1,2,\cdots,n\}.$$

一般地,样本空间 X^n 是 $\mathbf{R}^n$ 的子集. 在这个例子中,由于样本 $X_1,X_2,\cdots,X_n$ 来自正态总体 $N(\mu,15^2)$,所以样本空间为

$$X^n=\{x=(x_1,x_2,\cdots,x_n)\mid x_i\in\mathbf{R},i=1,2,\cdots,n\}=\mathbf{R}^n.$$

由检验统计量 Z 和临界值 C 所确定的检验(8-2)等价于把样本空间 X^n 划分为两个不相交的部分:

$$W=\left\{x=(x_1,x_2,\cdots,x_n)\,\middle|\,x\in X^n,\frac{|\overline{x}-\mu_0|}{\sigma_0/\sqrt{n}}\geqslant C\right\},\overline{W}=X^n-W. \tag{8-3}$$

当样本观察值 $x=(x_1,x_2,\cdots,x_n)\in W$ 时,就否定原假设 H_0,而当 $x=(x_1,x_2,\cdots,x_n)\in\overline{W}$ 时,就接受原假设 H_0. W 称为检验(8-2)的**否定域**(或**拒绝域**),而 $\overline{W}$ 称为检验(8-2)的**接受域**.

一般来说，对任意一个假设检验问题，由某种检验统计量和临界值所确定的一个检验 ϕ 等价于把样本空间 X^n 的某个非空子集 W 确定为该检验的否定域．而由否定域确定的检验至少在理论上是简洁的．

8.1.4　两类错误

每一个检验 ϕ 都会不同时地犯两种类型的错误．

原假设 H_0 本来正确，由于样本值的随机性而落入否定域 W，原假设被否定了，这时称犯了**第一类错误**(也称为**弃真错误**)，犯这类错误的概率称为**弃真概率**，记为

$$P(\text{否定 } H_0 \mid H_0 \text{ 为真}),P_{\theta_0}(\{x \in W\}) \text{ 或 } P_{\theta\in H_0}(\{x \in W\}).$$

其中，记号 $P_{\theta_0}(\{\cdot\})$ 表示参数 θ 取 θ_0 值时事件 $\{\cdot\}$ 的概率，$P_{\theta\in H_0}(\{\cdot\})$ 表示 θ 取 H_0 规定的值时事件 $\{\cdot\}$ 的概率．人们无法排除这类错误，因此自然希望将犯这类错误的概率控制在一定限度之内，即给出一个较小的正数 $\alpha(0<\alpha<1)$，使得犯这类错误的概率不超过 α，亦即

$$P(\text{否定 } H_0 \mid H_0 \text{ 为真}) \leqslant \alpha. \tag{8-4}$$

引入公式(8-4)后，就能确定检验(8-2)中的待定常数 C. 事实上，因只允许犯这类错误的概率最大为 α，为此令公式(8-4)的等号成立，即

$$P\left\{\frac{|\bar{x}-\mu_0|}{\sigma_0/\sqrt{n}} \geqslant C\right\}=\alpha,$$

又当 H_0 为真时，$Z=\dfrac{\overline{X}-\mu_0}{\sigma_0/\sqrt{n}} \sim N(0,1)$，由标准正态分布中双侧分位点的定义可知：$C=z_{\alpha/2}$．因此，由公式(8-3)有

$$W=\left\{x=(x_1,x_2,\cdots,x_n) \,\middle|\, |Z|=\frac{|\bar{x}-\mu_0|}{\sigma_0/\sqrt{n}} \geqslant z_{\alpha/2}\right\}, \tag{8-5}$$

称 W 为 H_0 的 α 水平的否定域(拒绝域)．依此作出判断：若样本观察值 $x=(x_1,x_2,\cdots,x_n)$ 满足 $|z|=\dfrac{|\bar{x}-\mu_0|}{\sigma_0/\sqrt{n}} \geqslant C=z_{\alpha/2}$ 时，就否定 H_0；当观察值满足 $|z|=\dfrac{|\bar{x}-\mu_0|}{\sigma_0/\sqrt{n}}<C=z_{\alpha/2}$ 时，就接受 H_0．

在例 8.1 中若取 $\alpha=0.05$，则 $C=z_{\alpha/2}=z_{0.025}=1.96$，又 $N=9$，$\sigma_0=15$，再由样本观察值可得 $\bar{x}=510$，从而 $|z|=\dfrac{|\bar{x}-\mu_0|}{\sigma_0/\sqrt{n}}=2>1.96$，于是否定 H_0，即认为这天包装机的作业是不正常的．

又当原假设 H_0 本来不正确，由样本值的随机性而落入 $\overline{W}$，却被接受了，这时称犯了**第二**

类错误(也称为**存伪错误**)，犯这类错误的概率称为**存伪概率**，记为

$$P(\text{接受 } H_0 \mid H_0 \text{ 不真}) \text{ 或 } P_{\theta \in H_1}(\text{接受 } H_0).$$

一个检验法的好坏可由犯这两种错误的概率来度量，为此，在确定检验规则时，应尽可能地使犯这两类错误的概率都较小，最好为零．然而，当样本容量 N 固定时，这两者往往是相互制约的，即若减小犯某一类错误的概率，势必会增大犯另一类错误的概率，除非增加样本的容量，而这样做又会造成人力与物力的浪费．因此，在实际问题中，一般总是控制犯第一类错误的概率，使它不超过某个很小的正数 α. 这种只对犯第一类错误的概率加以控制，而不考虑犯第二类错误的概率的检验问题，称为显著性检验问题．

8.1.5　小概率原则、显著性水平

根据大数定律，在大量重复试验中事件出现的频率依概率收敛于它的概率．倘若某事件 A 出现的概率 α 甚小，则它在大量重复试验中出现的频率应该很小．例如，若取 $\alpha=0.001$，则大体上在 1000 次试验中 A 才出现一次．因此，概率很小的事件在一次试验中实际上不大可能出现，在概率论的应用中，称这样的事件为**实际不可能事件**．

在概率论和数理统计的每一个领域，人们总是根据所研究的具体问题规定一个界限 $\alpha(0<\alpha<1)$，当一事件的概率 $p \leqslant \alpha$ 时，就认为该事件是一个实际不可能事件，认为这样的事件在一次试验中是不会出现的，这就是所谓的"**小概率原则**"(亦即**实际推断原理**).

显然，根据"小概率原则"所作出的推断也可能是错误的．然而，错误判断的概率不大于 α，而 α 是个很小的正数．这样的界限 α 在数理统计的应用中叫作**显著性水平**．α 的选择要根据实际情况而定，对于某些重要的场合，当事件的出现会产生严重的后果时(如飞机失事、沉船等)，α 应该选得小一些，否则可以选得大一些．在一般应用中常选 $\alpha=0.01$，$\alpha=0.05$ 和 $\alpha=0.10$ 等作为显著性水平．

统计假设的显著性检验问题的基本思想是小概率原则，而小概率原则的理论依据是大数定律．

例 8.1 所采用的检验法则是符合小概率原则的．由于通常 α 总是取得较小，例 8.1 中 $\alpha=0.05$，因而若 H_0 为真，即当 $\mu=\mu_0$ 时，$\left\{\dfrac{|\overline{X}-\mu_0|}{\sigma_0/\sqrt{n}} \geqslant z_{\alpha/2}\right\}$ 是一个不可能事件，根据小概率原则，就可以认为如果 H_0 为真，则由一次试验得到的观察值 $\bar{x}$ 满足不等式 $\dfrac{|\bar{x}-\mu_0|}{\sigma_0/\sqrt{n}} \geqslant z_{\alpha/2}$ 几乎是不会出现的．现在在一次观察中竟然出现了满足 $\dfrac{|\bar{x}-\mu_0|}{\sigma_0/\sqrt{n}} \geqslant z_{\alpha/2}$ 的 $\bar{x}$，则怀疑原假设 H_0 的正确性，因而否定 H_0. 若出现的观察值 $\bar{x}$ 满足 $\dfrac{|\overline{X}-\mu_0|}{\sigma_0/\sqrt{n}} < z_{\alpha/2}$，此时没有理由否定原假设 H_0，因而只能接受原假设 H_0.

8.1.6 统计假设显著性检验的一般步骤

假设总体 X 的分布函数 $F(x,\theta)$ 依赖于未知参数 $\theta \in \Theta$，以 $(X_1,X_2,\cdots,X_n)$ 表示来自总体 X 的简单随机样本．通过对例8.1的分析可知，统计假设的显著性检验大致可以按以下几个步骤进行：

(1) 根据实际问题提出原假设 H_0 及备择假设 H_1；

(2) 按问题的具体要求选取适当的显著性水平 α；

(3) 选取适当的检验统计量，并在原假设 H_0 成立的条件下，确定该统计量的分布，并给出检验法则 ϕ；

(4) 由 $P\{$否定 $H_0 \mid H_0$ 为真$\}=\alpha$ 和检验统计量的分布，求出对应于 α 的临界值，进而确定出否定域；

(5) 根据样本值计算统计量的值，并判断其是否属于否定域，从而对接受或否定原假设作出选择．

例 8.2 某测距机在500 m范围内，测距精度 $\sigma=10$ m. 今对距离为500 m的目标测量9次，得到平均距离 $\bar{x}=510$ m，问该测距机是否存在系统误差？（给定显著性水平 $\alpha=0.05$）

解 设随机变量 X 为测距机的实测结果．由题意知，$X \sim N(\mu,\sigma_0^2)$ 且 $\sigma_0=10$. 又因为总体的样本容量 $N=9$，样本均值 $\bar{x}=510$.

按题意欲检验假设：$H_0:\mu=\mu_0=500$，$H_1:\mu \neq \mu_0$. 因为 $z=\dfrac{\bar{x}-\mu_0}{\sigma_0/\sqrt{n}}=\dfrac{510-500}{10/\sqrt{9}}=3$，对给定的显著性水平 $\alpha=0.05$，查标准正态分布表得临界值 $z_{\alpha/2}=z_{0.025}=1.96$. 由于 $|z|=3>1.96=z_{\alpha/2}$，所以应拒绝 H_0，即认为该测距机存在系统误差．

8.2 正态总体均值的显著性检验

这里，对于一个正态总体，考虑关于其数学期望的假设检验问题；对于两个正态总体，考虑比较二者数学期望的假设检验问题．

8.2.1 单个正态总体 $N(\mu,\sigma^2)$ 均值 μ 的假设检验

设总体 $X \sim N(\mu,\sigma^2)$，而 $(X_1,X_2,\cdots,X_n)$ 是来自总体 X 的简单随机样本，样本观察值为 $x=(x_1,x_2,\cdots,x_n)$，给定的显著性水平为 α. 区分 σ^2 已知和未知两种不同情形．

1. σ^2 已知，关于 μ 的检验(u 检验)

在方差 $\sigma^2=\sigma_0^2$ 已知的情况下，讨论有关均值 μ 的假设检验问题．在应用上常见到的形式（μ_0 是一个给定的数）如下所示．

(1) $H_0:\mu=\mu_0$，$H_1:\mu>\mu_0$；

(2) $H_0:\mu=\mu_0, H_1:\mu<\mu_0$;

(3) $H_0:\mu=\mu_0, H_1:\mu\neq\mu_0$;

(4) $H_0:\mu\geqslant\mu_0, H_1:\mu<\mu_0$;

(5) $H_0:\mu\leqslant\mu_0, H_1:\mu>\mu_0$.

形如(3)的假设检验称为**双边检验**;形如(1)与(5)的假设检验称为**右边检验**;形如(2)与(4)的假设检验称为**左边检验**.右边检验和左边检验统称为**单边检验**.

下面来求以上五种形式假设检验问题的否定域.

首先考虑检验问题(1):由于 $\overline{X}$ 是 μ 的无偏估计,因此自然地想到取 $\overline{X}$ 作为检验统计量,但为了计算方便将其标准化为 $Z=\dfrac{\overline{X}-\mu_0}{\sigma_0/\sqrt{n}}$. 另外,由(1)可以看出:当 H_0 为真时,z 值应该相对较小;而在 H_1 为真时,z 往往偏大,因而检验规则为 ϕ:当 $z=\dfrac{\overline{x}-\mu_0}{\sigma_0/\sqrt{n}}\geqslant C$ 时,否定 H_0;反之,当 $z<C$ 时,就接受 H_0. 其中 C 为待定常数.

又当 H_0 为真时,$Z=\dfrac{\overline{X}-\mu_0}{\sigma_0/\sqrt{n}}\sim N(0,1)$,由 $P\{$否定 $H_0\mid H_0$ 为真$\}=P\left\{\dfrac{\overline{x}-\mu_0}{\sigma_0/\sqrt{n}}\geqslant C\middle|\mu=\mu_0\right\}=\alpha$ 及标准正态分布的上 α 分位点,可知 $C=z_\alpha$,因此

$$W=\left\{(x_1,x_2,\cdots,x_n)\middle| Z=\frac{\overline{x}-\mu_0}{\sigma_0/\sqrt{n}}\geqslant z_\alpha\right\} \tag{8-6}$$

就是 H_0 的 α 水平的否定域.

类似地,检验问题(2)的否定域形式为 $z=\dfrac{\overline{x}-\mu_0}{\sigma_0/\sqrt{n}}\leqslant C$,其中 C 为待定常数. 由 $P\{$否定 $H_0\mid H_0$ 为真$\}=P\left\{\dfrac{\overline{x}-\mu_0}{\sigma_0/\sqrt{n}}\leqslant C\right\}=\alpha$ 及标准正态分布的性质,可知 $C=-z_\alpha$,因此否定域为

$$W=\left\{(x_1,x_2,\cdots,x_n)\middle| Z=\frac{\overline{x}-\mu_0}{\sigma_0/\sqrt{n}}\leqslant -z_\alpha\right\}. \tag{8-7}$$

对检验问题(3),在例8.1中已经作了详细的讨论.

对检验问题(4),由于 $\overline{X}$ 是 μ 的无偏估计,故 $\overline{X}$ 愈大,直观上看与原假设 H_0 愈符合;反之,$\overline{X}$ 愈小,则与对立假设 H_1 愈符合. 由此得到一个直观上较合理的检验规则为:当 $\overline{X}\leqslant k$ 时,否定 H_0;当 $\overline{X}>k$ 时,接受原假设 H_0,即否定域的形式为

$$\overline{X}\leqslant k, k \text{ 为待定常数}. \tag{8-8}$$

要定出常数 k,使检验有给定的显著性水平 α,为此考虑

$$P\{否定\ H_0 \mid H_0\ 为真\} = P\{\overline{X} \leqslant k \mid \mu \in H_0\} = P\left\{\frac{\overline{X}-\mu}{\sigma_0/\sqrt{n}} \leqslant \frac{k-\mu}{\sigma_0/\sqrt{n}} \middle| \mu \geqslant \mu_0\right\}$$

$$= \Phi\left(\frac{k-\mu}{\sigma_0/\sqrt{n}}\right)_{\mu \geqslant \mu_0} = \Phi\left(\frac{k-\mu}{\sigma_0/\sqrt{n}}\right)_{-\mu \leqslant -\mu_0} \leqslant \Phi\left(\frac{k-\mu_0}{\sigma_0/\sqrt{n}}\right),$$

所以要控制 $P\{否定\ H_0 \mid H_0\ 为真\} \leqslant \alpha$，只需令

$$\Phi\left(\frac{k-\mu_0}{\sigma_0/\sqrt{n}}\right) = \alpha,$$

由标准正态分布的性质可知，应取 k 满足 $\frac{k-\mu_0}{\sigma_0/\sqrt{n}} = z_{1-\alpha} = -z_\alpha$，由此得 $k = \mu_0 - z_\alpha \cdot \frac{\sigma_0}{\sqrt{n}}$，从而得到检验问题(4) 的否定域为

$$W = \left\{(x_1, x_2, \cdots, x_n) \middle| Z = \frac{\overline{x}-\mu_0}{\sigma_0/\sqrt{n}} \leqslant -z_\alpha\right\}.$$

这与检验问题(2) 的否定域的表达式(8-7) 是一致的．

对检验问题(5)，仿照检验问题(4) 的讨论，容易得出基于检验统计量 $\overline{X}$ 的检验规则是：当 $\overline{x} \geqslant \mu_0 + z_\alpha \cdot \frac{\sigma_0}{\sqrt{n}}$ 时，否定原假设 H_0，不然就接受 H_0．这也与检验问题(1) 的否定域的表达式(8-6) 是一致的．

比较正态总体 $N(\mu, \sigma^2)$ 在方差 $\sigma^2 = \sigma_0^2$ 已知的情况下，对均值 μ 的检验问题(1)(5) 以及(2)(4)，发现尽管原假设 H_0 的形式不同，实际意义也不一样，但对于相同的显著性水平 α，它们的否定域是相同的．因此遇到形如(4) 与(5) 的检验问题，可归结为(2) 与(1) 来讨论．这样对于上面列出的五种类型的检验问题，只要讨论前三种类型就可以了．对于下面将要讨论的有关正态总体参数的其他检验问题也有类似的结果．

例 8.3 某兵工企业生产的液体燃料推进器的燃烧率服从正态分布，其均值 $\mu_0 = 80$ cm/s，$\sigma_0 = 4$ cm/s．现在用新工艺生产了一批推进器，从中随机地取 $n = 25$，测得燃烧率的样本均值为 $\overline{x} = 82.5$ cm/s．设新工艺不改变总体的均方差，试问这批推进器的燃烧率是否较以前生产的推进器的燃烧率有显著的提高？(取 $\alpha = 0.05$)．

解 推进器的燃烧率 X 服从正态分布 $N(\mu, \sigma_0^2)$，样本容量 $n = 25$．新工艺提高了燃烧率相当于 $\mu > \mu_0$；新工艺没有提高燃烧率就相当于 $\mu \leqslant \mu_0$．

检验假设：$H_0: \mu \leqslant \mu_0 = 80$，$H_1: \mu > \mu_0$；

显著性水平：$\alpha = 0.05$，$z_\alpha = z_{0.05} = 1.645$．

假设的否定域：由公式(8-6) 知原假设 H_0 的 0.05 水平的否定域为

$$W=\left\{\bar{x}\geqslant 80+1.645\times\frac{4}{\sqrt{25}}=81.316\right\}.$$

结论：由于这里样本均值 $\bar{x}=82.5>81.316$，即样本值属于否定域 W，因此应否定原假设 H_0，即认为这批推进器的燃烧率较以前生产的有显著的提高．

2. σ^2 未知，关于 μ 的检验（t 检验）

用 u 检验法对正态总体的均值作假设检验时，必须知道总体的方差 σ^2．但在很多实际问题中方差 σ^2 往往是未知的，这时就需要用所谓的 t 检验法来检验了．

在方差 σ^2 未知的情况下，欲检验以下假设，$H_0:\mu=\mu_0$，$H_1:\mu\neq\mu_0$．现在由于总体方差 σ^2 是未知常数，因此不能用 $Z=\dfrac{\overline{X}-\mu_0}{\sigma/\sqrt{n}}$ 来检验（它不再是统计量），可使用以样本方差 S^2 来代替总体方差 σ^2，构造新的统计量 $T=\dfrac{\overline{X}-\mu_0}{S/\sqrt{n}}$ 作为检验统计量．当 $|t|=\dfrac{|\bar{x}-\mu_0|}{s/\sqrt{n}}$ 过大时就否定 H_0，否定域的形式为 $|t|=\dfrac{|\bar{x}-\mu_0|}{s/\sqrt{n}}\geqslant C$．由于在假设 H_0 下，$T\sim t(n-1)$．于是对给定的 α 和 N，有

$$P\{\text{否定 } H_0 \mid H_0 \text{ 为真}\}=P\left(\frac{|\bar{x}-\mu_0|}{s/\sqrt{n}}\geqslant C\right)=\alpha,$$

查 t 分布表得临界值 $C=t_{\alpha/2}(n-1)$．因此否定域为

$$W=\left\{(x_1,x_2,\cdots,x_n)\ \middle|\ |T|=\frac{|\bar{x}-\mu_0|}{s/\sqrt{n}}\geqslant t_{\alpha/2}(n-1)\right\}. \tag{8-9}$$

由样本观察值 $x_1,x_2,\cdots,x_n$ 可算出 T 的观察值 t（或 $\overline{X}$ 的观察值 $\bar{x}$）．若 $|T|\geqslant t_{\alpha/2}(n-1)$（或 $\bar{x}\in W$），则否定原假设 H_0；若 $|T|<t_{\alpha/2}(n-1)$（或 $\bar{x}\notin W$），则接受原假设 H_0．因为这个检验统计量 T 具有 t 分布，所以称为 t 检验法．

对于正态总体 $N(\mu,\sigma^2)$，当 σ^2 未知时，关于 μ 的单边检验的否定域由后文相关表格给出．

例 8.4　缴获一批弹药，从射表上知，此批弹药的表定初速度为 800．今任抽 9 发进行试验，测得初速度分别为 801，794，798，795，790，799，797，802，805．假设该批弹药初速度 X 服从正态分布，规定显著性水平 $\alpha=0.05$，问这批弹药的初速度是否符合表定初速度？

解　假设该批炮弹的初速度 X 服从正态分布 $N(\mu,\sigma^2)$，其中 μ 和 σ^2 均为未知常数．假设其初速度符合表定初速度，即 $\mu=\mu_0$，问题化为在 $\alpha=0.05$ 的显著性水平下检验假设 $H_0:\mu=\mu_0$，$H_1:\mu\neq\mu_0$ 的问题．样本容量为 $N=9$，不难算出样本均值和样本方差为

$$\bar{x}=\frac{1}{9}(801+794+798+795+790+799+797+802+805)\approx 797.9,$$

$$s^2=\frac{1}{9-1}\sum_{i=1}^{9}(x_i-\bar{x})^2\approx 4.5400^2,\ |t|=\frac{|\bar{x}-\mu_0|}{s/\sqrt{5}}\approx 1.3877.$$

检验假设 $H_0:\mu=\mu_0=800, H_1:\mu\neq\mu_0$；

显著性水平：$\alpha=0.05$，查自由度为 8 的 t 分布表得临界值 $C=t_{\alpha/2}(n-1)=t_{0.025}(8)=2.3060$；

否定域 W：由公式(8-9)知假设 H_0 的 0.05 水平的否定域为

$$W=\{|t|\geqslant 2.3060\}=\{t\geqslant 2.3060\}\cup\{t\leqslant -2.3060\}.$$

结论：由于 $|t|=1.3877<2.3060$，故不能否定原假设 H_0. 因此检验结果不能说明这批弹药初速度不符合表定初速度，即认为符合表定初速度.

8.2.2 两个正态总体均值差的检验

这里就两个正态总体的方差 σ_1^2,σ_2^2 在已知与未知(但相等)的两种情况下，分别讨论其均值差的检验问题.

1. σ_1^2 与 σ_2^2 已知时两总体均值差的检验(u 检验)

u 检验法不仅可用来检验单个正态总体在方差已知的情况下，其均值 μ 是否等于已知常数 μ_0，而且也可以用来检验两个正态总体在方差已知的情况下，它们的均值差是否等于已知常数 δ.

设 $X\sim N(\mu_1,\sigma_1^2)$，$Y\sim N(\mu_2,\sigma_2^2)$，$X$ 与 Y 相互独立，且 σ_1^2,σ_2^2 已知，取显著性水平为 α，欲检验假设 $H_0:\mu_1-\mu_2=\delta, H_1:\mu_1-\mu_2>\delta$.

分别从总体 X 与 Y 中抽取容量为 m,n 的两个样本，其样本观察值分别为 $(x_1,x_2,\cdots,x_m)$ 及 $(y_1,y_2,\cdots,y_n)$.

取 Z 统计量

$$Z=\frac{(\bar{X}-\bar{Y})-\delta}{\sqrt{\frac{\sigma_1^2}{m}+\frac{\sigma_2^2}{n}}}$$

作为检验统计量. 如果假设 $H_0:\mu_1-\mu_2=\delta$ 成立，则统计量 $Z\sim N(0,1)$. 于是可用统计量 Z 来进行检验：当 $z\geqslant C$ 时，否定 H_0；反之，当 $z<C$ 时，就接受 H_0，C 为待定常数.

与单个正态总体的 u 检验法类似，对给定的 α，由标准正态分布表查得临界值 $C=z_\alpha$，使得

$$P\{\text{否定 } H_0 \mid H_0 \text{ 为真}\}=P(Z\geqslant z_\alpha \mid \mu_1-\mu_2=\delta)=\alpha,$$

以 $x=(x_1,x_2,\cdots,x_m)$ 和 $y=(y_1,y_2,\cdots,y_n)$ 分别表示 m 维向量和 n 维向量. 于是否定域为

$$W=\left\{(x,y)\left|z=\frac{(\bar{x}-\bar{y}-\delta)}{\sqrt{\frac{\sigma_1^2}{m}+\frac{\sigma_2^2}{n}}}\geqslant z_\alpha\right.\right\}=\left\{\bar{x}-\bar{y}\geqslant\delta+z_\alpha\cdot\sqrt{\frac{\sigma_1^2}{m}+\frac{\sigma_2^2}{n}}\right\}. \quad (8-10)$$

最后作出判断：由两个样本的观察值 $x=(x_1,x_2,\cdots,x_m)$ 和 $y=(y_1,y_2,\cdots,y_n)$，计算统计量 Z 的观察值 z；若 $z\geqslant z_\alpha$ 时，则否定原假设 H_0；若 $z<z_\alpha$ 时，则接受原假设 H_0.

对于两个正态总体 X 与 Y，在其方差已知的情况下，关于均值差的其他两个检验问题的否定域由后文相关表格给出．应用上通常取 $\delta=0$.

例 8.5　甲、乙两台车床加工同一种轴，现在要测量轴的椭圆度．设甲加工的轴的椭圆度 $X\sim N(\mu_1,\sigma_1^2)$，乙加工的轴的椭圆度 $Y\sim N(\mu_2,\sigma_2^2)$，且 $\sigma_1=0.025$ mm，$\sigma_2=0.062$ mm. 今从甲、乙两台车床加工的轴中分别测量了 $m=200$，$n=150$ 根轴，并算得 $\bar{x}=0.081$ mm，$\bar{y}=0.060$ mm. 试问这两台车床加工的轴的椭圆度是否有显著差异？（取 $\alpha=0.05$）

解　按题意，σ_1，σ_2 已知，可得：

检验假设为 $H_0:\mu_1=\mu_2$，$H_1:\mu_1\neq\mu_2$；

求临界值：由 $\alpha=0.05$，查标准正态分布表得 $C=z_{\alpha/2}=z_{0.025}=1.96$；

计算统计量 Z 的值：由 $\bar{x}=0.081$，$\bar{y}=0.060$，$m=200$，$n=150$ 可算出 Z 的值为

$$z=\frac{\bar{x}-\bar{y}}{\sqrt{\dfrac{\sigma_1^2}{m}+\dfrac{\sigma_2^2}{n}}}=\frac{0.081-0.060}{\sqrt{\dfrac{0.025^2}{200}+\dfrac{0.062^2}{150}}}\approx 3.92.$$

否定域：查表可得，$W=\{|z|\geqslant z_{\alpha/2}=1.96\}$.

结论：因 $|z|=3.92>1.96$，所以否定原假设 H_0，即在显著性水平 $\alpha=0.05$ 下认为两台车床加工的轴的椭圆度有显著差异．

2. σ_1^2 与 σ_2^2 未知时（但 $\sigma_1^2=\sigma_2^2$）两总体均值差的检验（t 检验）

t 检验法除了用来检验单个正态总体在方差未知的情况下均值 μ 是否等于已知常数 μ_0 外，也可以用来检验两个正态总体在方差未知（但相等）的情况下它们的均值差是否等于已知常数 δ.

设 $X\sim N(\mu_1,\sigma_1^2)$，$Y\sim N(\mu_2,\sigma_2^2)$，$X$ 与 Y 相互独立，σ_1^2，σ_2^2 未知，但 $\sigma_1^2=\sigma_2^2=\sigma^2$，欲检验假设 $H_0:\mu_1-\mu_2=\delta$，$H_1:\mu_1-\mu_2\neq\delta$.

从总体 X，Y 中分别抽取容量为 m，n 的两个样本，其样本观察值分别为 $(x_1,x_2,\cdots,x_m)$ 及 $(y_1,y_2,\cdots,y_n)$，而 S_1^2，S_2^2 分别是它们的样本方差．

取 T 统计量

$$T=\frac{\overline{X}-\overline{Y}-\delta}{S_w\Big/\sqrt{\dfrac{1}{m}+\dfrac{1}{n}}}$$

作为检验统计量，其中 $S_w^2=\dfrac{(m-1)S_1^2+(n-1)S_2^2}{m+n-2}$. 在假设 H_0 成立的前提下，则统计量 T 服从 t 分布，自由度为 $m+n-2$. 与单个正态总体 t 检验法类似，对给定的 α，m 和 n，由

$$P\{否定 H_0 \mid H_0 为真\} = P\{|T| \geqslant C \mid \mu_1 - \mu_2 = \delta\} = \alpha,$$

查 t 分布表得临界值 $C = t_{\alpha/2}(m+n-2)$．以 $x=(x_1,x_2,\cdots,x_m)$ 和 $y=(y_1,y_2,\cdots,y_n)$ 分别表示 m 维向量和 n 维向量．于是否定域为

$$W = \left\{(x,y) \left| \, |t| = \frac{|\bar{x}-\bar{y}-\delta|}{s_w \Big/ \sqrt{\dfrac{1}{m}+\dfrac{1}{n}}} \geqslant t_{\alpha/2}(m+n-2) \right.\right\}. \tag{8-11}$$

即由两个样本的观察值 $x=(x_1,x_2,\cdots,x_m)$ 和 $y=(y_1,y_2,\cdots,y_n)$ 可算出统计量 T 的观察值 t，若 $|t| \geqslant t_{\alpha/2}(m+n-2)$ 时，则否定原假设 H_0；若 $|t| < t_{\alpha/2}(m+n-2)$ 时，则接受原假设 H_0．

特别地，如果 $m=n$，即来自 X 和来自 Y 的两个样本的容量相同，则

$$W = \left\{(x,y) \left| \, |t| = \frac{|\bar{x}-\bar{y}-\delta|}{\sqrt{s_1^2+s_2^2}} \cdot \sqrt{n} \geqslant t_{\alpha/2}(2n-2) \right.\right\}. \tag{8-12}$$

对于两个正态总体 X 与 Y，在方差未知但相等的情形下，关于均值差的其他两个检验问题的否定域在后文相关表格给出．在应用上常见的是 $\delta=0$ 的情形．

例 8.6　在相同的条件下，对两批弹药用同一门火炮进行弹道试验，各射击 5 发炮弹，测得初速度平均值及样本方差的观察值如下：

$$\bar{x} = 604 \text{ m/s}, s_1^2 = 9, \bar{y} = 605.2 \text{ m/s}, s_2^2 = 16.$$

取显著性水平 $\alpha = 0.10$. 问这两批弹药的初速度有无显著差异？

解　两批弹药看成两个总体 X 与 Y，根据中心极限定理，在正常生产条件下 X 与 Y 都服从正态分布．由题意可假设 $DX=DY$，即

$$X \sim N(\mu_1,\sigma^2), Y \sim N(\mu_2,\sigma^2).$$

于是，判断"这两批弹药的初速度有无显著差异"也就是要检验"假设 $\mu_1=\mu_2$"是否成立．

检验假设为 $H_0: \mu_1 = \mu_2, H_1: \mu_1 \neq \mu_2$；

计算结果：$|t| = \dfrac{|\bar{x}-\bar{y}|}{\sqrt{s_1^2+s_2^2}} \cdot \sqrt{n} = \dfrac{1.2}{5} \cdot \sqrt{5} \approx 0.537$；

临界值：由显著性水平 $\alpha = 0.10$，查自由度为 $2(n-1)=8$ 的 t 分布表，得临界值为

$$t_{\alpha/2}(5+5-2) = t_{0.05}(8) = 1.8595.$$

假设 H_0 的否定域 W：由公式(8-12)知 H_0 的 0.10 水平的否定域为

$$W = \{|t| \geqslant 1.8595\}.$$

结论：因为 $|t| = 1.8595 \geqslant 0.537$，故应接受假设 H_0，即认为这两批弹药的初速度无显著差异．

8.3　正态总体方差的显著性检验

本节就单个正态总体与两个正态总体的情形分别讨论其方差的显著性检验问题.

8.3.1　单个正态总体的情形

假设总体 $X \sim N(\mu,\sigma^2)$，$X_1,X_2,\cdots,X_n$ 是来自总体 X 的简单随机样本，样本观察值为 $x_1,x_2,\cdots,x_n$，给定的显著性水平为 α，σ^2 未知，μ 有已知和未知两种不同情形.

1. 总体 X 的数学期望已知

在已知 $\mu=\mu_0$ 的情况下，欲检验假设 $H_0:\sigma=\sigma_0$，$H_1:\sigma\neq\sigma_0$（σ_0 为给定的数）. 使用统计量

$$\chi^2=\sum_{i=1}^{n}\left(\frac{X_i-\mu_0}{\sigma_0}\right)^2$$

作为检验统计量. 由于 $X_1,X_2,\cdots,X_n$ 独立，且同为正态分布，故 $\chi^2\sim\chi^2(n)$. 在 H_0 成立的前提下，χ^2 的观察值不能过分大也不能过分小，从而较合理的检验规则是：当 $\chi^2\leqslant C_1$ 或 $\chi^2\geqslant C_2$ 时否定 H_0，不然就接受 H_0. 对给定的显著性水平 α 和自由度 n，由

$$P(\text{否定 }H_0\mid H_0\text{ 为真})=P\{(\chi^2\leqslant C_1)\cup(\chi^2\geqslant C_2)\mid\sigma^2=\sigma_0^2\}=\alpha$$

定出 C_1 与 C_2 很麻烦，不便于实际应用. 所以通常取

$$P(\chi^2\leqslant C_1\mid\sigma^2=\sigma_0^2)=P(\chi^2\geqslant C_2\mid\sigma^2=\sigma_0^2)=\frac{\alpha}{2},$$

于是查附录五得 $C_1=\chi^2_{1-\alpha/2}(n)$，$C_2=\chi^2_{\alpha/2}(n)$. 因此，否定域为

$$W=\{(x_1,x_2,\cdots,x_n)\mid\chi^2\leqslant\chi^2_{1-\alpha/2}(n)\text{ 或 }\chi^2\geqslant\chi^2_{\alpha/2}(n)\}.\tag{8-13}$$

2. 总体 X 的数学期望未知

在假设 μ 未知的情况下，欲检验假设 $H_0:\sigma^2=\sigma_0^2$，$H_1:\sigma^2>\sigma_0^2$（σ_0 为给定的数）. 由于样本方差 S^2 是 σ^2 的无偏估计量，于是在 H_0 成立时，S^2 集中在 σ_0^2 的周围波动，而不应过分大于 σ_0^2. 因此可取样本方差作为检验统计量. 为了查表方便，将其标准化得

$$\chi^2=\frac{1}{\sigma_0^2}\sum_{i=1}^{n}(X_i-\overline{X})^2=\frac{(n-1)S^2}{\sigma_0^2}.$$

在 H_0 成立的前提下，$\chi^2\sim\chi^2(n-1)$. 从而较合理的检验规则是：当 $\chi^2\geqslant C$ 时否定 H_0，不然就接受 H_0. 于是有下式，

$$P\{\text{否定 }H_0\mid H_0\text{ 为真}\}=P\{\chi^2\geqslant C\mid\sigma^2=\sigma_0^2\}=\alpha,$$

查附录得 $C=\chi^2_\alpha(n-1)$. 因此，否定域为

$$W=\{(x_1,x_2,\cdots,x_n)\mid\chi^2\geqslant\chi^2_\alpha(n-1)\}.\tag{8-14}$$

这种用服从χ^2分布的统计量对单个正态总体的方差进行假设检验的方法，称为χ^2检验法．关于方差的其他两个检验问题的否定域在后文中给出．

例 8.7 某火炮在直射距离上高低散布中间误差的战术技术指标为$E_{z_0}=0.4\text{ m}$. 今射击 7 发，得其估计值$\hat{E}_z=0.6\text{ m}$，取显著性水平$\alpha=0.05$. 问此火炮是否满足战术技术要求？

解 假设所考察的战术技术指标X服从正态分布$N(\mu,\sigma_z^2)$. 这里，样本容量$n=7$固定，要求根据估计值$\hat{E}_z=0.6$，检验假设$H_0:E_z\leqslant E_{z_0}=0.4$，$H_1:E_z>E_{z_0}$是否成立．由于中间误差和方差之间仅相差一个常数因子，因此上述假设等价于

$$H_0:\sigma_z^2\leqslant\sigma_{z_0}^2,H_1:\sigma_z^2>\sigma_{z_0}^2,$$

于是检验假设为$H_0:\sigma_z^2\leqslant\sigma_{z_0}^2$，$H_1:\sigma_z^2>\sigma_{z_0}^2$；

由样本值计算统计量χ^2的值：$\chi^2=\dfrac{(n-1)s^2}{\sigma_{z_0}^2}=\dfrac{(7-1)\hat{E}_z^2}{E_{z_0}^2}=\dfrac{6\times0.36}{0.16}=13.5$；

对$\alpha=0.05$，查自由度为 6 的χ^2分布表得临界值为

$$C=\chi_\alpha^2(n-1)=\chi_{0.05}^2(6)=12.59,$$

根据公式(8－14)，否定域为$W=\{\chi^2\geqslant\chi_\alpha^2(n-1)=12.59\}$.

结论：因为$\chi^2=13.5>12.59=\chi_{0.05}^2(6)$，所以否定原假设$H_0$，即认为火炮不满足战术技术指标．

8.3.2 两个正态总体的情形

假设有两个正态总体X和Y：$X\sim N(\mu_1,\sigma_1^2)$，$Y\sim N(\mu_2,\sigma_2^2)$，而$X_1,X_2,\cdots,X_m$和$Y_1,Y_2,\cdots,Y_n$分别是来自$X$和$Y$的两个相互独立的简单随机样本，$\mu_1,\mu_2,\sigma_1,\sigma_2$均未知．欲检验假设$H_0:\sigma_1^2=\sigma_2^2$，$H_1:\sigma_1^2\neq\sigma_2^2$.

要比较σ_1^2和σ_2^2，自然会想到用它们的无偏估计量$S_1^2=\dfrac{1}{m-1}\sum\limits_{i=1}^{m}(X_i-\overline{X})^2$与$S_2^2=\dfrac{1}{n-1}\sum\limits_{i=1}^{n}(Y_i-\overline{Y})^2$进行比较．于是取统计量$F=\dfrac{S_1^2}{S_2^2}$作为检验统计量．显然，当$F$很大或很小时，都不能认为$\sigma_1^2=\sigma_2^2$成立；只有当$F$接近于1时，才能认为$\sigma_1^2=\sigma_2^2$成立．从而较合理的检验规则是：当$F\leqslant C_1$或$F\geqslant C_2$时，否定$H_0$，不然就接受$H_0$. 由前面的定理知，统计量

$$\frac{S_1^2/\sigma_1^2}{S_2^2/\sigma_2^2}\sim F(m-1,n-1).$$

所以，当$H_0:\sigma_1^2=\sigma_2^2$为真时，统计量

$$F=\frac{S_1^2}{S_2^2}\sim F(m-1,n-1).$$

于是，对于给定的显著性水平 α 和自由度 $m-1,n-1$，则

$$P\{否定 H_0 \mid H_0 为真\}=P\{(F\leqslant C_1)\cup(F\geqslant C_2)\mid \sigma^2=\sigma_0^2\}=\alpha.$$

为了计算方便，通常取

$$P\{F\leqslant C_1 \mid \sigma^2=\sigma_0^2\}=P\{F\geqslant C_2 \mid \sigma^2=\sigma_0^2\}=\frac{\alpha}{2},$$

查附录六得 $C_1=F_{1-\alpha/2}(m-1,n-1)$，$C_2=F_{\alpha/2}(m-1,n-1)$．因此，否定域为

$$W=\{(x_1,x_2,\cdots,x_n)\mid F\leqslant F_{1-\alpha/2}(m-1,n-1) 或 F\geqslant F_{\alpha/2}(m-1,n-1)\}.\quad(8-15)$$

这种用服从 F 分布的统计量对两个正态总体的方差是否相等进行检验的方法，称为 F 检验法．关于 σ_1^2,σ_2^2 的其他两个检验问题的否定域在后文表格给出．

例 8.8　某自动机床加工同类型弹丸．现从两个不同班次的产品中各抽验了五个弹丸，并测定它们的重量，得如下数据．

零件编号 i	1	2	3	4	5
试样 1:x_i	20.66	20.63	20.68	20.60	20.67
试样 2:y_i	20.58	20.57	20.63	20.59	20.60

试根据抽验的结果，说明两个班次的弹丸重量的方差有无显著差异．(取显著性水平 $\alpha=0.05$)

解　两个班次的产品看成两个总体 X 和 Y，在正常生产的条件下 X 和 Y 都服从正态分布，即 $X\sim N(\mu_1,\sigma_1^2)$，$Y\sim N(\mu_2,\sigma_2^2)$．因此，问题转化为假设检验的问题．

检验假设为 $H_0:\sigma_1^2=\sigma_2^2$，$H_1:\sigma_1^2\neq\sigma_2^2$；

统计量 F 的值：由上表的数据，经计算得

$$\bar{x}=20.648,\bar{y}=20.594,s_1^2=1.07\times10^{-3},s_2^2=5.3\times10^{-4},$$

$$F=\frac{s_1^2}{s_2^2}=\frac{1.07\times10^{-3}}{5.3\times10^{-4}}\approx2.0189.$$

否定域：对于 $\alpha=0.10$，自由度 $m-1=n-1=5-1=4$，查 F 分布表得临界值

$$C_2=F_{\alpha/2}(m-1,n-1)=F_{0.05}(4,4)=6.39.$$

其次，可以算出临界值 $C_1=F_{1-\alpha/2}(m-1,n-1)=F_{0.95}(4,4)=0.16$．根据公式(8-15)，当 F 的值小于 0.16 或大于 6.4 时，否定假设 H_0．

结论：由于 $F=2.0189$，$0.16<2.0189<6.39$，可见不能否定假设 H_0，即只能接受假设 H_0，故认为方差无变化．

将正态总体参数(均值 μ、方差 σ^2)的假设检验法汇总于下表,以供查询．特别提醒读者注意,表中原假设一栏,在右边检验时,如将"="号换成"≤"号,其否定域不变;在左边检验时,如将"="号换成"≥"号,其否定域不变．

序号	原假设 H_0	检验统计量	H_0 为真时检验统计量服从的分布	备择假设 H_1	否定域
1	$\mu=\mu_0$ (σ^2 已知)	$Z=\dfrac{(\overline{X}-\mu_0)}{\sigma_0/\sqrt{n}}$	$N(0,1)$	$\mu>\mu_0$ $\mu<\mu_0$ $\mu\neq\mu_0$	$z\geqslant z_\alpha$ $z\leqslant -z_\alpha$ $\lvert z\rvert\geqslant z_{\alpha/2}$
2	$\mu=\mu_0$ (σ^2 未知)	$T=\dfrac{(\overline{X}-\mu_0)}{S/\sqrt{n}}$	$t(n-1)$	$\mu>\mu_0$ $\mu<\mu_0$ $\mu\neq\mu_0$	$t\geqslant t_\alpha(n-1)$ $t\leqslant -t_\alpha(n-1)$ $\lvert t\rvert\geqslant t_{\alpha/2}(n-1)$
3	$\mu_1-\mu_2=\delta$ (σ_1^2,σ_2^2 已知)	$Z=\dfrac{\overline{X}-\overline{Y}-\delta}{\sqrt{\dfrac{\sigma_1^2}{m}+\dfrac{\sigma_2^2}{n}}}$	$N(0,1)$	$\mu_1-\mu_2>\delta$ $\mu_1-\mu_2<\delta$ $\mu_1-\mu_2\neq\delta$	$z\geqslant z_\alpha$ $z\leqslant -z_\alpha$ $\lvert z\rvert\geqslant z_{\alpha/2}$
4	$\mu_1-\mu_2=\delta$ ($\sigma_1^2=\sigma_2^2=\sigma^2$ 未知)	$T=\dfrac{\overline{X}-\overline{Y}-\delta}{S_w\sqrt{\dfrac{1}{m}+\dfrac{1}{n}}}$	$t(m+n-2)$	$\mu_1-\mu_2>\delta$ $\mu_1-\mu_2<\delta$ $\mu_1-\mu_2\neq\delta$	$t\geqslant t_\alpha(m+n-2)$ $t\leqslant -t_\alpha(m+n-2)$ $\lvert t\rvert\geqslant t_{\alpha/2}(m+n-2)$
5	$\sigma^2=\sigma_0^2$ ($\mu=\mu_0$ 已知)	$\chi_0^2=\dfrac{\sum\limits_{i=1}^{n}(X_i-\mu_0)^2}{\sigma_0^2}$	$\chi^2(n)$	$\sigma^2>\sigma_0^2$ $\sigma^2<\sigma_0^2$ $\sigma^2\neq\sigma_0^2$	$\chi_0^2\geqslant\chi_\alpha^2(n)$ $\chi_0^2\leqslant\chi_{1-\alpha}^2(n)$ $\chi_0^2\geqslant\chi_{\alpha/2}^2(n)$ 或 $\chi_0^2\leqslant\chi_{1-\alpha/2}^2(n)$
6	$\sigma^2=\sigma_0^2$ (μ 未知)	$\chi^2=\dfrac{(n-1)s^2}{\sigma_0^2}$	$\chi^2(n-1)$	$\sigma^2>\sigma_0^2$ $\sigma^2<\sigma_0^2$ $\sigma^2\neq\sigma_0^2$	$\chi^2\geqslant\chi_\alpha^2(n-1)$ $\chi^2\leqslant\chi_{1-\alpha}^2(n-1)$ $\chi^2\geqslant\chi_{\alpha/2}^2(n-1)$ 或 $\chi^2\leqslant\chi_{1-\alpha/2}^2(n-1)$
7	$\sigma_1^2=\sigma_2^2$ (μ_1,μ_2 未知)	$F=\dfrac{S_1^2}{S_2^2}$	$F(m-1,$ $n-1)$	$\sigma_1^2>\sigma_2^2$ $\sigma_1^2<\sigma_2^2$ $\sigma_1^2\neq\sigma_2^2$	$F\geqslant F_\alpha(m-1,n-1)$ $F\leqslant F_{1-\alpha}(m-1,n-1)$ $F\geqslant F_{\alpha/2}(m-1,n-1)$ 或 $F\leqslant F_{1-\alpha/2}(m-1,n-1)$

8.4　反常试验结果的判定和处理

在整理试验结果时，有时会遇到这样的情况，就是大部分试验结果都相差不大，但却有个别的试验结果与其他结果有着明显的差异．这个试验结果是由于发生了某种人为的错误而造成的，还是由于试验条件的突然变化而造成的呢？这个试验结果的取舍对试验的最后结论有很大的影响，故把这样的试验结果称为**"可疑"结果**．

比如，用某种观测器材测量距离9次，得到如下结果（单位：m）：

1020,970,1030,1000,980,1100,1290,1010,1050.

显然，1290这个结果与其余的观测结果有明显差异，是一个"可疑"结果．如果把1290这个结果当成正常的观测结果，在测量结果呈正态分布的条件下，可以求得测量结果的数学期望和表征测量器材精度的中间误差的估计值分别为

$$\bar{x}=1050, E_{\chi}\approx 66.$$

如果把这个可疑结果当成反常测量结果而予以舍弃，则得数学期望和中间误差的估计值分别为：

$$\bar{x}=1020, E_{\chi}\approx 28.$$

可见，可疑结果的取舍对整个测量结果的影响是很大的，特别是对确定测量器材精度的影响是十分明显的．假定对该观测器材的测量精度要求 $E_{\chi}\leqslant 40$ m，如果把上述可疑结果舍弃，就认为该器材合格，否则就不合格，不能通过验收．在这种情况下，对1290这个可疑结果的取舍就关系到该观测器材是否合格、是否能通过验收的问题．所以，对可疑结果的处理是一个十分慎重的问题．

一般来说，当出现了可疑结果时，应首先分析产生可疑结果的原因．如果是操作人员在操作过程中发生了某种过失，那么就可把这个可疑结果予以剔除；如果一切正常，找不出人为的特殊原因，那么就应当用数理统计的方法来确定其取舍．

从数理统计的观点看，产生可疑结果的原因有以下三种：

(1) 数学期望发生了变化；

(2) 方差发生了变化；

(3) 数学期望和方差都发生了变化．

根据试验的独立性，所有试验结果都应当来自同一总体，也就是说，所有试验结果的数学期望和方差都是相同的．如果可疑结果是在数学期望或方差发生了变化的情况下获得的，可疑结果自然与其他试验结果有明显差异．这种情况在炮兵射击中是可能发生的．比如，某一发炮弹在飞行过程中遇到了阵风的影响，就会使数学期望和方差都发生变化．又

如，由于弹药厂的过失，误将一发弹重不合标准的弹丸当成了标准弹，那么这发炮弹的射程必定与标准弹的射程不一样，这就使数学期望发生了变化．

如果上述种种原因都不能肯定，那就必须从这个试验结果出现的概率大小来决定其取舍，这就是所谓试验结果的“反常性”问题的判定．假定对某个量进行了 n 次独立试验或观察，其结果按如下大小顺序排列为：

$$x_1^* \leqslant x_2^* \leqslant \cdots \leqslant x_{n-1}^* \leqslant x_n^* .$$

如果试验结果呈正态分布，其数学期望和中间偏差均为未知．不妨令 x_n^* 为可疑的试验结果，并暂时舍弃这个结果，来考察统计量

$$T=\frac{x_n^* - \overline{x}_{n-1}^*}{E_{n-1}},$$

其中，

$$\overline{x}_{n-1}^* = \frac{1}{n-1}\sum_{i=1}^{n-1} x_i^* ,$$

$$E_{n-1} = k\sqrt{\sum_{i=1}^{n-1} (x_i^* - \overline{x}_{n-1}^*)^2}, k=0.6745.$$

在统计量 T 中，由于 x_n^* 是一个最大的试验结果，所以 T 并不服从正态分布，但可以规定：如果根据这 n 个数据算出了统计量 T 的值小于 5，也就是说，x_n^* 与平均值 $\overline{x}_{n-1}^*$ 的差小于 E_{n-1} 的 5 倍（$5E_{n-1} \approx 5k\sqrt{\sum_{i=1}^{n-1}(x_i^* - \overline{x}_{n-1}^*)^2} \approx 3.3725\hat{\sigma}$），则应当采用这个可疑的结果．如果所求得的 T 值大于 5，说明这个试验结果 x_n^* 在 n 次试验中出现的概率应该是很小的，甚至是不可能出现的，但它确实出现了，所以，就把它当作反常的结果而予以舍弃．

就上面的例子，当暂时舍弃 1290 这个结果后，算得数学期望和中间误差的估计值分别为

$$\overline{x}_{n-1}^* = 1020,$$

$$E_{n-1} \approx 28,$$

所以

$$T=\frac{x_n^* - \overline{x}_{n-1}^*}{E_{n-1}} = \frac{1290-1020}{28} \approx 9.6 > 5,$$

由此，$x_n^* = 1290$ 为反常结果，在整理时应当舍弃．

总之，“可疑”结果的取舍问题是一个十分慎重的问题．如果舍弃不当，就会对全部试验结果引起重大误差，从而做不出恰当的判断．此外，采用上述方法（最简单方法）判定试验结

果的反常性问题仅适用于这些结果服从于正态分布的情形．考虑到正态分布的对称性，上面所研究的方法也同样适用于试验结果中最小的一个 x_1^*，此时，取统计量为 $T=\frac{|x_1^*-\bar{x}_{n-1}^*|}{E_{n-1}}$ 的形式．

至于其他比较复杂的判定“反常结果”的方法，本章就不去研究了．

习　题　八

1. 举例说明小概率原理的应用．

2. 什么是假设检验中的两类错误？为什么会造成这两类错误？

3. 有人认为既然假设检验中可能犯两类错误，那么假设检验是不可靠的．这种看法对吗？为什么？

4. 某批矿砂的5个样品中的镍含量经测定为：3.25%，3.27%，3.24%，3.26%，3.24%．设测定值总体服从正态分布，问在 $\alpha=0.01$ 下能否接受假设：这批矿砂镍含量的均值为3.25%？

5. 要求某种元件的使用寿命(单位：h)不得低于1000，现从一批这种元件中随机抽取25件，测得其寿命平均值为950，已知该种元件的寿命服从均方差 $\sigma=100$ 的正态分布，试在显著性水平 $\alpha=0.05$ 下确定这批元件是否合格？

6. 缴获一批弹药，从射表上知，此批弹药的表定初速度为800 m/s. 今任抽9发进行试验，测得平均初速度 $\bar{v}=796.5$ m/s，均方差估值 $\hat{\sigma}=5$ m/s. 规定显著性水平 $\alpha=0.05$，问这批弹药的初速度是否符合表定初速度？

7. 20世纪70年代后期人们发现，在酿造啤酒时，在麦芽干燥过程中会产生致癌物质亚硝基二甲胺(NDMA). 到了80年代初期开发了一种新的麦芽干燥过程．下面给出分别在新、老两种过程中产生的NDMA含量(单位：μg/kg).

老过程	6　4　5　5　6　5　5　6　4　6　7　4
新过程	2　1　2　2　1　0　3　2　1　0　1　3

设两样本分别来自正态总体，且两总体的方差相等，两样本独立．分别以 μ_1,μ_2 记对应于老、新过程的总体的均值，试检验假设(取 $\alpha=0.05$) $H_0:\mu_1-\mu_2=2$，$H_1:\mu_1-\mu_2>2$.

8. 对两批弹药用同一门火炮进行弹道试验，各射击5发，得到结果如下(单位：m/s)：

批次 i	平均初速度 $\bar{v}_i$	均方差估计 $\hat{\sigma}_i$
1	604.0	3.0
2	605.2	4.0

假设这两批弹药初速度散布均方差真值相等，问：当显著性水平 $\alpha=0.10$ 时，这两批弹药的平均初速度有无显著差异？

9. 某种导线，要求其电阻的标准差不得超过0.005 Ω. 在生产的一批导线中取样品9根，测得 $s=0.007$ Ω，设总体为正态分布．问在 $\alpha=0.05$ 水平下能否认为这批导线的标准差显著偏大？

10. 某反坦克武器立靶试验，射击一组10发，得弹着点坐标(高低坐标，单位：cm)：4，6，7，5，10，12，16，

3,30,9. 给定显著性水平 $\alpha = 0.01$ 时,问可疑结果 30 是否为反常结果?

11. 火炮射程试验,得出 5 个值(单位:m):8220,8245,8260,8290,8600. 当显著性水平 $\alpha = 0.10$ 时,问可疑结果 8600 是否为反常结果?

12. 测得两批电子器件样品的电阻(单位:Ω) 如下.

A 批(x)	0.140	0.138	0.143	0.142	0.144	0.137
B 批(y)	0.135	0.140	0.142	0.136	0.138	0.140

设这两批器材的电阻值总体分别服从分布 $N(\mu_1,\sigma_1^2)$,$N(\mu_2,\sigma_2^2)$,且两样本独立.

(1) 检验假设($\alpha = 0.05$):

$$H_0:\sigma_1^2 = \sigma_2^2, H_1:\sigma_1^2 \neq \sigma_2^2.$$

(2) 在(1) 的基础上检验假设($\alpha = 0.05$):

$$H_0':\mu_1 = \mu_2, H_1':\mu_1 \neq \mu_2.$$

13. 有两台机器生产金属部件. 分别在两台机器所生产的部件中各取一容量 $n_1 = 60$,$n_2 = 40$ 的样本,测得部件质量的样本方差分别为 $s_1^2 = 15.46$,$s_2^2 = 9.66$. 设两样本相互独立. 两总体分别服从分布 $N(\mu_1,\sigma_1^2)$,$N(\mu_2,\sigma_2^2)$. 试在水平 $\alpha = 0.05$ 下检验假设:

$$H_0:\sigma_1^2 = \sigma_2^2, H_1:\sigma_1^2 > \sigma_2^2.$$

14. 一个中学校长在报纸上看到这样的报道:"这一城市的初中学生平均每周看 8 小时电视."他认为他所在的学校中学生看电视的时间明显小于该数字. 为此他向 100 个学生做了调查,得知平均每周看电视的时间 $\overline{x} = 6.5$ h,样本标准差为 $s = 2$ h. 问是否可以认为这位校长的看法是对的? 取 $\alpha = 0.05$.(注:这是大样本的检验问题. 由中心极限定理和斯鲁茨基定理可知,不管总体服从什么分布,只要方差存在,当 n 充分大时,$\frac{\overline{x}-\mu}{s/\sqrt{n}}$ 近似服从正态分布)

第9章　回归分析与方差分析

回归分析与方差分析都是数理统计的重要内容．本章只介绍回归分析的最基本内容．

9.1　一元线性回归

在实际问题中，经常遇到许多变量，这些变量是相互联系、相互制约的，也就是说，它们之间客观上存在着一定的关系．变量之间的关系可大致分为两类：一类是确定性关系，例如，已知圆的半径 R，则圆的面积可以用公式 $S=\pi R^2$ 来计算，这里 S 与 R 有着确定性的关系．这类关系可用函数关系来表达，这是在初等数学和数学分析中所熟知的．另一类变量间的关系则是不确定的，称其为非确定性关系，即所谓相关关系．

9.1.1　问题的提出

例 9.1　居民按人口计算的平均收入与某种商品（如糖果）的消费量之间有着一定的联系．一般说来，平均收入高的，消费量大．但平均收入相同时，这种商品的消费量却不一定是完全相同的．

例 9.2　树木的断面直径与高度之间是有联系的．一般说来，较粗的树较高，较细的树较低，但直径相同的树其高度也可能不同．

例 9.3　某矿厂开采出来的矿石中含有两种主要成分 A 和 B，它们所占的百分比往往是 A 较高时 B 也较高．但在 B 所占百分比相同的矿石中，A 所占百分比也可能是不同的．

在以上的三个例子中，变量之间的关系都是不确定的．不难发现，每个例子中的变量至少有一个是随机变量，像这样至少有一个是随机变量的变量间关系称为相关关系或统计关系．本章只研究一个是随机变量而另一个是普通变量（即其值是可以控制或精确观察的变量）的相关关系．

本章主要任务是寻找非确定联系的统计关系，并运用这种统计关系，从一个或几个变量所取的值去有效地预测与之相关的另一个随机变量所取的值．例如，为了正确地估计一片森林的木材蕴藏量，就要知道树的高度和直径．但是高度的测量比较困难，如知道了直径与高度的统计关系，那么就可以根据直径很好地把高度预测出来．

尽管相关关系具有非确定性，但在大量的观察下，往往呈现出一定的规律性．若将有相关关系的两个变量的对应观察值作为直角坐标平面上点的坐标，并把这些点标在平面上，就得出点的散布图，这样的图就称为观察值的散点图．从散点图上一般可以看出变量关系的统计规律性．例如图 9-1 及图 9-2 分别是变量 X 与 Y 及 T 与 S 的观察值的散点图，可以看出图 9-1 的散点大致围绕一条直线散布，而图 9-2 的散点则大致围绕一条抛物线散布，这就是变量间统计规律性的一种表现．这样，图中的直线和抛物线就可作为 X 和 Y 及 S 和 T 的观察结果的一种近似描述．也就是说变量间的相关关系有时候仍然可借助函数来近似表达它们之间的规律性．这样的函数称为回归函数．如果回归函数是线性的，则称变量间是线性相关的．对两个因素间的相关关系的研究称为一元回归分析，对三个或三个以上变量间的相关关系的研究称为多元回归分析．

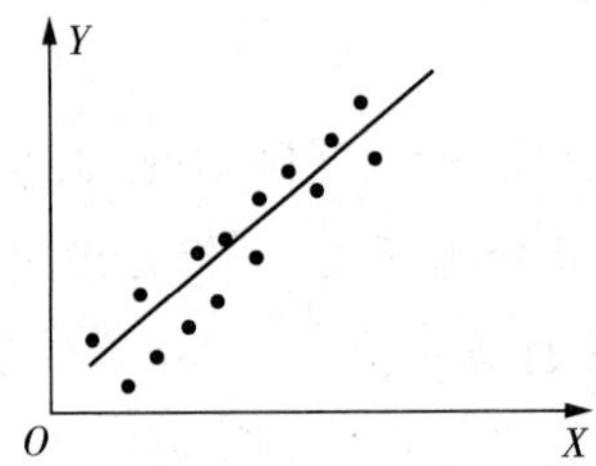

图 9-1　变量 X 与 Y 的观察值的散点图

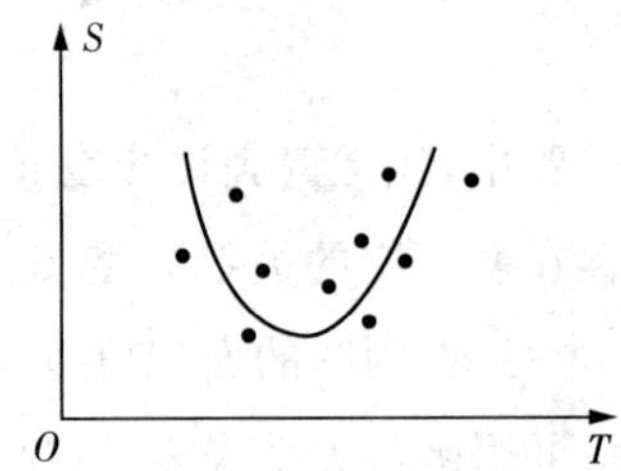

图 9-2　变量 T 与 S 的观察值的散点图

9.1.2　一元线性回归模型

设 y 是随机变量，x 是普通变量，x 和 y 之间存在如下线性关系：

$$y=a+bx+\varepsilon. \tag{9-1}$$

其中 ε 是服从正态分布 $N(0,\sigma^2)$ 的随机变量，a,b 及 σ^2 都是不依赖于 x 的未知参数，称公式(9-1)为一元线性回归模型．

取 x 的一组不完全相同的值 $x_1,x_2,\cdots,x_n$ 作独立试验，得到 n 个观察结果：

$$(x_1,y_1),(x_2,y_2),\cdots,(x_n,y_n). \tag{9-2}$$

其中 y_i 是 $x=x_i$ 时对随机变量 y 的观察值．公式(9-2)就是一个容量为 n 的样本．

如果由样本(9-2)得到公式(9-1)中 a,b 的估计 $\hat{a},\hat{b}$，则称

$$\hat{y}=\hat{a}+\hat{b}x$$

为 y 关于 x 的线性回归方程或回归方程，其对应的图形称为回归直线，$\hat{a},\hat{b}$ 称为回归系数，x 称为回归变量．

9.1.3　回归方程的确定

取一容量为 n 的样本(9－2),由公式(9－1)得

$$y_i = a + bx_i + \varepsilon_i, i = 1, 2, \cdots, n. \tag{9-3}$$

其中 $\varepsilon_i \sim N(0, \sigma^2)$,各 ε_i 相互独立.

下面用最小二乘法来给出 a,b 的点估计 $\hat{a},\hat{b}$,其思想为:用 $\hat{a},\hat{b}$ 来作为 a,b 的估计值,得到回归方程 $\hat{y}=\hat{a}+\hat{b}x$,由此就会产生偏差 $y_i - \hat{y}_i (i=1,2,\cdots,n)$. 我们当然希望这些偏差越小越好. 而衡量这些偏差大小的一个单一指标为它们的平方和 $\sum_{i-1}^{n}(y_i - \hat{y}_i)^2$(通过平方可以去掉符号的影响,若简单求和,则正负偏差抵消了),故希望 $\hat{a},\hat{b}$ 使

$$Q(a,b) = \sum_{i=1}^{n}(y_i - a - bx_i)^2 \tag{9-4}$$

达到最小.

根据微分学的知识,回归系数 $\hat{a},\hat{b}$ 是下列方程组的解

$$\begin{cases} \dfrac{\partial Q}{\partial a} = -2\sum\limits_{i=1}^{n}(y_i - a - bx_i) = 0, \\ \dfrac{\partial Q}{\partial b} = -2\sum\limits_{i=1}^{n}(y_i - a - bx_i)x_i = 0. \end{cases} \tag{9-5}$$

化简整理公式(9－5)得

$$\begin{cases} \sum\limits_{i=1}^{n} y_i - na - b\sum\limits_{i=1}^{n} x_i = 0, \\ \sum\limits_{i=1}^{n} x_i y_i - a\sum\limits_{i=1}^{n} x_i - b\sum\limits_{i=1}^{n} x_i^2 = 0. \end{cases} \tag{9-6}$$

解公式(9－6),并分别用 $\hat{a},\hat{b}$ 记其解,得

$$\begin{cases} \hat{b} = \dfrac{\sum\limits_{i=1}^{n}(x_i - \bar{x})(y_i - \bar{y})}{\sum\limits_{i=1}^{n}(x_i - \bar{x})^2} = \dfrac{\sum\limits_{i=1}^{n} x_i y_i - n\bar{x}\cdot\bar{y}}{\sum\limits_{i=1}^{n} x_i^2 - n\bar{x}^2} = \dfrac{S_{xy}}{S_{xx}}, \\ \hat{a} = \bar{y} - \hat{b}\bar{x}. \end{cases} \tag{9-7}$$

其中

$$\bar{x} = \frac{1}{n}\sum_{i=1}^{n} x_i, \bar{y} = \frac{1}{n}\sum_{i=1}^{n} y_i, S_{xy} = \sum_{i=1}^{n} x_i y_i - n\bar{x}\cdot\bar{y}, S_{xx} = \sum_{i=1}^{n} x_i^2 - n\bar{x}^2.$$

例 9.4　在某种产品的表面进行腐蚀刻线试验，得到腐蚀深度 y 与腐蚀时间 x 对应的一组数据如下表.

X	5	10	15	20	30	40	50	60	70	90	120
Y	6	10	10	13	16	17	19	23	25	29	46

试求 y 关于 x 的线性回归方程.

解　把求得的一些数据列成下表.

序　号	x_i	y_i	x_i^2	y_i^2	x_iy_i
1	5	6	25	36	30
2	10	10	100	100	100
3	15	10	225	100	150
4	20	13	400	169	260
5	30	16	900	256	480
6	40	17	1600	289	680
7	50	19	2500	361	950
8	60	23	3600	529	1380
9	70	25	4900	625	1750
10	90	29	8100	841	2610
11	120	46	14400	2116	5220
$\sum$	510	214	36750	5422	13610

由上表可得，$\bar{x}=\dfrac{510}{11}$，$\bar{y}=\dfrac{214}{11}$，代入式(9－7)得

$$\hat{b}=\frac{13610-11\times\dfrac{510}{11}\times\dfrac{214}{11}}{36750-11\times\left(\dfrac{510}{11}\right)^2}\approx 0.281,$$

$$\hat{a}=\frac{214}{11}-0.281\times\frac{510}{11}\approx 6.427,$$

故 y 关于 x 的回归方程为 $\hat{y}=6.427+0.281x$.

9.2 回归直线的统计分析

9.2.1 回归系数与回归直线的统计性质

关于回归系数 $\hat{a}$ 与 $\hat{b}$ 的统计性质,以定理的形式给出.

定理 1 在一元线性回归模型假定下,回归系数 $\hat{a},\hat{b}$ 具有如下性质:

(1)$\hat{a}$ 为正态随机变量,且

$$E(\hat{a})=a, D(\hat{a})=\sigma^2\left(\frac{1}{n}+\frac{\bar{x}^2}{S_{xx}}\right). \tag{9-8}$$

(2)$\hat{b}$ 为正态随机变量,且

$$E(\hat{b})=b, D(\hat{b})=\frac{\sigma^2}{S_{xx}}. \tag{9-9}$$

(3)$\hat{a}$ 与 $\hat{b}$ 的协方差为

$$\mathrm{Cov}(\hat{a},\hat{b})=E[\hat{a}-E(\hat{a})][\hat{b}-E(\hat{b})]=E(\hat{a}-a)(\hat{b}-b)=-\frac{\bar{x}}{S_{xx}}\sigma^2. \tag{9-10}$$

此定理说明:$\hat{a},\hat{b}$ 分别为未知参数 a,b 的无偏估计;当 $\bar{x}=0$ 时,$\hat{a}$ 与 $\hat{b}$ 无关,此时 $D(\hat{a})$ 达到最小值$\frac{\sigma^2}{n}$. 所以为了提高 $\hat{a}$ 的估计精度,当自变量 x 可正可负时,最好选择 x_i 使得 $\bar{x}=0$;$D(\hat{b})$ 与 S_{xx} 成反比,所以为了提高 $\hat{b}$ 的估计精度,应该选择 x_i 使其有较大的散布.

因此,在求回归直线时,应注意如下几点:

(1) 当 x_i 可正可负时,选取 $x_1,x_2,\cdots,x_n$,使 $\bar{x}=0$;

(2)$x_1,x_2,\cdots,x_n$ 的散布越大越好,即 $S_{xx}=\sum\limits_{i=1}^{n}(x_i-\bar{x})^2$ 越大越好;

(3) 试验次数 n 不应过小.

由回归系数 $\hat{a},\hat{b}$ 的统计性质可推得回归直线 $\hat{y}=\hat{a}+\hat{b}x$ 的统计性质,也以定理的形式给出.

定理 2 在一元线性回归模型假定下,回归直线 $\hat{y}=\hat{a}+\hat{b}x$ 具有如下性质:$\hat{y}=\hat{a}+\hat{b}x$ 服从正态分布,且

$$\begin{cases}E(\hat{y})=a+bx,\\ D(\hat{y})=\sigma^2\left[\dfrac{1}{n}+\dfrac{(x-\bar{x})^2}{S_{xx}}\right].\end{cases} \tag{9-11}$$

证明 容易看出,对任意 x,$\hat{y}=\hat{a}+\hat{b}x$ 为正态变量,它的数学期望为

$$E(\hat{y})=E(\hat{a}+\hat{b}x)=E(\hat{a})+E(\hat{b})x=a+bx,$$

$\hat{y}$ 的方差为

$$
\begin{aligned}
D(\hat{y}) &= E\{[\hat{y}-(a+bx)]^2\} = E\{[(\hat{a}-a)+(\hat{b}-b)x]^2\} \\
&= E[(\hat{a}-a)^2 + x^2(\hat{b}-b)^2 + 2x(\hat{a}-a)(\hat{b}-b)] \\
&= D(\hat{a}) + x^2 D(\hat{b}) + 2x\mathrm{Cov}(\hat{a},\hat{b}),
\end{aligned}
$$

将 $D(\hat{a})$，$D(\hat{b})$ 及 $\mathrm{Cov}(\hat{a},\hat{b})$ 的结果代入得

$$
D(\hat{y}) = \sigma^2\left[\frac{1}{n} + \frac{(x-\bar{x})^2}{S_{xx}}\right].
$$

此定理说明，对任意 x，回归直线 $\hat{y}=\hat{a}+\hat{b}x$ 是未知函数 $y=a+bx$ 的无偏估计．另一方面，回归直线的方差 $D(\hat{y})$ 对不同的 x 值是不等的，也即在不同的 x 值上，回归直线的精度是不等的．在 $x=\bar{x}$ 处，$D(\hat{y})$ 取得最小值，为$\frac{\sigma^2}{n}$；当 x 愈远离 $\bar{x}$ 时，方差 $D(\hat{y})$ 将愈大．

9.2.2 σ^2 的估计

仍记 $\hat{y}_i=\hat{a}+\hat{b}x_i$，$i=1,2,\cdots,n$. 称 $y_i-\hat{y}_i$ 为 x_i 处的残差，称

$$
Q_e = \sum_{i=1}^{n}(y_i-\hat{y}_i)^2 = \sum_{i=1}^{n}(y_i-\hat{a}-\hat{b}x_i)^2 \tag{9-12}
$$

为残差平方和．可以证明

$$
\frac{Q_e}{\sigma^2} \sim \chi^2(n-2). \tag{9-13}
$$

于是 $E\left(\frac{Q_e}{\sigma^2}\right)=n-2$，故 $\hat{\sigma}^2=\frac{Q_e}{n-2}$ 是 σ^2 的无偏估计．

为便于计算 Q_e，对 Q_e 进行如下分解：

$$
\begin{aligned}
Q_e &= \sum_{i=1}^{n}(y_i-\hat{y}_i)^2 = \sum_{i=1}^{n}[y_i-\bar{y}-\hat{b}(x_i-\bar{x})]^2 \\
&= \sum_{i=1}^{n}(y_i-\bar{y})^2 - 2\hat{b}\sum_{i=1}^{n}(x_i-\bar{x})(y_i-\bar{y}) + \hat{b}^2\sum_{i=1}^{n}(x_i-\bar{x})^2.
\end{aligned}
$$

由公式(9－7)可知 $\hat{b}=\frac{S_{xy}}{S_{xx}}$，故

$$
Q_e = S_{yy} - \hat{b}S_{xy}. \tag{9-14}
$$

其中 $S_{yy}=\sum_{i=1}^{n}(y_i-\bar{y})^2$.

例 9.5　求例 9.4 中 σ^2 的无偏估计．

解　计算得

$$S_{yy}=\sum_{i=1}^{n}(y_i-\bar{y})^2=\sum_{i=1}^{n}y_i^2-\frac{1}{n}\left(\sum_{i=1}^{n}y_i\right)^2=\sum_{i=1}^{n}y_i^2-n\bar{y}^2=5422-11\times\left(\frac{214}{11}\right)^2\approx 1258.7,$$

$$S_{xy}=\sum_{i=1}^{n}(x_i-\bar{x})(y_i-\bar{y})=\sum_{i=1}^{n}x_iy_i-n\bar{x}\cdot\bar{y}=13610-11\times\frac{510}{11}\times\frac{214}{11}\approx 3688.2,$$

$$Q_e=S_{yy}-\hat{b}S_{xy}=1258.7-0.281\times 3688.2\approx 222.3,$$

故

$$\hat{\sigma}^2=\frac{Q_e}{(n-2)}=\frac{222.3}{9}\approx 24.7.$$

9.2.3　线性假设的显著性检验

变量 y 为变量 x 的线性函数 $y=a+bx$ 时，其中系数 b 称为线性系数．若线性假设式(9-1)符合实际，则 b 不应为零，因为若 $b=0$，则 y 就不依赖于 x 了．因此，检验假设为

$$H_0:b=0, \tag{9-15}$$

$$H_1:b\neq 0. \tag{9-16}$$

我们使用 t 检验法来进行检验．

据上面的分析，回归系数 $\hat{b}$ 服从正态分布，即

$$\hat{b}\sim N\left(b,\frac{\sigma^2}{S_{xx}}\right). \tag{9-17}$$

又由公式(9-12)、公式(9-13)知

$$\frac{(n-2)\hat{\sigma}^2}{\sigma^2}=\frac{Q_e}{\sigma^2}\sim\chi^2(n-2),$$

且 $\hat{b}$ 与 Q_e 独立，故有

$$\frac{\hat{b}-b/\sqrt{\frac{\sigma^2}{S_{xx}}}}{\sqrt{\frac{(n-2)\hat{\sigma}^2}{\sigma^2}/(n-2)}}\sim t(n-2),$$

即

$$\frac{\hat{b}-b}{\hat{\sigma}}\sqrt{S_{xx}}\sim t(n-2). \tag{9-18}$$

这里 $\hat{\sigma}=\sqrt{\hat{\sigma}^2}$．

当 H_0 为真时，$b=0$，此时

$$t=\frac{\hat{b}}{\hat{\sigma}}\sqrt{S_{xx}}\sim t(n-2), \tag{9-19}$$

且 $E(\hat{b})=b=0$，即得 H_0 的拒绝域为

$$|t|=\frac{|\hat{b}|}{\hat{\sigma}}\sqrt{S_{xx}}\geqslant t_{\frac{\alpha}{2}}(n-2). \tag{9-20}$$

此处 α 为显著性水平．

当假设 $H_0:b=0$ 被拒绝时，认为回归效果是显著的；反之，就认为回归效果不显著．回归效果不显著的原因可能有如下几种：

(1) 影响 y 取值的，除 x 外还有其他不可忽略的因素；

(2) y 与 x 的关系不是线性的，而存在着其他的关系；

(3) y 与 x 不存在关系．

因此需要进一步分析原因，分别处理．

当回归效果显著时，可由公式(9-18)得到 b 的置信度为 $1-\alpha$ 的置信区间为

$$\hat{b}-t_{\frac{\alpha}{2}}(n-2)\frac{\sigma}{\sqrt{S_{xx}}},\hat{b}+t_{\frac{\alpha}{2}}(n-2)\frac{\sigma}{\sqrt{S_{xx}}}. \tag{9-21}$$

例 9.6　某型号火箭的压力 x 与燃速 y 之间有密切关系，今测得 5 对试验数据如下：

x_i(kg/m^2)	70	80	90	100	110
y_i(mm/s)	11.25	11.28	11.65	11.70	12.14

从理论上讲，压力 x 与燃速 y 之间有线性关系，试求 y 与 x 之间的回归直线．

解　首先作出散点图，如图 9-3 所示．

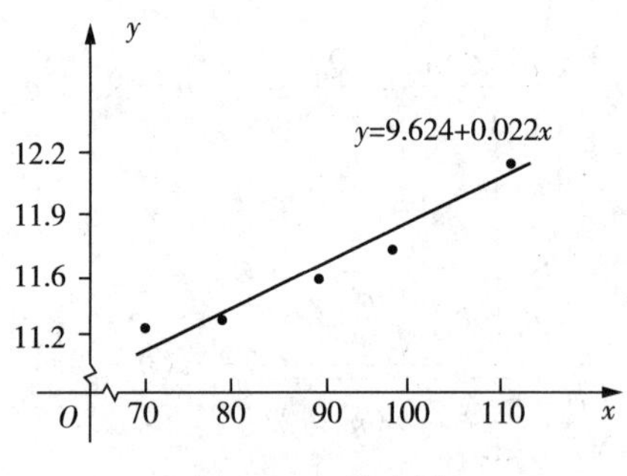

图 9-3　散点图

设所求回归直线方程为 $\hat{y}=\hat{a}+\hat{b}x$，列表计算如下．

i	x_i	y_i	x_i^2	y_i^2	x_iy_i
1	70	11.25	4900	126.5625	787.5
2	80	11.28	6400	127.2384	902.4
3	90	11.65	8100	135.7225	1048.5
4	100	11.70	10000	136.8900	1170.0

（续表）

i	x_i	y_i	x_i^2	y_i^2	$x_i y_i$
5	110	12.14	12100	147.3796	1335.4
$\sum$	450	58.02	41500	673.7930	5243.8
平均	90	11.604	—	—	—

$$S_{xx}=41500-\frac{1}{5}\times 450^2=1000,$$

$$S_{xy}=5243.8-\frac{1}{5}\times 450\times 58.02=22,$$

$$\hat{b}=\frac{S_{xy}}{S_{xx}}=\frac{22}{1000}=0.022,$$

$$\hat{a}=\bar{y}-\hat{b}\bar{x}=11.604-0.022\times 90=9.624,$$

于是，所求回归方程为

$$\hat{y}=9.624+0.022x.$$

求出 σ^2 的无偏估计 $\hat{\sigma}^2$.

$$S_{yy}=\sum_{i=1}^{n}y_i^2-\frac{1}{n}\left(\sum_{i=1}^{n}y_i\right)^2=0.529,$$

$$Q_e=S_{yy}-\hat{b}S_{xy}=S_{yy}-\hat{b}^2S_{xx}=0.529-0.022^2\times 1000=0.045,$$

$$\hat{\sigma}^2=\frac{Q_e}{(n-2)}=\frac{0.045}{3}=0.015.$$

对线性系数进行显著性检验，设 $\alpha=0.05$.

因为 $\hat{b}=0.022, S_{xx}=1000, \hat{\sigma}^2=0.015, t_{\frac{\alpha}{2}}(n-2)=3.182$，所以 $H_0:b=0$ 的拒绝域为

$$|t|=\frac{|\hat{b}|}{\hat{\sigma}}\sqrt{S_{xx}}\geqslant 3.182.$$

现在 $|t|=\frac{0.022}{\sqrt{0.015}}\times\sqrt{1000}\approx 5.68$，故拒绝 $H_0:b=0$，即认为回归效果是显著的．

且置信度为 0.95 的置信区间为 $\left(0.022-3.182\times\sqrt{\frac{0.015}{1000}}, 0.022+3.182\times\sqrt{\frac{0.015}{1000}}\right)$，即 $(0.0097, 0.0343)$.

例 9.7　对例 9.4 中腐蚀深度与腐蚀时间的线性关系的显著性进行检验．(取 $\alpha=0.01$)

解　对 $\alpha=0.01$，自由度为 9，查相关系数临界值表得临界值 $r_{0.01}=0.735$. 再由样本计算得

$$\sum_{i=1}^{11}x_iy_i-11\bar{x}\cdot\bar{y}=13610-11\times\frac{510}{11}\times\frac{214}{11}=\frac{40570}{11},$$

$$\sum_{i=1}^{11}x_i^2-11\bar{x}^2=36750-11\times\left(\frac{510}{11}\right)^2=\frac{144150}{11},$$

$$\sum_{i=1}^{11}y_i^2-11\bar{y}^2=5422-11\times\left(\frac{214}{11}\right)^2=\frac{13846}{11},$$

可得

$$r_{xy}=\frac{\frac{40570}{11}}{\sqrt{\frac{144150}{11}\times\frac{13846}{11}}}\approx 0.908.$$

即有 $|r_{xy}|>r_{0.01}$，故腐蚀深度 y 与腐蚀时间 x 的线性相关关系是显著的，因而例 9.4 中得出的回归直线方程确实可以表达变量间的线性相关关系．

有些问题不要求求出回归直线，而只需了解是否线性相关，这时对样本相关系数进行检验就可以了．

说明　(1) 关于 x 和 y 之间线性相关关系的密切程度我们还可以用相关系数来描述．得到样本相关系数 r_{xy}，它可用下面公式表示．

$$r_{xy}=\frac{S_{xy}}{\sqrt{S_{xx}\cdot S_{xy}}}=\frac{\sum_{i=1}^{n}(x_i-\bar{x})(y_i-\bar{y})}{\sqrt{\left[\sum_{i=1}^{n}(x_i-\bar{x})^2\right]\left[\sum_{i=1}^{n}(y_i-\bar{y})^2\right]}}.\tag{9-22}$$

经化简可得

$$r_{xy}=\frac{\sum_{i=1}^{n}x_iy_i-n\bar{x}\cdot\bar{y}}{\sqrt{\left(\sum_{i=1}^{n}x_i^2-n\bar{x}^2\right)\left(\sum_{i=1}^{n}y_i^2-n\bar{y}^2\right)}}.\tag{9-23}$$

由相关系数的概念知，当 $|r_{xy}|$ 愈接近 1 时，x 和 y 的线性相关关系就愈密切．根据对 r 的概率性质的研究，得出相关系数的临界值表，见附录七．具体使用时，对于给定的置信度 α，可查出相应的临界值 r_α，当由样本算出的 r 大于临界值 r_α 时，就可认为 x 和 y 之间存在着线性关系，或者说线性相关的关系是显著的．当算出的 r 小于或等于临界值 r_α 时，则认为 x 和 y 之间不存在线性相关关系，或者说线性相关关系不显著．

查表时计算自由度是用样本容量 n 减去变量的个数，即 $n-2$.

(2) 当线性系数经过检验确认为不等于零，也即回归直线的效果是显著的，此时便可利用所得回归直线，在给定的置信度下，给定自变量 x 的值来估计因变量 y 的值，即预测问题．反过来，在一定的置信度下，若要求观察值 y 在某区间 (y_1',y_2') 内取值时，应控制 x 在一定范围，即所谓的控制问题．关于预测与控制问题，因篇幅所限这里不介绍了，感兴趣的读者可查阅有关参考书．

9.3　一元非线性回归

当变量之间存在非线性关系时，一般应该用回归曲线来描述．但直接求回归曲线往往是很困难的．不过对一些特殊情况，可以通过适当的变量替换将其转化为线性回归问题来处理．本节只讨论可线性化的一元非线性回归问题．

常用的可线性化的一元非线性回归有以下几种形式：

1. 双曲线型

(1) $\frac{1}{y}=a+\frac{b}{x}$

令 $u=\frac{1}{y}$，$v=\frac{1}{x}$，则可得 $u=a+bv$.

(2) $y=a+\frac{b}{x}$

令 $y=u$，$v=\frac{1}{x}$，则可得 $u=a+bv$.

2. 指数曲线型

(1) $y=ce^{bx}$

若 $c>0$，令 $u=\ln y$，$v=x$，得 $u=a+bv$，其中 $a=\ln c$；若 $c<0$，令 $u=\ln(-y)$，$v=x$，得 $u=a+bv$，其中 $a=\ln(-c)$.

(2) $y=ce^{\frac{b}{x}}$

若 $c>0$，令 $u=\ln y$，$v=\frac{1}{x}$，得 $u=a+bv$，其中 $a=\ln c$；若 $c<0$，令 $u=\ln(-y)$，$v=\frac{1}{x}$，得 $u=a+bv$，其中 $a=\ln(-c)$.

3. 幂函数型：$y=cx^b\ (x>0)$

若 $c>0$，令 $u=\ln y$，$v=\ln x$，得 $u=a+bv$，其中 $a=\ln c$；若 $c<0$，令 $u=\ln(-y)$，$v=\ln x$，得 $u=a+bv$，其中 $a=\ln(-c)$.

4. S 曲线型：$y=\frac{1}{a+be^{-x}}$

令 $u=1/y$，$v=e^{-x}$，得 $u=a+bv$.

5. 对数曲线型：$y=a+b\ln x$

令 $u=y$，$v=\ln x$，得 $u=a+bv$.

例 9.8　同一生产面积上某作物单位产品的成本与产量间近似满足双曲线型关系：

$$y=a+\frac{b}{x}.$$

试利用下列资料求出 y 对 x 的回归曲线方程．

x_i	5.67	4.45	3.84	3.84	3.73	2.18
y_i	17.7	18.5	18.9	18.8	18.3	19.1

解　令 $u=y,v=\dfrac{1}{x}$，则回归方程为 $\hat{u}=\hat{a}+\hat{b}v$，列表计算如下．

u_i	17.7	18.5	18.9	18.8	18.3	19.1
v_i	0.18	0.22	0.26	0.26	0.27	0.46
v_i^2	0.0324	0.0484	0.0676	0.0676	0.0729	0.2116
u_iv_i	3.186	4.07	4.914	4.888	4.941	8.786

由公式(9－7)得

$$\hat{b}=\frac{\sum u_iv_i-n\bar{u}\cdot\bar{v}}{\sum v_i^2-n\bar{v}}\approx 3.8,$$

$$\hat{a}=\bar{u}-\hat{b}\bar{v}=17.508,$$

故 $\hat{y}=17.508+\dfrac{3.8}{x}$.

9.4　多元线性回归

前面关于一元线性回归问题的讨论不难推广到多元线性回归的情形，下面简单介绍一下多元线性回归的模型．

设 y 是 m 个变量 $x_1,x_2,\cdots,x_m$ 的线性函数：

$$y=\varphi(x_1,x_2,\cdots,x_m)=\beta_0+\beta_1x_1+\beta_2x_2+\cdots+\beta_mx_m. \tag{9-24}$$

现对多元变量$(x_1,x_2,\cdots,x_m)$在 n 个点$(x_{1i},x_{2i},\cdots,x_{mi})(i=1,2,\cdots,n)$上进行试验，测定函数 y 的试验值 $Y_1,Y_2,\cdots,Y_n$. 由于受到随机误差 ε 的影响，使得试验结果 y_i 为

$$Y_i=y_i+\varepsilon_i=\beta_0+\beta_1x_{1i}+\cdots+\beta_mx_{mi}+\varepsilon_i. \tag{9-25}$$

其中，$\beta_0,\beta_1,\cdots,\beta_m$ 是 $m+1$ 个未知参数；$x_{1i},x_{2i},\cdots,x_{mi}(i=1,2,\cdots,n)$是已知常数组；$\varepsilon_i$ 为试验误差，它是不可观测的随机变量；Y_i 是可观测的随机变量．还假定试验误差 ε_i 满足下列条件：

(1) 独立性：$\varepsilon_1,\varepsilon_2,\cdots,\varepsilon_n$ 相互独立，因而 $Y_1,Y_2,\cdots,Y_n$ 也相互独立；

(2) 无偏性：$E(\varepsilon_i)=0, i=1,2,\cdots,n$，因而

$$E(Y_i)=y_i=\beta_0+\beta_1 x_{1i}+\beta_2 x_{2i}+\cdots+\beta_m x_{mi};$$

(3) 等方差性：$D(\varepsilon_i)=\sigma^2, i=1,2,\cdots,n$，因而 $D(Y_i)=\sigma^2$；

(4) 正态性：$\varepsilon_i \sim N(0,\sigma^2), i=1,2,\cdots,n$，因而 $Y_i \sim N(y_i,\sigma^2)$.

上述四条等价于：试验误差 $\varepsilon_i (i=1,2,\cdots,n)$ 是独立同分布于 $N(0,\sigma^2)$ 的随机变量，故称满足上述四条件的表达式(9-25)为多元线性回归模型.

9.5　单因素方差分析

用不同的生产方法生产同一种产品，比较各种生产方法对产品的影响是人们经常遇到的问题．比如，化工生产中，原料成分、原料剂量、催化剂、反应温度、压力、反应时间、机器设备及操作人员技术水平等因素对产品都会有影响，有的影响大些，有的影响小些．为此，需要找出对产品有显著影响的因素．方差分析就是鉴别各因素对实验结果影响的一种有效方法，它是在20世纪20年代由英国统计学家费歇首先应用到农业上的．后来发现这种方法的应用范围十分广阔，可以成功地应用到很多方面．

实验中，将要考察的指标称为试验指标．影响试验指标的条件称为因素，因素所处的状态称为该因素的水平．如果在一项试验中只有一个因素在变化，称该试验为单因素试验，否则就称为多因素试验．

例9.9　设有三台机器用来生产规格相同的铝合金薄板．取样测量薄板的厚度，精确至千分之一厘米．结果如下表所示(单位：cm).

机器 Ⅰ	机器 Ⅱ	机器 Ⅲ
0.236	0.257	0.258
0.238	0.253	0.264
0.248	0.255	0.259
0.245	0.254	0.267
0.243	0.161	0.262

这里，试验的指标是薄板的厚度，机器为因素，不同的三台机器就是这个因素的三个不同的水平．若假定除机器这一因素外，材料的规格、操作人员的水平等其他因素都相同，这就是一个单因素试验．试验的目的是考察各台机器所生产的薄板厚度有无显著的差异，即考察机器这一因素对厚度有无显著的影响．

例9.10　下表列出了随机选取的、用于计算器的四种类型的电路的响应时间(单位：ms).

类型 Ⅰ	类型 Ⅱ	类型 Ⅲ	类型 Ⅳ
19	20	16	18
22	21	15	22
20	33	18	19
18	27	26	21

这里试验的指标是电路的响应时间．电路类型为因素，四种不同的类型为这一因素的四个水平．这是一个单因素试验，试验的目的是考察各种类型电路的响应时间有无显著差异，即考察电路类型这一因素对响应时间有无显著影响．

例 9.11 一枚火箭使用了四种燃料、三种推进器做射程试验，每种燃料与每种推进器的组合各发射火箭两次，结果如下(单位:km).

	推进器 B_1	推进器 B_2	推进器 B_3
燃料 A_1	58.2　52.6	56.2　41.2	65.8　60.8
燃料 A_2	49.1　42.8	54.1　50.5	51.6　48.4
燃料 A_3	60.1　58.3	70.9　73.2	39.2　40.7
燃料 A_4	75.8　71.5	58.2　51.0	48.7　41.4

这里试验的指标是射程，推进器和燃料是因素，它们分别有三个和四个水平．这是一个双因素试验，试验的目的是考察在各种因素的各种水平作用下射程有无显著差异，即考察推进器和燃料这两个因素对射程是否有显著影响．

本书只限于讨论单因素试验．

9.5.1 数学模型

设单因素 A 有 r 个水平，对每一个水平进行重复试验，数据如下．

试验结果 \ 水平	试验批号 $1,2,\cdots,j,\cdots,n_i$	行和	行平均
A_1	$x_{11}\,x_{12}\cdots x_{1j}\cdots x_{1n_1}$	$T_{1\cdot}$	$\bar{x}_{1\cdot}$
⋮	⋮	⋮	⋮
A_i	$x_{i1}\,x_{i2}\cdots x_{ij}\cdots x_{in_i}$	$T_{i\cdot}$	$\bar{x}_{i\cdot}$
⋮	⋮	⋮	⋮
A_r	$x_{r1}\,x_{r2}\cdots x_{rj}\cdots x_{rn_r}$	$T_{r\cdot}$	$\bar{x}_{r\cdot}$

其中 x_{ij} 表示第 i 个水平下第 j 次试验的可能结果．记 $n=n_1+n_2+\cdots+n_r$，则有

$$\bar{x}_{i\cdot}=\frac{1}{n_i}\sum_{j=1}^{n_i}x_{ij},i=1,2,\cdots,r, \tag{9-26}$$

$$T_{i\cdot}=\sum_{j=1}^{n_i}x_{ij}=n_i\bar{x}_i, \tag{9-27}$$

$$\bar{x}=\frac{1}{n}\sum_{i=1}^{r}\sum_{j=1}^{n_i}x_{ij}, \tag{9-28}$$

$$T=\sum_{i=1}^{r}\sum_{j=1}^{n_i}x_{ij}=n\bar{x}. \tag{9-29}$$

假定在第 i 个水平下得到的观察值 $x_{i1},x_{i2},\cdots,x_{in_i}$ 是从同方差的正态总体 $N(\mu_i,\sigma^2)$ 中取出的容量为 n_i 的样本，μ_i 和 σ^2 未知，而且还假定从不同水平中取出的各样本 x_{ij} 之间相互独立．由 $x_{ij}\sim N(\mu_i,\sigma^2)$，即有 $(x_{ij}-\mu_i)\sim N(0,\sigma^2)$，故 $x_{ij}-\mu_i$ 可看成是随机误差．记 $x_{ij}-\mu_i=\varepsilon_{ij}$，则有

$$\begin{cases}x_{ij}=\mu_i+\varepsilon_{ij},\\ \varepsilon_{ij}\sim N(0,\sigma^2),\\ \varepsilon_{ij}\text{ 独立},j=1,2,\cdots,n_i,i=1,2,\cdots,r.\end{cases} \tag{9-30}$$

其中 μ_i,σ^2 为未知参数．公式(9－30) 称为单因素试验方差分析的数学模型．

如果要检验的因素对试验结果没有显著影响，则试验的全部结果 x_{ij} 应来自同一正态总体 $N(\mu,\sigma^2)$．故假设检验为

$$\begin{cases}H_0:\mu_1=\mu_2=\cdots=\mu_r=\mu,\\ H_1:\mu_1,\mu_2,\cdots,\mu_r\text{ 不全相等}.\end{cases} \tag{9-31}$$

9.5.2　统计分析

如果 H_0 成立，那么 r 个总体间无显著差异．由 r 个样本组成的 n 个观察值可视为取自同一总体 $N(\mu,\sigma^2)$ 的容量为 n 的一个样本．各 x_{ij} 之间的差异是由随机因素所引起的．若 H_0 不成立，那么在所有 x_{ij} 的总变差中，除了随机波动引起的变差之外，还应包含由因素(记为A) 的不同水平作用而产生的差异．在总的变差中把这部分差异分开，然后再进行比较，就可以得到关于上述假设的一个检验方法．

记

$$S_{\mathrm{T}}=\sum_{i=1}^{r}\sum_{j=1}^{n_i}(x_{ij}-\bar{x})^2, \tag{9-32}$$

$$S_E = \sum_{i=1}^{r}\sum_{j=1}^{n_i}(x_{ij}-\bar{x}_{i\cdot})^2, \tag{9-33}$$

$$S_A = \sum_{i=1}^{r} n_i(\bar{x}_{i\cdot}-\bar{x})^2. \tag{9-34}$$

则

$$\begin{aligned} S_T &= \sum_{i=1}^{r}\sum_{j=1}^{n_i}(x_{ij}-\bar{x})^2 = \sum_{i=1}^{r}\sum_{j=1}^{n_i}(x_{ij}-\bar{x}_{i\cdot}+\bar{x}_{i\cdot}-\bar{x})^2 \\ &= \sum_{i=1}^{r}\sum_{j=1}^{n_i}(x_{ij}-\bar{x}_{i\cdot})^2 + \sum_{i=1}^{r} n_i(\bar{x}_{i\cdot}-\bar{x})^2 + 2\sum_{i=1}^{r}\sum_{j=1}^{n_i}(x_{ij}-\bar{x}_{i\cdot})(\bar{x}_{i\cdot}-\bar{x}). \end{aligned}$$

因为

$$\sum_{i=1}^{r}\sum_{j=1}^{n_i}(x_{ij}-\bar{x}_{i\cdot})(\bar{x}_{i\cdot}-\bar{x}) = 0,$$

所以

$$S_T = \sum_{i=1}^{r}\sum_{j=1}^{n_i}(x_{ij}-\bar{x}_{i\cdot})^2 + \sum_{i=1}^{r} n_i(\bar{x}_{i\cdot}-\bar{x})^2 = S_E + S_A. \tag{9-35}$$

这里S_T称为总变差，S_E称为误差平方和，S_A称为因素A的效应平方和．总变差S_T被分解为两项之和．S_A表示由各不同水平总体中取出的各样本平均数$\bar{x}_{i\cdot}$与总的样本平均数$\bar{x}$之间离差平方的加权和，它反映了从各不同水平总体中取出的各个样本之间的差异．这是由于因素不同水平A_i作用所引起的．S_E表示从r个总体中的每一个总体所取的样本内部的离差平方和，它反映了从总体$N(\mu_{ij},\sigma^2)$中选取一个容量为$n_i(i=1,2,\cdots,r)$的样本所进行的重复试验而产生的误差．它排除了因素的不同水平A_i对试验结果的作用，而是由于随机波动引起的差异．

如果H_0成立，则所有的x_{ij}都服从正态分布$N(\mu,\sigma^2)$，且相互独立，故有

$$\frac{S_T}{\sigma^2} \sim \chi^2(n-1).$$

在S_E中有r个约束条件：

$$\bar{x}_{i\cdot} = \frac{1}{n_i}\sum_{j=1}^{n_i} x_{ij}, i=1,2,\cdots,r.$$

在S_A中有1个约束条件：

$$\bar{x} = \frac{1}{n}\sum_{i=1}^{r} n_i\bar{x}_{i}.$$

所以S_E的自由度为$n-r$，S_A的自由度为$r-1$. 因此S_T的自由度为$n-r+r-1=n-1$. 可以证明：

$$\frac{S_E}{\sigma^2} \sim \chi^2(n-r),$$

$$\frac{S_A}{\sigma^2} \sim \chi^2(r-1),$$

$$F=\frac{S_A/(r-1)}{S_E/(N-r)} \sim F(r-1,n-r),$$

并且 S_E 和 S_A 独立. 故公式(9-31)的拒绝域为

$$F=\frac{S_A/(r-1)}{S_E/(N-r)} \geqslant F_\alpha(r-1,n-r). \tag{9-36}$$

其中 α 为给定的检验水平.

如果对因素的每一个水平试验次数相同,即 r 个样本的容量都相同,$n_1=n_2=\cdots=n_r=s$,则称为等重复试验,否则称为不等重复试验.

上述分析的结果可排成下表的形式,称为方差分析表.

方差来源	离差平方和	自由度	方差
因素 A	$S_A=\sum\limits_{i=1}^{r} n_i(\bar{x}_{i\cdot}-\bar{x})^2$	$r-1$	$\frac{S_A}{r-1}$
误差	$S_E=\sum\limits_{i=1}^{r}\sum\limits_{j=1}^{n_i}(x_{ij}-\bar{x}_{i\cdot})^2$	$n-r$	$\frac{S_E}{n-r}$
总和	$S_T=\sum\limits_{i=1}^{r}\sum\limits_{j=1}^{n_i}(x_{ij}-\bar{x})^2$	$n-1$	$\frac{S_T}{n-1}$

在实际计算时,通常采用以下较简单的公式来计算 S_T,S_A 和 S_E:

$$S_T=\sum_{i=1}^{r}\sum_{j=1}^{n_i} x_{ij}^2-\frac{1}{n}T^2, \tag{9-37}$$

$$S_A=\sum_{i=1}^{r}\frac{T_{i\cdot}^2}{n_i}-\frac{1}{n}T^2, \tag{9-38}$$

$$S_E=S_T-S_A. \tag{9-39}$$

当 $n_1=n_2=\cdots=n_r=s$ 时,有

$$S_A=\frac{1}{s}\sum_{i=1}^{r} T_{i\cdot}^2-\frac{1}{rs}. \tag{9-40}$$

例 9.12　灯泡厂用 4 种不同的材料制成灯丝,检验灯丝材料这一因素对灯泡寿命的影响. 如果检验水平 $\alpha=0.05$,并且灯泡寿命服从正态分布,试根据下表的试验结果判断灯泡寿命是否因灯丝材料不同而有显著差异.(假定不同材料的灯丝制成的灯泡寿命的方差相同)

试验批号	1	2	3	4	5	6	7	8
A_1	1600	1610	1650	1680	1700	1720	1800	—
A_2	1580	1640	1640	1700	1750	—	—	—
A_3	1460	1550	1600	1620	1640	1660	1740	1820
A_4	1510	1520	1530	1570	1600	1680	—	—

其中 A_1,A_2,A_3,A_4 为灯丝材料水平.

解　第一步,把上表中每个数据减去1640,再除以10,列出方差计算表.

实验批号 / x_{ij} (x_{ij}^2) / 灯丝材料	1	2	3	4	5	6	7	8	$\frac{T_{i\cdot}^2}{n_i}$
A_1	−4 (16)	−3 (9)	1 (1)	4 (16)	6 (36)	8 (64)	26 (256)	—	112
A_2	−6 (36)	0 (0)	0 (0)	6 (36)	11 (121)	—	—	—	24.2
A_3	−18 (324)	−9 (81)	−4 (16)	−2 (4)	0 (0)	2 (4)	10 (100)	18 (324)	1.125
A_4	−13 (169)	−12 (133)	−11 (121)	−7 (49)	−4 (16)	4 (16)	—	—	308.167

注:为简化方差的计算和减少误差,常将观测值 x_{ij} 加上或减去一个常数(这个常数接近总平均数 $\overline{x}$),有时还要再乘以一个常数,使得变换后的数据比较简单,便于计算.这样做原则上不会影响方差分析的结果,且计算很方便.上表中的数据计算就是采用了这种方法.变换后的数据仍记为 x_{ij},相应的平方和仍分别记为 S_T,S_A 和 S_E.

第二步,由方差计算表可得

$$\sum_{i=1}^{4}\sum_{j=1}^{n_i}x_{ij}^2=1959,T=-7,T^2=49,n=26,$$

$$\sum_{i=1}^{4}\frac{T_{i\cdot}^2}{n}=445.492,$$

$$S_T=\sum_{i=1}^{4}\sum_{j=1}^{n_i}x_{ij}^2-\frac{T^2}{n}\approx 1957.115,$$

$$S_A=\sum_{i=1}^{4}\frac{T_{i\cdot}^2}{n_i}-\frac{T^2}{n}\approx 443.607,$$

$$S_E = S_T - S_A \approx 1513.508.$$

第三步，列出方差分析表如下．

方差来源	离差平方和	自由度	F 的值	F 临界值
因素水平 A 误差总和	$S_A = 443.607$ $S_E = 1513.508$ $S_T = 1957.115$	3 22 25	$\dfrac{S_A/3}{S_E/22} \approx 2.15$	$F_{0.05}(3,22)$ $= 3.05$

第四步，由于 $2.15 < 3.05$，因此可以认为灯泡的使用寿命不会因灯丝的材料不同而有显著差异．

例 9.13　一批由同一种原料织成的布，用不同的印染工艺处理，然后进行缩水试验．假设采用 5 种不同工艺，每种工艺处理 4 块布样，测得缩水率的百分比如下表．若布的缩水率服从正态分布，不同工艺处理的布的方差相等．试考察不同工艺对布的缩水率有无明显影响？（$\alpha = 5\%$）

试验批号 / 缩水率（%） / 工艺因素	B_1	B_2	B_3	B_4
A_1	4.3	7.8	3.2	6.5
A_2	6.1	7.3	4.2	4.1
A_3	4.3	8.7	7.2	10.1
A_4	6.5	8.3	8.6	8.2
A_5	9.5	8.8	11.4	7.3

其中 $A_1 \sim A_5$ 为工艺因素的水平，$B_1 \sim B_4$ 为试验批号．

解　先将每一观测数据减去 7.4，再除以 0.1，相应符号仍记为 x_{ij}，S_T，S_A 和 S_E，得下表．

试验批号 / x_{ij} （x_{ij}^2） / 工艺因素	B_1	B_2	B_3	B_4	$T_{i\cdot}$	$T_{i\cdot}^2$
A_1	−31(961)	4(16)	−42(1764)	−9(81)	−78	6084
A_2	−13(169)	−1(1)	−32(1024)	−33(1089)	−79	6241
A_3	−31(961)	13(169)	−2(4)	27(729)	7	49
A_4	−9(81)	9(81)	12(144)	8(64)	20	400
A_5	21(441)	14(196)	40(1600)	4(16)	79	6241

根据上表得,

$$\sum_{i=1}^{5}\sum_{j=1}^{4}x_{ij}^2=9591, T=-51, T^2=2601,$$

$$\sum_{i=1}^{5}T_{i\cdot}^2=19015,$$

$$S_T=\sum_{i=1}^{5}\sum_{j=1}^{4}x_{ij}^2-\frac{T^2}{20}=9460.95,$$

$$S_A=\frac{1}{4}\sum_{i=1}^{5}T_{i\cdot}^2-\frac{T^2}{20}=4623.7,$$

$$S_E=S_T-S_A=4837.25.$$

从而列出方差分析表.

方差来源	离差平方和	自由度	F 的值	临界值
因素水平 A 误差总和	$S_A=4623.7$ $S_E=4837.25$ $S_T=9460.95$	4 15 19	3.58	$F_{0.05}(4,15)$ $=3.06$

由于 $3.58>3.06$,因此认为不同的工艺对布的缩水率有较明显的影响.

9.6 双因素方差分析

9.6.1 无重复试验的双因素方差分析

设有两个因素 A 和 B. A 有 r 个水平 $A_1,A_2,\cdots,A_r$,B 有 s 个水平 $B_1,B_2,\cdots,B_s$. 对 A 和 B 的每种因素的一对组合$(A_i,B_j)(i=1,2,\cdots,r,j=1,2,\cdots,s)$只进行一次试验,这样就得到 rs 个试验结果 $x_{ij},i=1,2,\cdots,r,j=1,2,\cdots,s$. 其中 x_{ij} 表示对组合因素(A_i,A_j)试验的可能结果. 记 $n=rs$,将所有结果列表如下:

试验结果	$B_1B_2\cdots B_j\cdots B_s$	行和	行平均
A_1	$x_{11}x_{12}\cdots x_{1j}\cdots x_{1s}$	$T_{1\cdot}$	$\bar{x}_{1\cdot}$
⋮	⋮	⋮	⋮
A_i	$x_{i1}x_{i2}\cdots x_{ij}\cdots x_{is}$	$T_{i\cdot}$	$\bar{x}_{i\cdot}$
⋮	⋮	⋮	⋮

（续表）

试验结果	$B_1 B_2 \cdots B_j \cdots B_s$	行和	行平均
A_r	$x_{r1}\, x_{r2} \cdots x_{rj} \cdots x_{rs}$	$T_{r\cdot}$	$\bar{x}_{r\cdot}$
列和	$T_{\cdot 1}\, T_{\cdot 2} \cdots T_{\cdot j} \cdots T_{\cdot s}$	总和 T	—
列平均	$\bar{x}_{\cdot 1}\, \bar{x}_{\cdot 2} \cdots \bar{x}_{\cdot j} \cdots \bar{x}_{\cdot s}$	—	总平均 $\bar{x}$

其中

$$\bar{x}_{i\cdot} = \frac{1}{s}\sum_{j=1}^{s} x_{ij}, i = 1,2,\cdots,r, \tag{9-41}$$

$$\bar{x}_{j\cdot} = \frac{1}{r}\sum_{i=1}^{r} x_{ij}, j = 1,2,\cdots,s, \tag{9-42}$$

$$T_{i\cdot} = \sum_{j=1}^{s} x_{ij} = s\bar{x}_{i\cdot}, i = 1,2,\cdots,r, \tag{9-43}$$

$$T_{\cdot j} = \sum_{i=1}^{r} x_{ij} = r\bar{x}_{\cdot j}, j = 1,2,\cdots,s, \tag{9-44}$$

$$\bar{x} = \frac{1}{n}\sum_{i=1}^{r}\sum_{j=1}^{s} x_{ij}, \tag{9-45}$$

$$T = \sum_{i=1}^{r}\sum_{j=1}^{s} x_{ij} = n\bar{x}. \tag{9-46}$$

设

$$\begin{cases} x_{ij} \sim N(\mu_{ij}, \sigma^2), \\ x_{ij} \text{ 相互独立}, i = 1,2,\cdots,r; j = 1,2,\cdots,s, \end{cases}$$

其中 μ_{ij}，σ^2 均为未知参数．上式也可写成

$$\begin{cases} x_{ij} = \mu_{ij} + \varepsilon_{ij}, \\ \varepsilon_{ij} \sim N(0, \sigma^2), \\ \varepsilon_{ij} \text{ 相互独立}, i = 1,2,\cdots,r; j = 1,2,\cdots,s. \end{cases} \tag{9-47}$$

称公式(9-47)为双因素无重复方差分析的数学模型．

进行双因素方差分析的目的就是要检验两个因素对试验的结果有无显著的影响．如果因素A对试验结果的影响不显著，就可认为从 r 个总体 $N(\mu_{ij}, \sigma^2)$ 中选出的 r 个样本 x_{1j}，x_{2j}，…，x_{rj} 是来自同一总体 $N(\mu_{\cdot j}, \sigma^2)$，否则就不能认为 x_{1j}，x_{2j}，…，x_{rj} 是来自同一总体 $N(\mu_{\cdot j}, \sigma^2)$，因此，为了判断因素A对试验的结果有无显著影响，需要检验下面的假设：

$$\begin{cases} H_{0A}: \mu_{1j} = \mu_{2j} = \cdots = \mu_{rj} = \mu_{\cdot j}, \\ H_{1A}: \mu_{1j}, \mu_{2j}, \cdots, \mu_{rj} \text{ 不全相等}. \end{cases} \quad (j = 1,2,\cdots,s) \tag{9-48}$$

类似地判断因素 B 对试验的结果有无显著影响,需要检验下面的假设:

$$\begin{cases} H_{0B}: \mu_{i1} = \mu_{i2} = \cdots = \mu_{rs} = \mu_{i\cdot}, \\ H_{1B}: \mu_{i1}, \mu_{i2}, \cdots, \mu_{is} \text{ 不全相同}. \end{cases} \quad (i=1,2,\cdots r) \tag{9-49}$$

记

$$S_T = \sum_{i=1}^{r}\sum_{j=1}^{s}(x_{ij} - \bar{x})^2, \tag{9-50}$$

$$S_E = \sum_{i=1}^{r}\sum_{j=1}^{s}(x_{ij} - \bar{x}_{i\cdot} - \bar{x}_{\cdot j} + \bar{x})^2, \tag{9-51}$$

$$S_A = s\sum_{i=1}^{r}(\bar{x}_{i\cdot} - \bar{x})^2, \tag{9-52}$$

$$S_B = r\sum_{j=1}^{s}(\bar{x}_{\cdot j} - \bar{x})^2, \tag{9-53}$$

则有

$$\begin{aligned} S_T &= \sum_{i=1}^{r}\sum_{j=1}^{s}(x_{ij} - \bar{x})^2 = \sum_{i=1}^{r}\sum_{j=1}^{s}[(x_{ij} - \bar{x}_{i\cdot} - \bar{x}_{\cdot j} + \bar{x}) + (\bar{x}_{i\cdot} - \bar{x}) + (\bar{x}_{\cdot j} - \bar{x})]^2 \\ &= \sum_{i=1}^{r}\sum_{j=1}^{s}(x_{ij} - \bar{x}_{i\cdot} - \bar{x}_{\cdot j} + \bar{x})^2 + s\sum_{i=1}^{r}(\bar{x}_{i\cdot} - \bar{x})^2 + r\sum_{j=1}^{s}(\bar{x}_{\cdot j} - \bar{x})^2 \\ &\quad + 2\sum_{i=1}^{r}\sum_{j=1}^{s}(x_{ij} - \bar{x}_{i\cdot} - \bar{x}_{\cdot j} + \bar{x})^2(\bar{x}_{i\cdot} - \bar{x}) + 2\sum_{i=1}^{r}\sum_{j=1}^{s}(\bar{x}_{i\cdot} - \bar{x})(\bar{x}_{\cdot j} - \bar{x}) \\ &\quad + 2\sum_{i=1}^{r}\sum_{j=1}^{s}(x_{ij} - \bar{x}_{i\cdot} - \bar{x}_{\cdot j} + \bar{x})(\bar{x}_{\cdot j} - \bar{x}). \end{aligned}$$

不难验证,上式最后三项均为零. 所以

$$S_T = S_E + S_A + S_B. \tag{9-54}$$

称 S_T 为离差平方和,称 S_A,S_B 分别为因素 A 和 B 的效应平方和,称 S_E 为 A,B 所产生的误差平方和. 记

$$F_A = \frac{(s-1)S_A}{S_E}, \tag{9-55}$$

$$F_B = \frac{(r-1)S_B}{S_E}. \tag{9-56}$$

可以证明:如果 H_{0A} 成立,则 $F_A \sim F(r-1,(r-1)(s-1))$;如果 H_{0B} 成立,则 $F_B \sim F(s-1,$

$(r-1)(s-1))$.

若给定显著性水平，可以通过 F 临界值表判断 H_{0A}，H_{0B} 是否成立．下表为这种试验的方差分析表．

方差来源	离差平方和	自由度	F 值	F 临界值
因素 A	$S_A = s\sum_{i=1}^{r}(\bar{x}_{i\cdot}-\bar{x})^2$	$r-1$	$F_A = \frac{(s-1)S_A}{S_E}$	$F_{A\alpha}(r-1,(r-1)(s-1))$
因素 B	$S_B = r\sum_{j=1}^{s}(\bar{x}_{\cdot j}-\bar{x})^2$	$s-1$	$F_B = \frac{(r-1)S_B}{S_E}$	$F_{B\alpha}(s-1,(r-1)(s-1))$
误差	$S_E = \sum_{i=1}^{r}\sum_{j=1}^{s}(x_{ij}-\bar{x}_{i\cdot}-\bar{x}_{\cdot j}+\bar{x})^2$	$(r-1)(s-1)$	—	—
总和	$S_T = \sum_{i=1}^{r}\sum_{j=1}^{s}(x_{ij}-\bar{x})^2$	$rs-1$	—	—

在计算时，可采用下面的公式：

$$S_T = \sum_{i=1}^{r}\sum_{j=1}^{s}x_{ij}^2 - \frac{T^2}{rs}, \tag{9-57}$$

$$S_A = \frac{1}{s}\sum_{i=1}^{r}T_{i\cdot}^2 - \frac{T^2}{rs}, \tag{9-58}$$

$$S_B = \frac{1}{r}\sum_{j=1}^{s}T_{\cdot j}^2 - \frac{T^2}{rs}, \tag{9-59}$$

$$S_E = S_T - S_A - S_B. \tag{9-60}$$

例 9.14　为了解3种不同的饲料对仔猪生长影响的差异，对3种不同品种的猪各选3头进行试验，分别测得其3个月间体重增加量如下表所示．假定其体重增长量服从正态分布，且各种配方的方差相等．试分析不同饲料对不同品种猪的生长有无显著影响．

品种因素 / 体重增加量 / 饲料因素	B_1	B_2	B_3
A_1	51	56	45
A_2	53	57	49
A_3	52	58	47

其中 $A_1 \sim A_3$ 为饲料因素的不同水平，$B_1 \sim B_3$ 为品种因素的不同水平．

解　将表中每一数据减去50，其差仍记为 x_{ij}，列出计算结果如下表．

品种因素 x_{ij} (x_{ij}^2) 饲料因素	B_1	B_2	B_3	$T_{i\cdot}$	$T_{i\cdot}^2$
A_1	1(1)	6(36)	−5(25)	2	4
A_2	3(9)	7(49)	−1(1)	9	81
A_3	2(4)	8(64)	−3(9)	7	49
$T_{\cdot j}$	6	21	−9	$T=18$	$\sum_{i=1}^{3}T_{i\cdot}^2=134$
$T_{\cdot j}^2$	36	441	81	$\sum_{i=1}^{3}T_{\cdot j}^2=558$	$T^2=324$
$\sum_{i=1}^{3}x_{ij}^2$	14	149	35	—	$\sum_{i=1}^{3}\sum_{j=1}^{3}x_{ij}=198$

由上表计算得：

$$S_{\mathrm{T}}=\sum_{i=1}^{r}\sum_{j=1}^{s}x_{ij}^2-\frac{T^2}{rs}=198-36=162,$$

$$S_{\mathrm{A}}=\frac{1}{s}\sum_{i=1}^{r}T_{i\cdot}^2-\frac{T^2}{rs}=\frac{134}{3}-36=\frac{26}{3},$$

$$S_{\mathrm{B}}=\frac{1}{r}\sum_{j=1}^{s}T_{\cdot j}^2-\frac{T^2}{rs}=\frac{558}{3}-36=150,$$

$$S_{\mathrm{E}}=S_{\mathrm{T}}-S_{\mathrm{A}}-S_{\mathrm{B}}=\frac{10}{3},$$

$$F_{\mathrm{A}}=\frac{2\times 26/3}{10/3}=5.2,F_{\mathrm{B}}=\frac{2\times 150}{10/3}=90,$$

$$F_{0.05}(2,4)=6.94,F_{0.01}(2,4)=18.$$

因 $F_{\mathrm{A}}=5.2<F_{0.05}(2,4)=6.94$，故可认为不同的饲料对猪的体重的增长无显著影响．而 $F_{\mathrm{B}}=90>F_{0.05}(2,4)=6.94$，且 $F_{\mathrm{B}}>F_{0.01}(2,4)=18$，故可认为品种的差异对猪体重的增长有显著的影响．

9.6.2 重复试验的双因素方差分析

设有两个因素A和B，A有 r 个水平 $A_1,A_2,\cdots,A_r$，B有 s 个水平 $B_1,B_2,\cdots,B_s$．对A和B的各种水平的组合 $(A_i,B_j)(i=1,2,\cdots,r;j=1,2,\cdots,s)$ 都做 $t(t>1)$ 次试验，将所有可能的结果列成下表．

因素A的水平 \ 试验结果 \ 因素B的水平	B_1	B_2	…	B_s
A_1	$x_{111},x_{112},\cdots,x_{11t}$	$x_{121},x_{122},\cdots,x_{12t}$	…	$x_{1s1},x_{1s2},\cdots,x_{1st}$
A_2	$x_{211},x_{212},\cdots,x_{21t}$	$x_{221},x_{222},\cdots,x_{22t}$	…	$x_{2s1},x_{2s2},\cdots,x_{2st}$
⋮	⋮	⋮	⋮	⋮
A_r	$x_{r11},x_{r12},\cdots,x_{r1t}$	$x_{r21},x_{r22},\cdots,x_{r2t}$	…	$x_{rs1},x_{rs2},\cdots,x_{rst}$

其中 $x_{ijk}(i=1,2,\cdots,r;j=1,2,\cdots,s;k=1,2,\cdots,t)$ 表示对因素A的第 i 个水平、因素B的第 j 个水平的第 k 次试验的结果．

设

$$\begin{cases}x_{ijk}\sim N(\mu_{ij},\sigma^2),\\ i=1,2,\cdots,r;j=1,2,\cdots,s;k=1,2,\cdots,t,\end{cases}$$

其中各 x_{ijk} 互相独立，μ_{ij}，σ^2 均为未知参数，上式也可写成

$$\begin{cases}x_{ijk}=\mu_{ij}+\varepsilon_{ijk},\\ \varepsilon_{ijk}\sim N(0,\sigma^2),\\ i=1,2,\cdots,r,j=1,2,\cdots,s,k=1,2,\cdots,t.\end{cases} \tag{9-61}$$

其中各 ε_{ijk} 互相独立．称公式(9－61)为双因素重复试验方差分析的数学模型．记

$$\bar{x}_{ij\cdot}=\frac{1}{t}\sum_{k=1}^{t}x_{ijk},i=1,2,\cdots,r;j=1,2,\cdots,s,$$

$$\bar{x}_{i\cdot\cdot}=\frac{1}{st}\sum_{j=1}^{s}\sum_{k=1}^{t}x_{ijk},i=1,2,\cdots,r,$$

$$\bar{x}_{\cdot j\cdot}=\frac{1}{rt}\sum_{i=1}^{r}\sum_{k=1}^{t}x_{ijk},j=1,2,\cdots,s,$$

$$\bar{x}=\frac{1}{rst}\sum_{i=1}^{r}\sum_{j=1}^{s}\sum_{k=1}^{t}x_{ijk},$$

再引入总平方和

$$S_T=\sum_{i=1}^{r}\sum_{j=1}^{s}\sum_{k=1}^{t}(x_{ijk}-\bar{x})^2,$$

容易验证：

$$S_{\mathrm{T}}=S_{\mathrm{E}}+S_{\mathrm{A}}+S_{\mathrm{B}}+S_{\mathrm{A}\times\mathrm{B}},\tag{9-62}$$

其中

$$S_{\mathrm{E}}=\sum_{i=1}^{r}\sum_{j=1}^{s}\sum_{k=1}^{t}(x_{ijk}-\bar{x}_{ij\cdot})^2,\tag{9-63}$$

$$S_{\mathrm{A}}=st\sum_{i=1}^{r}(\bar{x}_{i\cdot\cdot}-\bar{x})^2,\tag{9-64}$$

$$S_{\mathrm{B}}=rt\sum_{j=1}^{s}(\bar{x}_{\cdot j\cdot}-\bar{x})^2,\tag{9-65}$$

$$S_{\mathrm{A}\times\mathrm{B}}=t\sum_{i=1}^{r}\sum_{j=1}^{s}(\bar{x}_{ij\cdot}-\bar{x}_{i\cdot\cdot}-\bar{x}_{\cdot j\cdot}+\bar{x})^2.\tag{9-66}$$

称 S_{E} 为误差平方和，S_{A}，S_{B} 分别称为A和B的效应平方和，称 $S_{\mathrm{A}\times\mathrm{B}}$ 为A和B的交互效应平方和．

可以证明下面的结论：

(1) 若

$$F_{\mathrm{A}}=\frac{S_{\mathrm{A}}/(r-1)}{S_{\mathrm{E}}/[rs(t-1)]}\geqslant F_{\alpha}(r-1,rs(t-1)),\tag{9-67}$$

则可认为因素A影响显著，否则认为影响不显著．

(2) 若

$$F_{\mathrm{B}}=\frac{S_{\mathrm{B}}/(s-1)}{S_{\mathrm{E}}/[rs(t-1)]}\geqslant F_{\alpha}(s-1,rs(t-1)),\tag{9-68}$$

则认为因素B影响显著，否则认为影响不显著．

(3) 若

$$F_{\mathrm{A}\times\mathrm{B}}=\frac{S_{\mathrm{A}\times\mathrm{B}}/[(r-1)(s-1)]}{S_{\mathrm{E}}/[rs(t-1)]}\geqslant F_{\alpha}((r-1)(s-1),rs(t-1)),\tag{9-69}$$

则可认为A和B的交互作用显著，否则认为不显著．

为便于计算，通常用下面的公式：

$$S_{\mathrm{T}}=\sum_{i=1}^{r}\sum_{j=1}^{s}\sum_{k=1}^{t}x_{ijk}^2-\frac{T_{\cdots}^2}{rst},$$

$$S_{\mathrm{A}}=\frac{1}{st}\sum_{i=1}^{r}T_{\cdot i}^2-\frac{T_{\cdots}^2}{rst},$$

$$S_{\mathrm{B}}=\frac{1}{rt}\sum_{j=1}^{s}T_{\cdot j\cdot}^2-\frac{T_{\cdots}^2}{rst},$$

$$S_{A\times B}=\left(\frac{1}{t}\sum_{i=1}^{r}\sum_{j=1}^{s}T_{ij\cdot}^{2}-\frac{T_{\cdots}^{2}}{rst}\right)-S_A-S_B,$$

$$S_E=S_T-S_A-S_B-S_{A\times B},$$

其中

$$T_{\cdots}=\sum_{i=1}^{r}\sum_{j=1}^{s}\sum_{k=1}^{t}x_{ijk},$$

$$T_{ij\cdot}=\sum_{k=1}^{t}x_{ijk},i=1,2,\cdots,r;j=1,2,\cdots,s,$$

$$T_{i\cdot\cdot}=\sum_{j=1}^{s}\sum_{k=1}^{t}x_{ijk},i=1,2,\cdots,r,$$

$$T_{\cdot j\cdot}=\sum_{i=1}^{r}\sum_{k=1}^{t}x_{ijk},j=1,2,\cdots,s.$$

例 9.15　在某种金属材料生产过程中，对热处理温度(B)与时间(A)各取两个水平(分别记为 B_1，B_2 和 A_1，A_2)，产品强度的测定结果(相对值)如下表所示．在同一条件下每个试验重复两次．设各水平搭配下强度的总体服从正态分布且方差相同．试分析处理温度、时间以及这两者的交互作用对产品强度是否有显著的影响．(取 $\alpha=0.05$)

	B_1	B_2	$T_{i\cdot\cdot}$
A_1	38.0　38.6 (76.6)	47.0　44.8 (91.8)	168.4
A_2	45.0　43.8 (88.8)	42.4　40.8 (83.2)	172
$T_{\cdot j\cdot}$	165.4	175	340.4

解

$$S_T=(38.0^2+38.6^2+\cdots+40.8^2)-\frac{340.4^2}{8}=71.82,$$

$$S_A=\frac{1}{4}(168.4^2+172^2)-\frac{340.4^2}{8}=1.62,$$

$$S_B=\frac{1}{4}(165.4^2+175^2)-\frac{340.4^2}{8}=11.52,$$

$$S_{A\times B}=14551.24-14484.02-1.62-11.52=54.08,$$

$$S_E=S_T-S_A-S_B-S_{A\times B}=4.6,$$

$$F_A = \frac{S_A/(2-1)}{S_E/[4\times(2-1)]} \approx 1.4,$$

$$F_B = \frac{S_B/(2-1)}{S_E/[4\times(2-1)]} \approx 10.0,$$

$$F_{A\times B} = \frac{S_{A\times B}/[(2-1)(2-1)]}{S_E/[4\times(2-1)]} \approx 47.0.$$

而 $F_\alpha(r-1,rs(t-1))=F_\alpha(s-1,rs(t-1))=F_\alpha((r-1)(s-1),rs(t-1))=F_{0.05}(1,4)=7.71$，所以认为时间对强度的影响不显著，而温度的影响显著，交互作用的影响也显著．

习　题　九

1. 为定义一种变量用来描述某种商品的供应量与价格间的相关关系，首先要收集给定时期内价格 p 与供给量 s 的观察数据，假定有下表所列的一组数据，试确定 s 对 p 的直线方程．

价格 p(元)	2	3	4	5	6	8	10	12	14	16
供应量 s(吨)	15	20	25	30	35	45	60	80	80	110

2. 随机抽取 12 个城市居民家庭关于收入与食品支出的样本，数据如下表．试判断家庭收入与食品支出是否存在线性相关关系，并求出食品支出与收入间的回归直线方程．($\alpha=0.05$)

家庭收入 m(元)	82	93	105	144	150	160	180	220	270	300	400
食品支出 y(元)	75	85	92	105	120	120	130	145	156	200	200

3. 根据下表所列数据判断某商品的供应量 s 与价格 p 间的回归函数的类型，并求出 s 对 p 的回归方程．($\alpha=0.005$)

价格 p(元)	7	12	6	9	10	8	12	6	11	9	12	10
供应量 s(吨)	57	72	51	57	60	55	70	55	70	53	76	56

4. 有人认为，企业的利润水平和其研究费用之间存在近似线性的关系，下表所列资料能否证实这种论断？($\alpha=0.05$)

年份(年)	1955	1956	1957	1958	1959	1960	1961	1962	1963	1964
研究费用(万元)	10	10	8	8	8	12	12	12	11	11
利润(万元)	100	150	200	180	250	300	280	310	32	300

5. 把大片条件相同的土地分成 20 个小区，播种 4 种不同品种的小麦，进行产量对比试验．每一品种播种在 5 个小区上，共得到 20 个小区产量的独立观察值如下表，试分析不同品种小麦的小区产量有无显著差异．($\alpha=0.05$)

试验批号 产量 小麦品种	B_1	B_2	B_3	B_4	B_5
A_1	32.3	34	34.3	35	36.5
A_2	33.3	33	36.3	36.9	34.5
A_3	30.3	34.3	35.3	32.3	35.8
A_4	29.3	26	29.8	28	28.8

其中 $B_1 \sim B_5$ 是试验批号，$A_1 \sim A_4$ 是品种因素．

6．设有 3 种机器 A，B，C 制造同一产品，对每种机器各观察 5 天，其日产量如下表．试分析机器与机器之间是否存在明显的差别．($\alpha = 0.05$)

试验批号 日产量 机器品种	D_1	D_2	D_3	D_4	D_5
A	41	48	41	49	57
B	65	57	54	72	64
C	45	51	56	48	48

其中 $D_1 \sim D_5$ 是试验批号．

7．设有 4 个工人操作机器 A_1，A_2，A_3 各一天，其日产量如下表，试分析机器或工人之间是否存在明显的差别．($\alpha = 0.05$)

工人 日产量 机器	B_1	B_2	B_3	B_4
A_1	50	47	47	53
A_2	53	54	57	58
A_3	52	42	41	48

其中 $B_1 \sim B_4$ 代表工人．

附　　录

附录一　SPSS在数理统计中的应用举例

SPSS是Statistical Package and Service Solutions的缩写，即统计产品与服务解决方案，它是世界上最著名的统计分析软件之一．它和SAS(Statistical Analysis System，统计分析系统)都是国际上很有影响力的统计软件．SPSS在自然科学、经济管理、商业金融、医疗卫生、武器装备、作战指挥等各个领域中都能发挥巨大作用，是统计、计划、管理等部门实现科学管理决策的有力工具．下面举几个例子让大家初步感受SPSS在数理统计中的应用．

例1　从一化工厂某日生产的一大批袋装产品中随机地抽查了100袋，测得各袋中杂质的含量(单位：g)的数据列于表1中．试根据测量数据计算样本的数字特征，绘制直方图观察杂质含量的分布状况．

表1　袋装产品杂质含量表

1.55	1.49	1.45	1.52	1.46	1.45	1.47	1.42	1.46	1.50	1.42	1.45	1.49
1.44	1.46	1.42	1.42	1.47	1.42	1.51	1.29	1.32	1.43	1.49	1.27	1.38
1.31	1.35	1.47	1.47	1.42	1.39	1.46	1.46	1.42	1.44	1.52	1.43	1.55
1.39	1.47	1.43	1.31	1.49	1.62	1.37	1.36	1.49	1.52	1.47	1.49	1.34
1.52	1.41	1.44	1.37	1.48	1.37	1.42	1.45	1.38	1.40	1.38	1.48	1.43
1.39	1.49	1.47	1.49	1.56	1.58	1.39	1.54	1.49	1.44	1.32	1.40	1.39
1.40	1.34	1.38	1.59	1.47	1.52	1.44	1.40	1.42	1.48	1.36	1.50	1.38
1.40	1.44	1.44	1.34	1.42	1.35	1.44	1.38	1.42				

问题的解决步骤如下．

(1)建立数据文件：定义数值型变量“impurity”，标签“杂质含量”．

(2)打开频数分析主对话框，确定选项：

① 将变量“impurity”移入“Variables”框中．

② 在“Statistics”对话框中选择“Quartiles”“Mean”“Midian”“Mode”和

"Std. Deviation".

③ 在"Chart"对话框中选择输出"Histogram"和"With Normal Curve"(附带正态曲线).

④ 在"Format"对话框的选项中选择系统默认格式.

(3)单击"OK"提交系统运行.输出的主要结果有:

① 统计量值表(见表 2).

② 变量"impurity"的频数、频率表(见表 3).

表 2　统计量值表

N	Valid	100
	Missing	0
Mean		1.4368
Median		1.4400
Mode		1.42
Std. Deviation		0.06656
Percentiles	25	1.3900
	50	1.4400
	75	1.4800

表 3　变量 impurity 的频数、频率表

	Frequency	Percent	Valid Percent	Cumulative Percent
Valid　1.27	1	1.0	1.0	1.0
1.29	1	1.0	1.0	2.0
1.31	2	2.0	2.0	4.0
1.32	2	2.0	2.0	6.0
1.34	3	3.0	3.0	9.0
1.35	2	2.0	2.0	11.0
1.36	2	2.0	2.0	13.0
1.37	3	3.0	3.0	16.0
1.38	6	6.0	6.0	22.0
1.39	5	5.0	5.0	27.0
1.40	5	5.0	5.0	32.0
1.41	1	1.0	1.0	33.0
1.42	11	11.0	11.0	44.0
1.43	4	4.0	4.0	48.0
1.44	8	8.0	8.0	56.0

（续表）

	Frequency	Percent	Valid Percent	Cumulative Percent
1.45	4	4.0	4.0	60.0
1.46	5	5.0	5.0	65.0
1.47	8	8.0	8.0	73.0
1.48	3	3.0	3.0	76.0
1.49	9	9.0	9.0	85.0
1.50	2	2.0	2.0	87.0
1.51	1	1.0	1.0	88.0
1.52	5	5.0	5.0	93.0
1.54	1	1.0	1.0	94.0
1.55	2	2.0	2.0	96.0
1.56	1	1.0	1.0	97.0
1.58	1	1.0	1.0	98.0
1.59	1	1.0	1.0	99.0
1.62	1	1.0	1.0	100.0
Total	100	100.0	100.0	

③ 杂质含量分布直方图(见图 1).

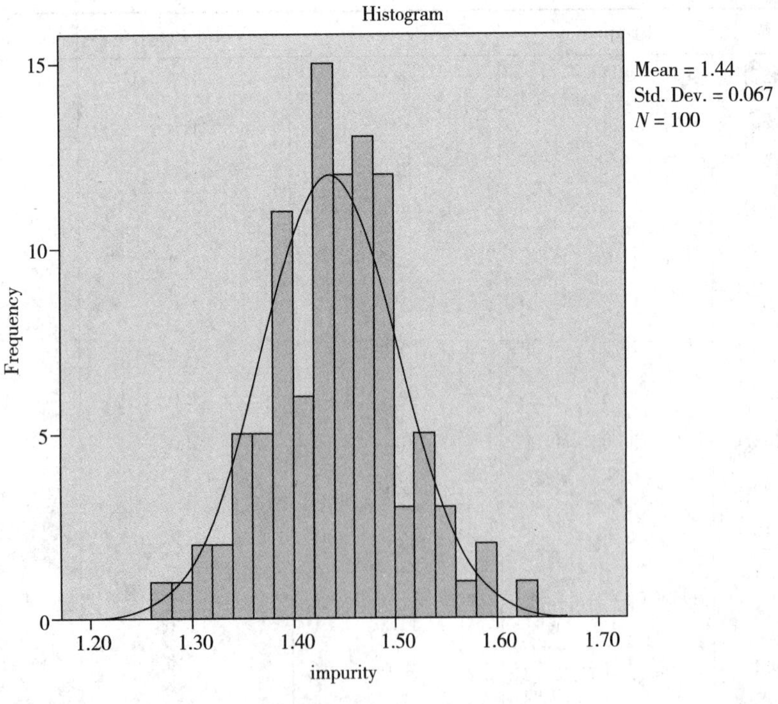

图 1　杂质含量分布直方图

纵轴为频数，各条形块显示了各个含量频数．图1的右侧显示了平均值、标准差和样本总数．从该图可看出该日产品中杂质含量的分布大致呈正态分布．

例2　从某厂第一季度生产的三批同型号的电子元件中分别抽取了15个、20个和30个样品测量了它们的电阻（单位：Ω），以判断各批产品的质量是否合格，数据资料如表4所示.

表4　三批元件的样品电阻测量值

	第一批元件样本			第二批元件样本				第三批元件样本					
电阻值	0.140	0.145	0.142	0.135	0.140	0.142	0.136	0.134	0.144	0.134	0.133	0.129	0.150
	0.145	0.142	0.144	0.138	0.140	0.145	0.139	0.145	0.136	0.136	0.134	0.137	0.143
	0.145	0.141	0.142	0.144	0.143	0.145	0.137	0.138	0.140	0.139	0.140	0.144	0.137
	0.144	0.140	0.136	0.140	0.139	0.145	0.145	0.138	0.142	0.144	0.145	0.142	0.146
	0.144	0.142	0.138	0.145	0.144	0.141	0.140	0.139	0.139	0.143	0.138	0.136	0.135

按质量的规定，元件的额定电阻为0.140 Ω，假定元件的电阻服从正态分布．根据这三批元件中抽检的样品的电阻测量值，用t检验过程检验这三批产品是否合乎质量要求．

操作步骤如下：

(1)定义变量并建立数文件．根据表4，定义变量“Ohm1”“Ohm2”“Ohm3”，将这3个样本的数据作为3个变量的观测值，建立数据文件，并以文件名“Ohm. sav”保存．

(2)选择检验变量．选择变量“Ohm1”“Ohm2”“Ohm3”移入“Test Variables”框，输入假设检验值为“0.140”.

(3)选项对话框设置．由于3个检验变量的样本容量互不相同，在选项对话框里，缺失值处理方式选择“Exclude cases analysis by analysis”．置信水平采用系统默认的“95%”.

(4)单击“OK”，提交系统运行．

(5)输出结果及其统计分析．输出的主要结果有：

① 单个样本的统计量表，如表5所示．表中分别给出3个样本的容量(N)、均值、标准差和平均标准差．

表5　单个样本的统计量表

	N	Mean	Std. Diviation	Std. Error Mean
Ohm1　第1批元件样本电阻值(Ω)	15	0.14200	0.002673	0.000690
Ohm2　第2批元件样本电阻值(Ω)	20	0.14115	0.003249	0.000726
Ohm3　第3批元件样本电阻值(Ω)	30	0.13907	0.004495	0.000821

② 一个样本均值的 t 检验表,如表 6 所示.

表 6 单个样本的 t 检验表

	t	df	Sig. (2 - tailed)	Mean Difference	95%C. I of the Difference	
					Lower	Upper
Ohm1 第 1 批元件样本电阻值(Ω)	2.898	14	0.012	0.00200	0.00052	0.00348
Ohm2 第 2 批元件样本电阻值(Ω)	1.583	19	0.130	0.00150	0.00037	0.00267
Ohm3 第 3 批元件样本电阻值(Ω)	−1.137	29	0.265	−0.00093	0.00261	0.00075

从表 6 可知,对于第一批元件样本电阻测量值,有以下结论:

● t 统计量值 $t=2.898$.

● df(自由度)为 14,自由度等于样本容量减 1.

● 双尾 t 检验的显著性概率 Sig(2 - tailed),其意义为 Sig. $=0.012<0.05$,说明第一批元件的平均电阻与额定电阻值 0.140 有显著的差异.

● Mean Difference(均值差),即样本均值与检验值 0.140 之差为 0.00200.

● 样本均值与检验值偏差的 95%置信区间为(0.00052,0.00348),置信区间不包含数值 0,则说明以 95%的置信概率样本值与检验值偏差大于零.

根据上述结果,对第一批元件样本,应拒绝原假设,即认为第一批元件的电阻不符合要求.与额定电阻值 0.140 相比,这批产品的电阻明显大了些.对于第二批和第三批元件,显著性概率大于 0.05,所以接受原假设,认为这两批元件的电阻与额定值无显著差异,即认为产品合乎质量要求.

需要指出,单个样本的 t 检验法中,给出的置信区间是样本均值与检验值偏差的 95%置信区间,并非总体均值的 95%置信区间.要求出总体均值的置信区间,只要在对话框的"Test Value"框里输入假设检验值"$\mu_1=0$"即可.

本例中,可以求得三批元件总体均值的 95%置信区间分别为:(0.14052,0.14348),(0.13963,0.14267),(0.13739,0.14075).显然,这些置信区间正是偏差的 95%置信区间的上下限加上检验值 0.140 的结果.

例 3 甲、乙两台测时仪同时测量两靶间子弹飞行的时间,测量结果(单位:s)如表 7 所示.

表 7 测量结果

仪器甲	12.56	13.62	13.25	11.88	12.35	13.40	—
仪器乙	13.61	13.24	14.01	12.78	13.50	12.35	12.69

假定两台仪器测量结果均服从正态分布．设显著性水平为 0.05，判断两台仪器的测量结果是否无显著差异．

求解操作步骤如下．

(1)定义变量并建立数文件：按照所列数据，定义变量“time”(子弹飞行时间)、“tool”(测量仪器)，设变量“tool”的值仅有“1”“2”，分别代表仪器甲和仪器乙，输入各变量值．以文件名“flyiNgtime. sav”保存．

(2)选择检验变量：打开独立样本 t 检验主对话框，选择“time”为检验变量；选择“tool”为分级变量，在定义分组对话框里，在“Group1”和“Group2”框中分别输入“1”和“2”．比较甲、乙两种仪器测量结果之间的差异．相当于检验假设 $H_0: \mu_1 = \mu_2$．

(3)选项对话框设置：在“Options”对话框里，按系统默认的选项设置．

(4)单击“OK”提交系统运行．

(5)输出结果及其统计分析．输出的主要结果有：

① 分组统计量值表(见表 8)．

表 8　分组统计量表

	tool 测量工具	N	Mean	Std. Diviation	Std. Error Mean
Time	1	6	12.8433	0.6827	0.2827
	2	7	13.1686	0.5871	0.2219

② 独立样本 t 检验结果表(见表 9)．

表 9　独立样本的 t 检验表

<table>
<tr><td rowspan="3"></td><td colspan="2">Levene's Test for Equality of Variances</td><td colspan="7">t-test for Equality of Means</td></tr>
<tr><td rowspan="2">F</td><td rowspan="2">Sig.</td><td rowspan="2">t</td><td rowspan="2">df</td><td rowspan="2">Sig. (2-tailed)</td><td rowspan="2">Mean Difference</td><td rowspan="2">Std. Error Difference</td><td colspan="2">95% Confidence Interval of the Difference</td></tr>
<tr><td>Lower</td><td>Upper</td></tr>
<tr><td>Equal variances assumed</td><td>0.455</td><td>0.514</td><td>−0.925</td><td>11</td><td>0.375</td><td>−0.3252</td><td>0.3518</td><td>−1.0995</td><td>0.4490</td></tr>
<tr><td>Equal variances not assumed</td><td>—</td><td>—</td><td>−0.913</td><td>10.000</td><td>0.383</td><td>−0.3252</td><td>0.3562</td><td>−1.1189</td><td>0.4685</td></tr>
</table>

表 9 中显示结果分为两部分：

● Levene's Test for Equality of Variances，为方差相等的 t 检验，在 Equal variances assumed(等方差假设)下，$F=0.455$，显著性概率 Sig. $=0.514$，远大于 0.05．故可以认为两

台仪器测量的子弹飞行时间的方差是相等的．

● t－test for Equality of Means 为均值相等的 t 检验，检验结果有：t 统计量值，$t=-0.925$；自由度为 11；t 分布的双尾显著性概率 Sig. $=0.375>0.05$，因此应该接受原假设 $H_0:\mu_1=\mu_2$，认为仪器甲与仪器乙测量的子弹飞行时间之间无显著的差异；均值差为 -0.3252；均值差标准误差为 0.3518；两台仪器测量的子弹飞行时间均值差的 95％置信区间为（－1.0995，0.4490）．

例 4 为了比较两种汽车橡胶轮胎的耐磨性，分别从甲、乙两厂生产的同规格的前轮轮胎中随机抽取 10 只，将它们配对安装在 10 辆汽车的左右轮上，行驶相同里程后，测得各只轮胎磨损量的数据，如表 10 所示．

试用配对样本 t 检验过程检验两种轮胎的耐磨性之间的差异．

表 10　配对试验的数据资料

试验序号	1	2	3	4	5	6	7	8	9	10
左轮胎磨损量	490	522	550	501	602	634	766	865	580	632
右轮胎磨损量	493	503	514	487	589	611	698	793	585	605

求解步骤如下所示．

（1）定义变量并建立数据文件：根据数据资料建立符合成对样本 t 检验要求的数据文件，变量定义信息如下：

变量名	变量标签	测度水平
Tyre_L	左轮胎磨损量（克）	Scale
Tyre_R	右轮胎磨损量（克）	Scale

（2）选择检验变量：按配对样本 t 检验主对话框所示，选择配对变量"Tyre_L－Tyre_R"移入"Paired Variables"框．

（3）选项对话框设置："Options"选项框各项均使用系统默认值．

（4）单击"OK"提交系统运行．

（5）输出结果及其统计分析．输出的主要结果有：

① 配对样本统计量表，如表 11 所示．

表 11 列出两配对样本的均值、样本容量、标准差以及平均标准差．

表 11　配对样本统计量表

		Mean	N	Std. Diviation	Std. Error Mean
Pair 1	Tyre_L 左轮胎磨损量	614.2000	10	119.6447	36.8350
	Tyre_R 右轮胎磨损量	586.8000	10	98.2512	31.0697

② 配对样本相关性检验表，如表 12 所示．

表 12 中的 Correlation（相关系数）显示配对样本的线性相关性．相关系数为 0.990，非线性关系的显著性概率 Sig. ＝0.000≪0.05，说明两种轮胎的磨损量具有高度的线性相关关系．

表 12　配对样本相关性检验表

	N	Correlation	Sig.
Pair 1 左轮胎磨损量（克）-右轮胎磨损量（克）	10	0.990	0.000

③ 配对样本显著性检验表，如表 13 所示．表 13 的显示结果为：

● Paired Differences（配对变量数值差）中，列出成对样本数值差的统计量值，数值差的平均值为 26.4 g、标准差为 26.1457 g、平均标准误差为 8.268 g、95%置信区间为（6.6965，45.1035）．

● t 统计量值：t=3.193；自由度为 9.

● t 检验的双尾显著性概率 Sig. ＝0.011＜0.05，说明两种轮胎的耐磨性有显著的差异．

表 13　配对样本 t 检验表

Pair 1	Paired Differences					t	df	Sig.（2-tailed）
	Mean	Std. Deviation	Std. Error Mean	95%C. I of the Difference				
				Lower	Upper			
Type_1 左轮胎磨损量-Type_2 右轮胎磨损量	26.4000	26.1457	8.2680	6.6965	45.1035	3.193	9	0.011

例 5　在考察硝酸钠（Sodium Nitrate）的可溶性程度时，在不同的温度下观测 100 mL 的水中溶解的硝酸钠的质量，得到如表 14 所示的数据．根据经验和理论知道溶解的硝酸钠质量 y_i 与温度 x_i 之间存在线性关系，试用线性回归过程分析它们之间的关系．

表 14　100 mL 水中溶解的硝酸钠质量与温度的观测值

序号	1	2	3	4	5	6	7	8	9
温度 x	0.00	4.00	10.00	15.00	21.00	29.00	36.00	51.00	68.00
重量 y	66.70	71.00	76.30	80.60	85.70	92.90	99.40	113.60	125.10

这是一个一元线性回归分析问题，分析步骤如下所示．

(1)定义变量并建立数文件:定义变量名“Temper”(硝酸钠溶解温度)、“Sodium_n”(100 mL 水中溶解的硝酸钠质量),输入数据并将文件存盘.

(2)选择回归变量:打开线性回归主对话框,选择各参与分析的变量,选择“Sodium_n”为因变量,“Temper”为自变量.

(3)单击“OK”提交系统运行.

(4)输出结果及其统计分析.输出的主要结果如下:

① 描述统计量表,如表 15 所示.

表 15 描述统计量表

	Mean	Std. Deviation	N
Sodium_n 溶解硝酸钠质量	90.1444	19.6341	9
Temper 硝酸钠溶解温度	26.00	22.53	9

② 线性回归方程系数表,如表 16 所示.

表 16 线性回归方程系数表

Model		Unstandardized Coefficients	Standardized Coefficients		t	Sig.	95%Confidence Interval for B	
		B	Std. Error	Beta			LowerBound	UpperBound
1	Constant	67.508	0.505		133.553	0.000	66.313	68.703
	硝酸钠溶解温度	0.871	0.015	0.999	57.826	0.000	0.835	0.906

表 16 显示回归模型中的回归系数是:Constant(常数项,即回归直线截距)为 67.508,自变量 Temper 为 0.871,由此可知回归方程为

$$\text{Sodium\_n}=67.508+0.871\cdot\text{Temper}.$$

回归系数的显著性水平皆为 0.000,表明用 t 统计量检验假设“回归系数等于 0 的概率为 0.000”,说明了两变量之间的线性相关关系极为显著,建立的回归方程是有效的.

同时,表 16 还给出了回归系数的 95%置信区间.

附录二　标准正态分布表

$$\Phi(x)=\int_{-\infty}^{x}\frac{1}{\sqrt{2\pi}}\mathrm{e}^{-\frac{t^2}{2}}\mathrm{d}t$$

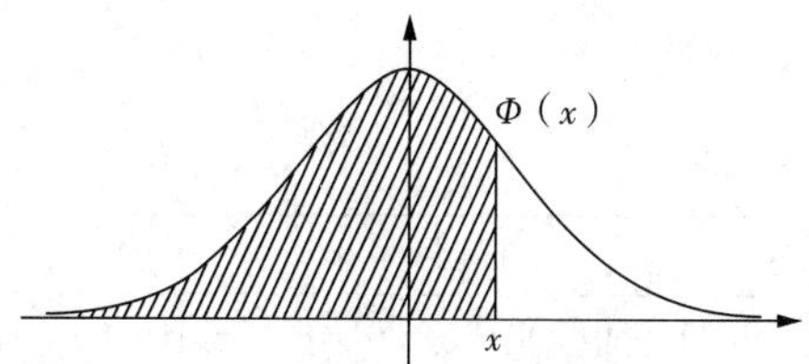

x	0.00	0.01	0.02	0.03	0.04	0.05	0.06	0.07	0.08	0.09
0.0	0.5000	0.5040	0.5080	0.5120	0.5160	0.5199	0.5239	0.5279	0.5319	0.5359
0.1	0.5398	0.5438	0.5478	0.5517	0.5557	0.5596	0.5636	0.5675	0.5714	0.5753
0.2	0.5793	0.5832	0.5871	0.5910	0.5948	0.5987	0.6026	0.6064	0.6103	0.6141
0.3	0.6179	0.6217	0.6255	0.6293	0.6331	0.6368	0.6406	0.6443	0.6480	0.6517
0.4	0.6554	0.6591	0.6628	0.6664	0.6700	0.6736	0.6772	0.6808	0.6844	0.6879
0.5	0.6915	0.6950	0.6985	0.7019	0.7054	0.7088	0.7123	0.7157	0.7190	0.7224
0.6	0.7257	0.7291	0.7324	0.7357	0.7389	0.7422	0.7454	0.7486	0.7517	0.7549
0.7	0.7580	0.7611	0.7642	0.7673	0.7704	0.7734	0.7764	0.7794	0.7823	0.7852
0.8	0.7881	0.7910	0.7939	0.7967	0.7995	0.8023	0.8051	0.8078	0.8106	0.8133
0.9	0.8159	0.8186	0.8212	0.8238	0.8264	0.8289	0.8315	0.8340	0.8365	0.8389
1.0	0.8413	0.8438	0.8461	0.8485	0.8508	0.8531	0.8554	0.8577	0.8599	0.8621
1.1	0.8643	0.8665	0.8686	0.8708	0.8729	0.8749	0.8770	0.8790	0.8810	0.8830
1.2	0.8849	0.8869	0.8888	0.8907	0.8925	0.8944	0.8962	0.8980	0.8997	0.9015
1.3	0.9032	0.9049	0.9066	0.9082	0.9099	0.9115	0.9131	0.9147	0.9162	0.9177
1.4	0.9192	0.9207	0.9222	0.9236	0.9251	0.9265	0.9279	0.9292	0.9306	0.9319
1.5	0.9332	0.9345	0.9357	0.9370	0.9382	0.9394	0.9406	0.9418	0.9429	0.9441
1.6	0.9452	0.9463	0.9474	0.9484	0.9495	0.9505	0.9515	0.9525	0.9535	0.9545
1.7	0.9554	0.9564	0.9573	0.9582	0.9591	0.9599	0.9608	0.9616	0.9625	0.9633
1.8	0.9641	0.9649	0.9656	0.9664	0.9671	0.9678	0.9686	0.9693	0.9699	0.9706
1.9	0.9713	0.9719	0.9726	0.9732	0.9738	0.9744	0.9750	0.9756	0.9761	0.9767
2.0	0.9772	0.9778	0.9783	0.9788	0.9793	0.9798	0.9803	0.9808	0.9812	0.9817
2.1	0.9821	0.9826	0.9830	0.9834	0.9838	0.9842	0.9846	0.9850	0.9854	0.9857
2.2	0.9861	0.9864	0.9868	0.9871	0.9875	0.9878	0.9881	0.9884	0.9887	0.9890
2.3	0.9893	0.9896	0.9898	0.9901	0.9904	0.9906	0.9909	0.9911	0.9913	0.9916
2.4	0.9918	0.9920	0.9922	0.9925	0.9927	0.9929	0.9931	0.9932	0.9934	0.9936
2.5	0.9938	0.9940	0.9941	0.9943	0.9945	0.9946	0.9948	0.9949	0.9951	0.9952
2.6	0.9953	0.9955	0.9956	0.9957	0.9959	0.9960	0.9961	0.9962	0.9963	0.9964
2.7	0.9965	0.9966	0.9967	0.9968	0.9969	0.9970	0.9971	0.9972	0.9973	0.9974
2.8	0.9974	0.9975	0.9976	0.9977	0.9977	0.9978	0.9979	0.9979	0.9980	0.9981
2.9	0.9981	0.9982	0.9982	0.9983	0.9984	0.9984	0.9985	0.9985	0.9986	0.9986
3.0	0.9987	0.9990	0.9993	0.9995	0.9997	0.9998	0.9998	0.9999	0.9999	1.0000

附录三　$\varphi(z)$函数表

$$\varphi(z)=\frac{2\rho}{\sqrt{\pi}}\int_0^z e^{-\rho^2 t^2}\,dt$$

z	$\varphi(z)$	z	$\varphi(z)$	z	$\varphi(z)$	z	$\varphi(z)$	z	$\varphi(z)$
0.00	0.00000	0.31	0.16563	0.62	0.32419	0.93	0.46953	1.24	0.59706
0.01	0.00538	0.32	0.17089	0.63	0.32912	0.94	0.47394	1.25	0.60084
0.02	0.01076	0.33	0.17614	0.64	0.33403	0.95	0.47833	1.26	0.60460
0.03	0.01614	0.34	0.18139	0.65	0.33892	0.96	0.48270	1.27	0.60834
0.04	0.02152	0.35	0.18663	0.66	0.34380	0.97	0.48706	1.28	0.61206
0.05	0.02690	0.36	0.19186	0.67	0.34867	0.98	0.49139	1.29	0.61576
0.06	0.03228	0.37	0.19708	0.68	0.35352	0.99	0.49571	1.30	0.61943
0.07	0.03766	0.38	0.20229	0.69	0.35836	1.00	0.50001	1.31	0.62309
0.08	0.04303	0.39	0.20749	0.70	0.36318	1.01	0.50428	1.32	0.62672
0.09	0.04841	0.40	0.21269	0.71	0.36799	1.02	0.50854	1.33	0.63033
0.10	0.05378	0.41	0.21787	0.72	0.37278	1.03	0.51278	1.34	0.63391
0.11	0.05914	0.42	0.22305	0.73	0.37755	1.04	0.51700	1.35	0.63748
0.12	0.06451	0.43	0.22821	0.74	0.38231	1.05	0.52119	1.36	0.64103
0.13	0.06987	0.44	0.23337	0.75	0.38706	1.06	0.52537	1.37	0.64455
0.14	0.07523	0.45	0.23851	0.76	0.39178	1.07	0.52953	1.38	0.64805
0.15	0.08059	0.46	0.24364	0.77	0.39649	1.08	0.53367	1.39	0.65153
0.16	0.08594	0.47	0.24877	0.78	0.40119	1.09	0.53779	1.40	0.65498
0.17	0.09129	0.48	0.25388	0.79	0.40587	1.10	0.54188	1.41	0.65842
0.18	0.09663	0.49	0.25898	0.80	0.41053	1.11	0.54596	1.42	0.66183
0.19	0.10197	0.50	0.26407	0.81	0.41517	1.12	0.55001	1.43	0.66522
0.20	0.10731	0.51	0.26915	0.82	0.41980	1.13	0.55405	1.44	0.66859
0.21	0.11264	0.52	0.27422	0.83	0.42441	1.14	0.55807	1.45	0.67194
0.22	0.11797	0.53	0.27927	0.84	0.42900	1.15	0.56206	1.46	0.67526
0.23	0.12329	0.54	0.28431	0.85	0.43358	1.16	0.56603	1.47	0.67857
0.24	0.12860	0.55	0.28934	0.86	0.43813	1.17	0.56998	1.48	0.68185
0.25	0.13391	0.56	0.29436	0.87	0.44267	1.18	0.57392	1.49	0.68511
0.26	0.13921	0.57	0.29937	0.88	0.44719	1.19	0.57783	1.50	0.68834
0.27	0.14451	0.58	0.30436	0.89	0.45170	1.20	0.58171	1.51	0.69156
0.28	0.14980	0.59	0.30934	0.90	0.45618	1.21	0.58558	1.52	0.69475
0.29	0.15508	0.60	0.31430	0.91	0.46065	1.22	0.58943	1.53	0.69792
0.30	0.16036	0.61	0.31925	0.92	0.46510	1.23	0.59325	1.54	0.70107

（续表）

z	φ(z)	z	φ(z)	z	φ(z)	z	φ(z)	z	φ(z)
1.55	0.70420	1.90	0.80000	2.25	0.87089	2.60	0.92052	2.95	0.95338
1.56	0.70730	1.91	0.80236	2.26	0.87258	2.61	0.92167	2.96	0.95412
1.57	0.71038	1.92	0.80469	2.27	0.87426	2.62	0.92280	2.97	0.95485
1.58	0.71345	1.93	0.80701	2.28	0.87592	2.63	0.92393	2.98	0.95557
1.59	0.71648	1.94	0.80931	2.29	0.87756	2.64	0.92504	2.99	0.95628
1.60	0.71950	1.95	0.81158	2.30	0.87918	2.65	0.92613	3.00	0.95698
1.61	0.72250	1.96	0.81384	2.31	0.88079	2.66	0.92721	3.01	0.95767
1.62	0.72547	1.97	0.81607	2.32	0.88238	2.67	0.92828	3.02	0.95835
1.63	0.72842	1.98	0.81829	2.33	0.88395	2.68	0.92934	3.03	0.95902
1.64	0.73135	1.99	0.82049	2.34	0.88551	2.69	0.93038	3.04	0.95968
1.65	0.73426	2.00	0.82266	2.35	0.88705	2.70	0.93142	3.05	0.96034
1.66	0.73715	2.01	0.82482	2.36	0.88857	2.71	0.93243	3.06	0.96098
1.67	0.74001	2.02	0.82696	2.37	0.89008	2.72	0.93344	3.07	0.96161
1.68	0.74285	2.03	0.82907	2.38	0.89157	2.73	0.93443	3.08	0.96224
1.69	0.74567	2.04	0.83117	2.39	0.89305	2.74	0.93542	3.09	0.96286
1.70	0.74847	2.05	0.83325	2.40	0.89451	2.75	0.93639	3.10	0.96347
1.71	0.75125	2.06	0.83531	2.41	0.89595	2.76	0.93734	3.11	0.96407
1.72	0.75401	2.07	0.83735	2.42	0.89738	2.77	0.93829	3.12	0.96466
1.73	0.75674	2.08	0.83937	2.43	0.89879	2.78	0.93922	3.13	0.96524
1.74	0.75946	2.09	0.84137	2.44	0.90019	2.79	0.94014	3.14	0.96582
1.75	0.76215	2.10	0.84336	2.45	0.90157	2.80	0.94105	3.15	0.96639
1.76	0.76482	2.11	0.84532	2.46	0.90294	2.81	0.94195	3.16	0.96695
1.77	0.76747	2.12	0.84727	2.47	0.90429	2.82	0.94284	3.17	0.96750
1.78	0.77010	2.13	0.84919	2.48	0.90563	2.83	0.94372	3.18	0.96804
1.79	0.77270	2.14	0.85110	2.49	0.90695	2.84	0.94458	3.19	0.96858
1.80	0.77529	2.15	0.85299	2.50	0.90825	2.85	0.94544	3.20	0.96910
1.81	0.77786	2.16	0.85486	2.51	0.90954	2.86	0.94628	3.21	0.96962
1.82	0.78040	2.17	0.85671	2.52	0.91082	2.87	0.94711	3.22	0.97014
1.83	0.78292	2.18	0.85855	2.53	0.91208	2.88	0.94793	3.23	0.97064
1.84	0.78542	2.19	0.86037	2.54	0.91333	2.89	0.94874	3.24	0.97114
1.85	0.78790	2.20	0.86216	2.55	0.91456	2.90	0.94954	3.25	0.97163
1.86	0.79037	2.21	0.86395	2.56	0.91578	2.91	0.95033	3.26	0.97211
1.87	0.79280	2.22	0.86571	2.57	0.91699	2.92	0.95111	3.27	0.97259
1.88	0.79522	2.23	0.86745	2.58	0.91818	2.93	0.95188	3.28	0.97306
1.89	0.79762	2.24	0.86918	2.59	0.91935	2.94	0.95264	3.29	0.97352

（续表）

z	φ(z)	z	φ(z)	z	φ(z)	z	φ(z)	z	φ(z)
3.30	0.97398	3.65	0.98618	4.00	0.99302	4.35	0.99665	4.70	0.99848
3.31	0.97442	3.66	0.98644	4.01	0.99316	4.36	0.99673	4.71	0.99851
3.32	0.97487	3.67	0.98669	4.02	0.99330	4.37	0.99680	4.72	0.99855
3.33	0.97530	3.68	0.98694	4.03	0.99344	4.38	0.99687	4.73	0.99858
3.34	0.97573	3.69	0.98719	4.04	0.99357	4.39	0.99693	4.74	0.99861
3.35	0.97615	3.70	0.98743	4.05	0.99370	4.40	0.99700	4.75	0.99864
3.36	0.97657	3.71	0.98766	4.06	0.99383	4.41	0.99707	4.76	0.99868
3.37	0.97698	3.72	0.98790	4.07	0.99395	4.42	0.99713	4.77	0.99871
3.38	0.97738	3.73	0.98813	4.08	0.99408	4.43	0.99719	4.78	0.99874
3.39	0.97778	3.74	0.98835	4.09	0.99420	4.44	0.99725	4.79	0.99877
3.40	0.97817	3.75	0.98857	4.10	0.99432	4.45	0.99731	4.80	0.99879
3.41	0.97855	3.76	0.98879	4.11	0.99443	4.46	0.99737	4.81	0.99882
3.42	0.97893	3.77	0.98901	4.12	0.99455	4.47	0.99743	4.82	0.99885
3.43	0.97931	3.78	0.98922	4.13	0.99466	4.48	0.99749	4.83	0.99888
3.44	0.97967	3.79	0.98942	4.14	0.99477	4.49	0.99754	4.84	0.99890
3.45	0.98004	3.80	0.98963	4.15	0.99488	4.50	0.99760	4.85	0.99893
3.46	0.98039	3.81	0.98983	4.16	0.99498	4.51	0.99765	4.86	0.99895
3.47	0.98074	3.82	0.99002	4.17	0.99509	4.52	0.99770	4.87	0.99898
3.48	0.98109	3.83	0.99021	4.18	0.99519	4.53	0.99775	4.88	0.99900
3.49	0.98143	3.84	0.99040	4.19	0.99529	4.54	0.99780	4.89	0.99903
3.50	0.98176	3.85	0.99059	4.20	0.99539	4.55	0.99785	4.90	0.99905
3.51	0.98209	3.86	0.99077	4.21	0.99548	4.56	0.99790	4.91	0.99907
3.52	0.98241	3.87	0.99095	4.22	0.99558	4.57	0.99795	4.92	0.99910
3.53	0.98273	3.88	0.99113	4.23	0.99567	4.58	0.99799	4.93	0.99912
3.54	0.98305	3.89	0.99130	4.24	0.99576	4.59	0.99804	4.94	0.99914
3.55	0.98336	3.90	0.99148	4.25	0.99585	4.60	0.99808	4.95	0.99916
3.56	0.98366	3.91	0.99164	4.26	0.99594	4.61	0.99813	4.96	0.99918
3.57	0.98396	3.92	0.99181	4.27	0.99602	4.62	0.99817	4.97	0.99920
3.58	0.98425	3.93	0.99197	4.28	0.99611	4.63	0.99821	4.98	0.99922
3.59	0.98454	3.94	0.99213	4.29	0.99619	4.64	0.99825	4.99	0.99924
3.60	0.98483	3.95	0.99228	4.30	0.99627	4.65	0.99829	5.00	0.99926
3.61	0.98511	3.96	0.99244	4.31	0.99635	4.66	0.99833		
3.62	0.98538	3.97	0.99259	4.32	0.99643	4.67	0.99837		
3.63	0.98565	3.98	0.99274	4.33	0.99651	4.68	0.99840		
3.64	0.98592	3.99	0.99288	4.34	0.99658	4.69	0.99844		

附录四　t 分布表

$$P\{t(n)>t_\alpha(n)\}=\alpha$$

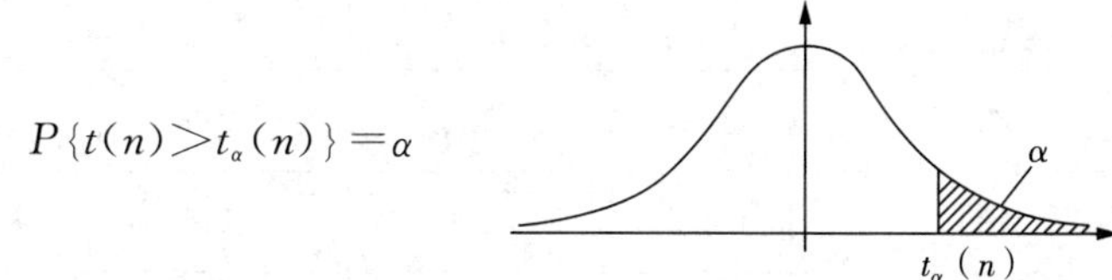

n \ α	0.250	0.100	0.050	0.025	0.010	0.005
1	1.0000	3.0777	6.3138	12.7062	31.8205	63.6567
2	0.8165	1.8856	2.9200	4.3027	6.9646	9.9248
3	0.7649	1.6377	2.3534	3.1824	4.5407	5.8409
4	0.7407	1.5332	2.1318	2.7764	3.7469	4.6041
5	0.7267	1.4759	2.0150	2.5706	3.3649	4.0321
6	0.7176	1.4398	1.9432	2.4469	3.1427	3.7074
7	0.7111	1.4149	1.8946	2.3646	2.9980	3.4995
8	0.7064	1.3968	1.8595	2.3060	2.8965	3.3554
9	0.7027	1.3830	1.8331	2.2622	2.8214	3.2498
10	0.6998	1.3722	1.8125	2.2281	2.7638	3.1693
11	0.6974	1.3634	1.7959	2.2010	2.7181	3.1058
12	0.6955	1.3562	1.7823	2.1788	2.6810	3.0545
13	0.6938	1.3502	1.7709	2.1604	2.6503	3.0123
14	0.6924	1.3450	1.7613	2.1448	2.6245	2.9768
15	0.6912	1.3406	1.7531	2.1314	2.6025	2.9467
16	0.6901	1.3368	1.7459	2.1199	2.5835	2.9208
17	0.6892	1.3334	1.7396	2.1098	2.5669	2.8982
18	0.6884	1.3304	1.7341	2.1009	2.5524	2.8784
19	0.6876	1.3277	1.7291	2.0930	2.5395	2.8609
20	0.6870	1.3253	1.7247	2.0860	2.5280	2.8453
21	0.6864	1.3232	1.7207	2.0796	2.5176	2.8314

（续表）

n \ α	0.250	0.100	0.050	0.025	0.010	0.005
22	0.6858	1.3212	1.7171	2.0739	2.5083	2.8188
23	0.6853	1.3195	1.7139	2.0687	2.4999	2.8073
24	0.6848	1.3178	1.7109	2.0639	2.4922	2.7969
25	0.6844	1.3163	1.7081	2.0595	2.4851	2.7874
26	0.6840	1.3150	1.7056	2.0555	2.4786	2.7787
27	0.6837	1.3137	1.7033	2.0518	2.4727	2.7707
28	0.6834	1.3125	1.7011	2.0484	2.4671	2.7633
29	0.6830	1.3114	1.6991	2.0452	2.4620	2.7564
30	0.6828	1.3104	1.6973	2.0423	2.4573	2.7500
31	0.6825	1.3095	1.6955	2.0395	2.4528	2.7440
32	0.6822	1.3086	1.6939	2.0369	2.4487	2.7385
33	0.6820	1.3077	1.6924	2.0345	2.4448	2.7333
34	0.6818	1.3070	1.6909	2.0322	2.4411	2.7284
35	0.6816	1.3062	1.6896	2.0301	2.4377	2.7238
36	0.6814	1.3055	1.6883	2.0281	2.4345	2.7195
37	0.6812	1.3049	1.6871	2.0262	2.4314	2.7154
38	0.6810	1.3042	1.6860	2.0244	2.4286	2.7116
39	0.6808	1.3036	1.6849	2.0227	2.4258	2.7079
40	0.6807	1.3031	1.6839	2.0211	2.4233	2.7045
41	0.6805	1.3025	1.6829	2.0195	2.4208	2.7012
42	0.6804	1.3020	1.6820	2.0181	2.4185	2.6981
43	0.6802	1.3016	1.6811	2.0167	2.4163	2.6951
44	0.6801	1.3011	1.6802	2.0154	2.4141	2.6923
45	0.6800	1.3006	1.6794	2.0141	2.4121	2.6896

附录五　χ^2 分布表

$$P\{\chi^2(n) > \chi^2_\alpha(n)\} = \alpha$$

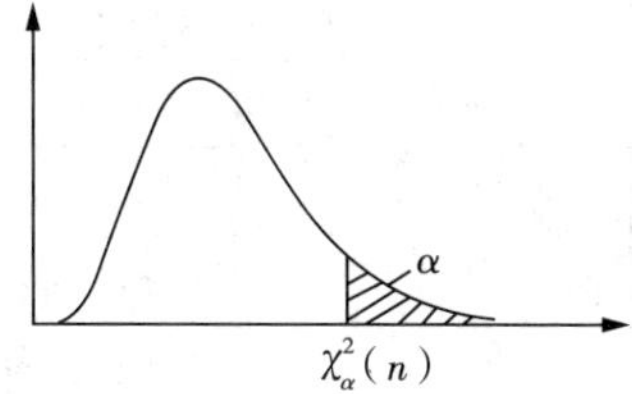

n \ α	0.995	0.990	0.975	0.950	0.900	0.750
1	—	—	0.001	0.004	0.016	0.102
2	0.010	0.020	0.051	0.103	0.211	0.575
3	0.072	0.115	0.216	0.352	0.584	1.213
4	0.207	0.297	0.484	0.711	1.064	1.923
5	0.412	0.554	0.831	1.145	1.610	2.675
6	0.676	0.872	1.237	1.635	2.204	3.455
7	0.989	1.239	1.690	2.167	2.833	4.255
8	1.344	1.646	2.180	2.733	3.490	5.071
9	1.735	2.088	2.700	3.325	4.168	5.899
10	2.156	2.558	3.247	3.940	4.865	6.737
11	2.603	3.053	3.816	4.575	5.578	7.584
12	3.074	3.571	4.404	5.226	6.304	8.438
13	3.565	4.107	5.009	5.892	7.042	9.299
14	4.075	4.660	5.629	6.571	7.790	10.165
15	4.601	5.229	6.262	7.261	8.547	11.037
16	5.142	5.812	6.908	7.962	9.312	11.912
17	5.697	6.408	7.564	8.672	10.085	12.792
18	6.265	7.015	8.231	9.390	10.865	13.675
19	6.844	7.633	8.907	10.117	11.651	14.562
20	7.434	8.260	9.591	10.851	12.443	15.452
21	8.034	8.897	10.283	11.591	13.240	16.344
22	8.643	9.542	10.982	12.338	14.041	17.240
23	9.260	10.196	11.689	13.091	14.848	18.137
24	9.886	10.856	12.401	13.848	15.659	19.037
25	10.520	11.524	13.120	14.611	16.473	19.939
26	11.160	12.198	13.844	15.379	17.292	20.843
27	11.808	12.879	14.573	16.151	18.114	21.749

（续表）

n \ α	0.995	0.990	0.975	0.950	0.900	0.750
28	12.461	13.565	15.308	16.928	18.939	22.657
29	13.121	14.256	16.047	17.708	19.768	23.567
30	13.787	14.953	16.791	18.493	20.599	24.478
31	14.458	15.655	17.539	19.281	21.434	25.390
32	15.134	16.362	18.291	20.072	22.271	26.304
33	15.815	17.074	19.047	20.867	23.110	27.219
34	16.501	17.789	19.806	21.664	23.952	28.136
35	17.192	18.509	20.569	22.465	24.797	29.054
36	17.887	19.233	21.336	23.269	25.643	29.973
37	18.586	19.960	22.106	24.075	26.492	30.893
38	19.289	20.691	22.878	24.884	27.343	31.815
39	19.996	21.426	23.654	25.695	28.196	32.737
40	20.707	22.164	24.433	26.509	29.051	33.660
41	21.421	22.906	25.215	27.326	29.907	34.585
42	22.138	23.650	25.999	28.144	30.765	35.510
43	22.859	24.398	26.785	28.965	31.625	36.436
44	23.584	25.148	27.575	29.787	32.487	37.363
45	24.311	25.901	28.366	30.612	33.350	38.291
n \ α	0.250	0.100	0.050	0.025	0.010	0.005
1	1.323	2.706	3.841	5.024	6.635	7.879
2	2.773	4.605	5.991	7.378	9.210	10.597
3	4.108	6.251	7.815	9.348	11.345	12.838
4	5.385	7.779	9.488	11.143	13.277	14.860
5	6.626	9.236	11.070	12.833	15.086	16.750
6	7.841	10.645	12.592	14.449	16.812	18.548
7	9.037	12.017	14.067	16.013	18.475	20.278
8	10.219	13.362	15.507	17.535	20.090	21.955
9	11.389	14.684	16.919	19.023	21.666	23.589
10	12.549	15.987	18.307	20.483	23.209	25.188
11	13.701	17.275	19.675	21.920	24.725	26.757
12	14.845	18.549	21.026	23.337	26.217	28.300
13	15.984	19.812	22.362	24.736	27.688	29.819

（续表）

n \ α	0.250	0.100	0.050	0.025	0.010	0.005
14	17.117	21.064	23.685	26.119	29.141	31.319
15	18.245	22.307	24.996	27.488	30.578	32.801
16	19.369	23.542	26.296	28.845	32.000	34.267
17	20.489	24.769	27.587	30.191	33.409	35.718
18	21.605	25.989	28.869	31.526	34.805	37.156
19	22.718	27.204	30.144	32.852	36.191	38.582
20	23.828	28.412	31.410	34.170	37.566	39.997
21	24.935	29.615	32.671	35.479	38.932	41.401
22	26.039	30.813	33.924	36.781	40.289	42.796
23	27.141	32.007	35.172	38.076	41.638	44.181
24	28.241	33.196	36.415	39.364	42.980	45.559
25	29.339	34.382	37.652	40.646	44.314	46.928
26	30.435	35.563	38.885	41.923	45.642	48.290
27	31.528	36.741	40.113	43.195	46.963	49.645
28	32.620	37.916	41.337	44.461	48.278	50.993
29	33.711	39.087	42.557	45.722	49.588	52.336
30	34.800	40.256	43.773	46.979	50.892	53.672
31	35.887	41.422	44.985	48.232	52.191	55.003
32	36.973	42.585	46.194	49.480	53.486	56.328
33	38.058	43.745	47.400	50.725	54.776	57.648
34	39.141	44.903	48.602	51.966	56.061	58.964
35	40.223	46.059	49.802	53.203	57.342	60.275
36	41.304	47.212	50.998	54.437	58.619	61.581
37	42.383	48.363	52.192	55.668	59.893	62.883
38	43.462	49.513	53.384	56.896	61.162	64.181
39	44.539	50.660	54.572	58.120	62.428	65.476
40	45.616	51.805	55.758	59.342	63.691	66.766
41	46.692	52.949	56.942	60.561	64.950	68.053
42	47.766	54.090	58.124	61.777	66.206	69.336
43	48.840	55.230	59.304	62.990	67.459	70.616
44	49.913	56.369	60.481	64.201	68.710	71.893
45	50.985	57.505	61.656	65.410	69.957	73.166

附录六 F 分布表

$$P\{F(n_1, n_2) > F_\alpha(n_1, n_2)\} = \alpha$$

$\alpha = 0.10$

n_2 \ n_1	1	2	3	4	5	6	7	8	9	10	12	15	20	24	30	40	60	120	$+\infty$
1	39.86	49.50	53.59	55.83	57.24	58.20	58.91	59.44	59.86	60.19	60.71	61.22	61.74	62.00	62.26	62.53	62.79	63.06	63.33
2	8.53	9.00	9.16	9.24	9.29	9.33	9.35	9.37	9.38	9.39	9.41	9.42	9.44	9.45	9.46	9.47	9.47	9.48	9.49
3	5.54	5.46	5.39	5.34	5.31	5.28	5.27	5.25	5.24	5.23	5.22	5.20	5.18	5.18	5.17	5.16	5.15	5.14	5.13
4	4.54	4.32	4.19	4.11	4.05	4.01	3.98	3.95	3.94	3.92	3.90	3.87	3.84	3.83	3.82	3.80	3.79	3.78	3.76
5	4.06	3.78	3.62	3.52	3.45	3.40	3.37	3.34	3.32	3.30	3.27	3.24	3.21	3.19	3.17	3.16	3.14	3.12	3.10
6	3.78	3.46	3.29	3.18	3.11	3.05	3.01	2.98	2.96	2.94	2.90	2.87	2.84	2.82	2.80	2.78	2.76	2.74	2.72
7	3.59	3.26	3.07	2.96	2.88	2.83	2.78	2.75	2.72	2.70	2.67	2.63	2.59	2.58	2.56	2.54	2.51	2.49	2.47
8	3.46	3.11	2.92	2.81	2.73	2.67	2.62	2.59	2.56	2.54	2.50	2.46	2.42	2.40	2.38	2.36	2.34	2.32	2.29
9	3.36	3.01	2.81	2.69	2.61	2.55	2.51	2.47	2.44	2.42	2.38	2.34	2.30	2.28	2.25	2.23	2.21	2.18	2.16
10	3.29	2.92	2.73	2.61	2.52	2.46	2.41	2.38	2.35	2.32	2.28	2.24	2.20	2.18	2.16	2.13	2.11	2.08	2.06
11	3.23	2.86	2.66	2.54	2.45	2.39	2.34	2.30	2.27	2.25	2.21	2.17	2.12	2.10	2.08	2.05	2.03	2.00	1.97
12	3.18	2.81	2.61	2.48	2.39	2.33	2.28	2.24	2.21	2.19	2.15	2.10	2.06	2.04	2.01	1.99	1.96	1.93	1.90
13	3.14	2.76	2.56	2.43	2.35	2.28	2.23	2.20	2.16	2.14	2.10	2.05	2.01	1.98	1.96	1.93	1.90	1.88	1.85
14	3.10	2.73	2.52	2.39	2.31	2.24	2.19	2.15	2.12	2.10	2.05	2.01	1.96	1.94	1.91	1.89	1.86	1.83	1.80

（续表）

n_2 \ n_1	1	2	3	4	5	6	7	8	9	10	12	15	20	24	30	40	60	120	$+\infty$
15	3.07	2.70	2.49	2.36	2.27	2.21	2.16	2.12	2.09	2.06	2.02	1.97	1.92	1.90	1.87	1.85	1.82	1.79	1.76
16	3.05	2.67	2.46	2.33	2.24	2.18	2.13	2.09	2.06	2.03	1.99	1.94	1.89	1.87	1.84	1.81	1.78	1.75	1.72
17	3.03	2.64	2.44	2.31	2.22	2.15	2.10	2.06	2.03	2.00	1.96	1.91	1.86	1.84	1.81	1.78	1.75	1.72	1.69
18	3.01	2.62	2.42	2.29	2.20	2.13	2.08	2.04	2.00	1.98	1.93	1.89	1.84	1.81	1.78	1.75	1.72	1.69	1.66
19	2.99	2.61	2.40	2.27	2.18	2.11	2.06	2.02	1.98	1.96	1.91	1.86	1.81	1.79	1.76	1.73	1.70	1.67	1.63
20	2.97	2.59	2.38	2.25	2.16	2.09	2.04	2.00	1.96	1.94	1.89	1.84	1.79	1.77	1.74	1.71	1.68	1.64	1.61
21	2.96	2.57	2.36	2.23	2.14	2.08	2.02	1.98	1.95	1.92	1.87	1.83	1.78	1.75	1.72	1.69	1.66	1.62	1.59
22	2.95	2.56	2.35	2.22	2.13	2.06	2.01	1.97	1.93	1.90	1.86	1.81	1.76	1.73	1.70	1.67	1.64	1.60	1.57
23	2.94	2.55	2.34	2.21	2.11	2.05	1.99	1.95	1.92	1.89	1.84	1.80	1.74	1.72	1.69	1.66	1.62	1.59	1.55
24	2.93	2.54	2.33	2.19	2.10	2.04	1.98	1.94	1.91	1.88	1.83	1.78	1.73	1.70	1.67	1.64	1.61	1.57	1.53
25	2.92	2.53	2.32	2.18	2.09	2.02	1.97	1.93	1.89	1.87	1.82	1.77	1.72	1.69	1.66	1.63	1.59	1.56	1.52
26	2.91	2.52	2.31	2.17	2.08	2.01	1.96	1.92	1.88	1.86	1.81	1.76	1.71	1.68	1.65	1.61	1.58	1.54	1.50
27	2.90	2.51	2.30	2.17	2.07	2.00	1.95	1.91	1.87	1.85	1.80	1.75	1.70	1.67	1.64	1.60	1.57	1.53	1.49
28	2.89	2.50	2.29	2.16	2.06	2.00	1.94	1.90	1.87	1.84	1.79	1.74	1.69	1.66	1.63	1.59	1.56	1.52	1.48
29	2.89	2.50	2.28	2.15	2.06	1.99	1.93	1.89	1.86	1.83	1.78	1.73	1.68	1.65	1.62	1.58	1.55	1.51	1.47
30	2.88	2.49	2.28	2.14	2.05	1.98	1.93	1.88	1.85	1.82	1.77	1.72	1.67	1.64	1.61	1.57	1.54	1.50	1.46
40	2.84	2.44	2.23	2.09	2.00	1.93	1.87	1.83	1.79	1.76	1.71	1.66	1.61	1.57	1.54	1.51	1.47	1.42	1.38
60	2.79	2.39	2.18	2.04	1.95	1.87	1.82	1.77	1.74	1.71	1.66	1.60	1.54	1.51	1.48	1.44	1.40	1.35	1.29
120	2.75	2.35	2.13	1.99	1.90	1.82	1.77	1.72	1.68	1.65	1.60	1.55	1.48	1.45	1.41	1.37	1.32	1.26	1.19
$+\infty$	2.71	2.30	2.08	1.94	1.85	1.77	1.72	1.67	1.63	1.60	1.55	1.49	1.42	1.38	1.34	1.30	1.26	1.17	1.00

（续表）

$\alpha=0.05$

n_2 \ n_1	1	2	3	4	5	6	7	8	9	10	12	15	20	24	30	40	60	120	$+\infty$
1	161.4	199.5	215.7	224.6	230.2	234.0	236.8	238.9	240.5	241.9	243.9	245.9	248.0	249.1	250.1	251.1	252.2	253.3	254.3
2	18.51	19.00	19.16	19.25	19.30	19.33	19.35	19.37	19.38	19.40	19.41	19.43	19.45	19.45	19.46	19.47	19.48	19.49	19.50
3	10.13	9.55	9.28	9.12	9.01	8.94	8.89	8.85	8.81	8.79	8.74	8.70	8.66	8.64	8.62	8.59	8.57	8.55	8.53
4	7.71	6.94	6.59	6.39	6.26	6.16	6.09	6.04	6.00	5.96	5.91	5.86	5.80	5.77	5.75	5.72	5.69	5.66	5.63
5	6.61	5.79	5.41	5.19	5.05	4.95	4.88	4.82	4.77	4.74	4.68	4.62	4.56	4.53	4.50	4.46	4.43	4.40	4.36
6	5.99	5.14	4.76	4.53	4.39	4.28	4.21	4.15	4.10	4.06	4.00	3.94	3.87	3.84	3.81	3.77	3.74	3.70	3.67
7	5.59	4.74	4.35	4.12	3.97	3.87	3.79	3.73	3.68	3.64	3.57	3.51	3.44	3.41	3.38	3.34	3.30	3.27	3.23
8	5.32	4.46	4.07	3.84	3.69	3.58	3.50	3.44	3.39	3.35	3.28	3.22	3.15	3.12	3.08	3.04	3.01	2.97	2.93
9	5.12	4.26	3.86	3.63	3.48	3.37	3.29	3.23	3.18	3.14	3.07	3.01	2.94	2.90	2.86	2.83	2.79	2.75	2.71
10	4.96	4.10	3.71	3.48	3.33	3.22	3.14	3.07	3.02	2.98	2.91	2.85	2.77	2.74	2.70	2.66	2.62	2.58	2.54
11	4.84	3.98	3.59	3.36	3.20	3.09	3.01	2.95	2.90	2.85	2.79	2.72	2.65	2.61	2.57	2.53	2.49	2.45	2.40
12	4.75	3.89	3.49	3.26	3.11	3.00	2.91	2.85	2.80	2.75	2.69	2.62	2.54	2.51	2.47	2.43	2.38	2.34	2.30
13	4.67	3.81	3.41	3.18	3.03	2.92	2.83	2.77	2.71	2.67	2.60	2.53	2.46	2.42	2.38	2.34	2.30	2.25	2.21
14	4.60	3.74	3.34	3.11	2.96	2.85	2.76	2.70	2.65	2.60	2.53	2.46	2.39	2.35	2.31	2.27	2.22	2.18	2.13
15	4.54	3.68	3.29	3.06	2.90	2.79	2.71	2.64	2.59	2.54	2.48	2.40	2.33	2.29	2.25	2.20	2.16	2.11	2.07
16	4.49	3.63	3.24	3.01	2.85	2.74	2.66	2.59	2.54	2.49	2.42	2.35	2.28	2.24	2.19	2.15	2.11	2.06	2.01

（续表）

n_2 \ n_1	1	2	3	4	5	6	7	8	9	10	12	15	20	24	30	40	60	120	$+\infty$
17	4.45	3.59	3.20	2.96	2.81	2.70	2.61	2.55	2.49	2.45	2.38	2.31	2.23	2.19	2.15	2.10	2.06	2.01	1.96
18	4.41	3.55	3.16	2.93	2.77	2.66	2.58	2.51	2.46	2.41	2.34	2.27	2.19	2.15	2.11	2.06	2.02	1.97	1.92
19	4.38	3.52	3.13	2.90	2.74	2.63	2.54	2.48	2.42	2.38	2.31	2.23	2.16	2.11	2.07	2.03	1.98	1.93	1.88
20	4.35	3.49	3.10	2.87	2.71	2.60	2.51	2.45	2.39	2.35	2.28	2.20	2.12	2.08	2.04	1.99	1.95	1.90	1.84
21	4.32	3.47	3.07	2.84	2.68	2.57	2.49	2.42	2.37	2.32	2.25	2.18	2.10	2.05	2.01	1.96	1.92	1.87	1.81
22	4.30	3.44	3.05	2.82	2.66	2.55	2.46	2.40	2.34	2.30	2.23	2.15	2.07	2.03	1.98	1.94	1.89	1.84	1.78
23	4.28	3.42	3.03	2.80	2.64	2.53	2.44	2.37	2.32	2.27	2.20	2.13	2.05	2.01	1.96	1.91	1.86	1.81	1.76
24	4.26	3.40	3.01	2.78	2.62	2.51	2.42	2.36	2.30	2.25	2.18	2.11	2.03	1.98	1.94	1.89	1.84	1.79	1.73
25	4.24	3.39	2.99	2.76	2.60	2.49	2.40	2.34	2.28	2.24	2.16	2.09	2.01	1.96	1.92	1.87	1.82	1.77	1.71
26	4.23	3.37	2.98	2.74	2.59	2.47	2.39	2.32	2.27	2.22	2.15	2.07	1.99	1.95	1.90	1.85	1.80	1.75	1.69
27	4.21	3.35	2.96	2.73	2.57	2.46	2.37	2.31	2.25	2.20	2.13	2.06	1.97	1.93	1.88	1.84	1.79	1.73	1.67
28	4.20	3.34	2.95	2.71	2.56	2.45	2.36	2.29	2.24	2.19	2.12	2.04	1.96	1.91	1.87	1.82	1.77	1.71	1.65
29	4.18	3.33	2.93	2.70	2.55	2.43	2.35	2.28	2.22	2.18	2.10	2.03	1.94	1.90	1.85	1.81	1.75	1.70	1.64
30	4.17	3.32	2.92	2.69	2.53	2.42	2.33	2.27	2.21	2.16	2.09	2.01	1.93	1.89	1.84	1.79	1.74	1.68	1.62
40	4.08	3.23	2.84	2.61	2.45	2.34	2.25	2.18	2.12	2.08	2.00	1.92	1.84	1.79	1.74	1.69	1.64	1.58	1.51
60	4.00	3.15	2.76	2.53	2.37	2.25	2.17	2.10	2.04	1.99	1.92	1.84	1.75	1.70	1.65	1.59	1.53	1.47	1.39
120	3.92	3.07	2.68	2.45	2.29	2.18	2.09	2.02	1.96	1.91	1.83	1.75	1.66	1.61	1.55	1.50	1.43	1.35	1.25
$+\infty$	3.84	3.00	2.60	2.37	2.21	2.10	2.01	1.94	1.88	1.83	1.75	1.67	1.57	1.52	1.46	1.39	1.32	1.22	1.00

（续表）

$\alpha=0.025$

n_2 \ n_1	1	2	3	4	5	6	7	8	9	10	12	15	20	24	30	40	60	120	+∞
1	647.8	799.5	864.2	899.6	921.8	937.1	948.2	956.7	963.3	968.6	976.7	984.9	993.1	997.2	1001	1006	1010	1014	1018
2	38.51	39.00	39.17	39.25	39.30	39.33	39.36	39.37	39.39	39.40	39.41	39.43	39.45	39.46	39.46	39.47	39.48	39.49	39.50
3	17.44	16.04	15.44	15.10	14.88	14.73	14.62	14.54	14.47	14.42	14.34	14.25	14.17	14.12	14.08	14.04	13.99	13.95	13.90
4	12.22	10.65	9.98	9.60	9.36	9.20	9.07	8.98	8.90	8.84	8.75	8.66	8.56	8.51	8.46	8.41	8.36	8.31	8.26
5	10.01	8.43	7.76	7.39	7.15	6.98	6.85	6.76	6.68	6.62	6.52	6.43	6.33	6.28	6.23	6.18	6.12	6.07	6.02
6	8.81	7.26	6.60	6.23	5.99	5.82	5.70	5.60	5.52	5.46	5.37	5.27	5.17	5.12	5.07	5.01	4.96	4.90	4.85
7	8.07	6.54	5.89	5.52	5.29	5.12	4.99	4.90	4.82	4.76	4.67	4.57	4.47	4.41	4.36	4.31	4.25	4.20	4.14
8	7.57	6.06	5.42	5.05	4.82	4.65	4.53	4.43	4.36	4.30	4.20	4.10	4.00	3.95	3.89	3.84	3.78	3.73	3.67
9	7.21	5.71	5.08	4.72	4.48	4.32	4.20	4.10	4.03	3.96	3.87	3.77	3.67	3.61	3.56	3.51	3.45	3.39	3.33
10	6.94	5.46	4.83	4.47	4.24	4.07	3.95	3.85	3.78	3.72	3.62	3.52	3.42	3.37	3.31	3.26	3.20	3.14	3.08
11	6.72	5.26	4.63	4.28	4.04	3.88	3.76	3.66	3.59	3.53	3.43	3.33	3.23	3.17	3.12	3.06	3.00	2.94	2.88
12	6.55	5.10	4.47	4.12	3.89	3.73	3.61	3.51	3.44	3.37	3.28	3.18	3.07	3.02	2.96	2.91	2.85	2.79	2.72
13	6.41	4.97	4.35	4.00	3.77	3.60	3.48	3.39	3.31	3.25	3.15	3.05	2.95	2.89	2.84	2.78	2.72	2.66	2.60
14	6.30	4.86	4.24	3.89	3.66	3.50	3.38	3.29	3.21	3.15	3.05	2.95	2.84	2.79	2.73	2.67	2.61	2.55	2.49
15	6.20	4.77	4.15	3.80	3.58	3.41	3.29	3.20	3.12	3.06	2.96	2.86	2.76	2.70	2.64	2.59	2.52	2.46	2.40
16	6.12	4.69	4.08	3.73	3.50	3.34	3.22	3.12	3.05	2.99	2.89	2.79	2.68	2.63	2.57	2.51	2.45	2.38	2.32

（续表）

n_2 \ n_1	1	2	3	4	5	6	7	8	9	10	12	15	20	24	30	40	60	120	$+\infty$
17	6.04	4.62	4.01	3.66	3.44	3.28	3.16	3.06	2.98	2.92	2.82	2.72	2.62	2.56	2.50	2.44	2.38	2.32	2.25
18	5.98	4.56	3.95	3.61	3.38	3.22	3.10	3.01	2.93	2.87	2.77	2.67	2.56	2.50	2.44	2.38	2.32	2.26	2.19
19	5.92	4.51	3.90	3.56	3.33	3.17	3.05	2.96	2.88	2.82	2.72	2.62	2.51	2.45	2.39	2.33	2.27	2.20	2.13
20	5.87	4.46	3.86	3.51	3.29	3.13	3.01	2.91	2.84	2.77	2.68	2.57	2.46	2.41	2.35	2.29	2.22	2.16	2.09
21	5.83	4.42	3.82	3.48	3.25	3.09	2.97	2.87	2.80	2.73	2.64	2.53	2.42	2.37	2.31	2.25	2.18	2.11	2.04
22	5.79	4.38	3.78	3.44	3.22	3.05	2.93	2.84	2.76	2.70	2.60	2.50	2.39	2.33	2.27	2.21	2.14	2.08	2.00
23	5.75	4.35	3.75	3.41	3.18	3.02	2.90	2.81	2.73	2.67	2.57	2.47	2.36	2.30	2.24	2.18	2.11	2.04	1.97
24	5.72	4.32	3.72	3.38	3.15	2.99	2.87	2.78	2.70	2.64	2.54	2.44	2.33	2.27	2.21	2.15	2.08	2.01	1.94
25	5.69	4.29	3.69	3.35	3.13	2.97	2.85	2.75	2.68	2.61	2.51	2.41	2.30	2.24	2.18	2.12	2.05	1.98	1.91
26	5.66	4.27	3.67	3.33	3.10	2.94	2.82	2.73	2.65	2.59	2.49	2.39	2.28	2.22	2.16	2.09	2.03	1.95	1.88
27	5.63	4.24	3.65	3.31	3.08	2.92	2.80	2.71	2.63	2.57	2.47	2.36	2.25	2.19	2.13	2.07	2.00	1.93	1.85
28	5.61	4.22	3.63	3.29	3.06	2.90	2.78	2.69	2.61	2.55	2.45	2.34	2.23	2.17	2.11	2.05	1.98	1.91	1.83
29	5.59	4.20	3.61	3.27	3.04	2.88	2.76	2.67	2.59	2.53	2.43	2.32	2.21	2.15	2.09	2.03	1.96	1.89	1.81
30	5.57	4.18	3.59	3.25	3.03	2.87	2.75	2.65	2.57	2.51	2.41	2.31	2.20	2.14	2.07	2.01	1.94	1.87	1.79
40	5.42	4.05	3.46	3.13	2.90	2.74	2.62	2.53	2.45	2.39	2.29	2.18	2.07	2.01	1.94	1.88	1.80	1.72	1.64
60	5.29	3.93	3.34	3.01	2.79	2.63	2.51	2.41	2.33	2.27	2.17	2.06	1.94	1.88	1.82	1.74	1.67	1.58	1.48
120	5.15	3.80	3.23	2.89	2.67	2.52	2.39	2.30	2.22	2.16	2.05	1.94	1.82	1.76	1.69	1.61	1.53	1.43	1.31
$+\infty$	5.02	3.69	3.12	2.79	2.57	2.41	2.29	2.19	2.11	2.05	1.94	1.83	1.71	1.64	1.57	1.48	1.39	1.27	1.00

（续表）

$\alpha=0.01$

n_2 \ n_1	1	2	3	4	5	6	7	8	9	10	12	15	20	24	30	40	60	120	$+\infty$
1	4052	5000	5403	5625	5764	5859	5928	5981	6022	6056	6106	6157	6209	6235	6261	6287	6313	6339	6366
2	98.50	99.00	99.17	99.25	99.30	99.33	99.36	99.37	99.39	99.40	99.42	99.43	99.45	99.46	99.47	99.47	99.48	99.49	99.50
3	34.12	30.82	29.46	28.71	28.24	27.91	27.67	27.49	27.35	27.23	27.05	26.87	26.69	26.60	26.50	26.41	26.32	26.22	26.30
4	21.20	18.00	16.69	15.98	15.52	15.21	14.98	14.80	14.66	14.55	14.37	14.20	14.02	13.93	13.84	13.75	13.65	13.56	13.46
5	16.26	13.27	12.06	11.39	10.97	10.67	10.46	10.29	10.16	10.05	9.89	9.72	9.55	9.47	9.38	9.29	9.20	9.11	9.02
6	13.75	10.92	9.78	9.15	8.75	8.47	8.26	8.10	7.98	7.87	7.72	7.56	7.40	7.31	7.23	7.14	7.06	6.97	6.88
7	12.25	9.55	8.45	7.85	7.46	7.19	6.99	6.84	6.72	6.62	6.47	6.31	6.16	6.07	5.99	5.91	5.82	5.74	6.65
8	11.26	8.65	7.59	7.01	6.63	6.37	6.18	6.03	5.91	5.81	5.67	5.52	5.36	5.28	5.20	5.12	5.03	4.95	4.86
9	10.56	8.02	6.99	6.42	6.06	5.80	5.61	5.47	5.35	5.26	5.11	4.96	4.81	4.73	4.65	4.57	4.48	4.40	4.31
10	10.04	7.56	6.55	5.99	5.64	5.39	5.20	5.06	4.94	4.85	4.71	4.56	4.41	4.33	4.25	4.17	4.08	4.00	3.91
11	9.65	7.21	6.22	5.67	5.32	5.07	4.89	4.74	4.63	4.54	4.40	4.25	4.10	4.02	3.94	3.86	3.78	3.69	3.60
12	9.33	6.93	5.95	5.41	5.06	4.82	4.64	4.50	4.39	4.30	4.16	4.01	3.86	3.78	3.70	3.62	3.54	3.45	3.36
13	9.07	6.70	5.74	5.21	4.86	4.62	4.44	4.30	4.19	4.10	3.96	3.82	3.66	3.59	3.51	3.43	3.34	3.25	3.17
14	8.86	6.51	5.56	5.04	4.69	4.46	4.28	4.14	4.03	3.94	3.80	3.66	3.51	3.43	3.35	3.27	3.18	3.09	3.00
15	8.68	6.36	5.42	4.89	4.56	4.32	4.14	4.00	3.89	3.80	3.67	3.52	3.37	3.29	3.21	3.13	3.05	2.96	2.87
16	8.53	6.23	5.29	4.77	4.44	4.20	4.03	3.89	3.78	3.69	3.55	3.41	3.26	3.18	3.10	3.02	2.93	2.84	2.75

（续表）

n_2 \ n_1	1	2	3	4	5	6	7	8	9	10	12	15	20	24	30	40	60	120	$+\infty$
17	8.40	6.11	5.18	4.67	4.34	4.10	3.93	3.79	3.68	3.59	3.46	3.31	3.16	3.08	3.00	2.92	2.83	2.75	2.65
18	8.29	6.01	5.09	4.58	4.25	4.01	3.84	3.71	3.60	3.51	3.37	3.23	3.08	3.00	2.92	2.84	2.75	2.66	2.57
19	8.18	5.93	5.01	4.50	4.17	3.94	3.77	3.63	3.52	3.43	3.30	3.15	3.00	2.92	2.84	2.76	2.67	2.58	2.49
20	8.10	5.85	4.94	4.43	4.10	3.87	3.70	3.56	3.46	3.37	3.23	3.09	2.94	2.86	2.78	2.69	2.61	2.52	2.42
21	8.02	5.78	4.87	4.37	4.04	3.81	3.64	3.51	3.40	3.31	3.17	3.03	2.88	2.80	2.72	2.64	2.55	2.46	2.36
22	7.95	5.72	4.82	4.31	3.99	3.76	3.59	3.45	3.35	3.26	3.12	2.98	2.83	2.75	2.67	2.58	2.50	2.40	2.31
23	7.88	5.66	4.76	4.26	3.94	3.71	3.54	3.41	3.30	3.21	3.07	2.93	2.78	2.70	2.62	2.54	2.45	2.35	2.26
24	7.82	5.61	4.72	4.22	3.90	3.67	3.50	3.36	3.26	3.17	3.03	2.89	2.74	2.66	2.58	2.49	2.40	2.31	2.21
25	7.77	5.57	4.68	4.18	3.85	3.63	3.46	3.32	3.22	3.13	2.99	2.85	2.70	2.62	2.54	2.45	2.36	2.27	2.17
26	7.72	5.53	4.64	4.14	3.82	3.59	3.42	3.29	3.18	3.09	2.96	2.81	2.66	2.58	2.50	2.42	2.33	2.23	2.13
27	7.68	5.49	4.60	4.11	3.78	3.56	3.39	3.26	3.15	3.06	2.93	2.78	2.63	2.55	2.47	2.38	2.29	2.20	2.10
28	7.64	5.45	4.57	4.07	3.75	3.53	3.36	3.23	3.12	3.03	2.90	2.75	2.60	2.52	2.44	2.35	2.26	2.17	2.06
29	7.60	5.42	4.54	4.04	3.73	3.50	3.33	3.20	3.09	3.00	2.87	2.73	2.57	2.49	2.41	2.33	2.23	2.14	2.03
30	7.56	5.39	4.51	4.02	3.70	3.47	3.30	3.17	3.07	2.98	2.84	2.70	2.55	2.47	2.39	2.30	2.21	2.11	2.01
40	7.31	5.18	4.31	3.83	3.51	3.29	3.12	2.99	2.89	2.80	2.66	2.52	2.37	2.29	2.20	2.11	2.02	1.92	1.80
60	7.08	4.98	4.13	3.65	3.34	3.12	2.95	2.82	2.72	2.63	2.50	2.35	2.20	2.12	2.03	1.94	1.84	1.73	1.60
120	6.85	4.79	3.95	3.48	3.17	2.96	2.79	2.66	2.56	2.47	2.34	2.19	2.03	1.95	1.86	1.76	1.66	1.53	1.38
$+\infty$	6.63	4.61	3.78	3.32	3.02	2.80	2.64	2.51	2.41	2.32	2.18	2.04	1.88	1.79	1.70	1.59	1.47	1.32	1.00

（续表）

$\alpha=0.005$

n_2 \ n_1	1	2	3	4	5	6	7	8	9	10	12	15	20	24	30	40	60	120	$+\infty$
1	16211	20000	21615	22500	23056	23437	23715	23925	24091	24224	24426	24630	24836	24940	25044	25148	25253	25359	25465
2	198.5	199.0	199.2	199.2	199.3	199.3	199.4	199.4	199.4	199.4	199.4	199.4	199.4	199.5	199.5	199.5	199.5	199.5	199.5
3	55.55	49.80	47.47	46.19	45.39	44.84	44.43	44.13	43.88	43.69	43.39	43.08	42.78	42.62	42.47	42.31	42.15	41.99	41.83
4	31.33	26.28	24.26	23.15	22.46	21.97	21.62	21.35	21.14	20.97	20.70	20.44	20.17	20.03	19.89	19.75	19.61	19.47	19.32
5	22.78	18.31	16.53	15.56	14.94	14.51	14.20	13.96	13.77	13.62	13.38	13.15	12.90	12.78	12.66	12.53	12.40	12.27	12.14
6	18.63	14.54	12.92	12.03	11.46	11.07	10.79	10.57	10.39	10.25	10.03	9.81	9.59	9.47	9.36	9.24	9.12	9.00	8.88
7	16.24	12.40	10.88	10.05	9.52	9.16	8.89	8.68	8.51	8.38	8.18	7.97	7.75	7.64	7.53	7.42	7.31	7.19	7.08
8	14.69	11.04	9.60	8.81	8.30	7.95	7.69	7.50	7.34	7.21	7.01	6.81	6.61	6.50	6.40	6.29	6.18	6.06	5.95
9	13.61	10.11	8.72	7.96	7.47	7.13	6.88	6.69	6.54	6.42	6.23	6.03	5.83	5.73	5.62	5.52	5.41	5.30	5.19
10	12.83	9.43	8.08	7.34	6.87	6.54	6.30	6.12	5.97	5.85	5.66	5.47	5.27	5.17	5.07	4.97	4.86	4.75	4.64
11	12.23	8.91	7.60	6.88	6.42	6.10	5.86	5.68	5.54	5.42	5.24	5.05	4.86	4.76	4.65	4.55	4.45	4.34	4.23
12	11.75	8.51	7.23	6.52	6.07	5.76	5.52	5.35	5.20	5.09	4.91	4.72	4.53	4.43	4.33	4.23	4.12	4.01	3.90
13	11.37	8.19	6.93	6.23	5.79	5.48	5.25	5.08	4.94	4.82	4.64	4.46	4.27	4.17	4.07	3.97	3.87	3.76	3.65
14	11.06	7.92	6.68	6.00	5.56	5.26	5.03	4.86	4.72	4.60	4.43	4.25	4.06	3.96	3.86	3.76	3.66	3.55	3.44
15	10.80	7.70	6.48	5.80	5.37	5.07	4.85	4.67	4.54	4.42	4.25	4.07	3.88	3.79	3.69	3.58	3.48	3.37	3.26
16	10.58	7.51	6.30	5.64	5.21	4.91	4.69	4.52	4.38	4.27	4.10	3.92	3.73	3.64	3.54	3.44	3.33	3.22	3.11

（续表）

n_2 \ n_1	1	2	3	4	5	6	7	8	9	10	12	15	20	24	30	40	60	120	$+\infty$
17	10.38	7.35	6.16	5.50	5.07	4.78	4.56	4.39	4.25	4.14	3.97	3.79	3.61	3.51	3.41	3.31	3.21	3.10	2.98
18	10.22	7.21	6.03	5.37	4.96	4.66	4.44	4.28	4.14	4.03	3.86	3.68	3.50	3.40	3.30	3.20	3.10	2.99	2.87
19	10.07	7.09	5.92	5.27	4.85	4.56	4.34	4.18	4.04	3.93	3.76	3.59	3.40	3.31	3.21	3.11	3.00	2.89	2.78
20	9.94	6.99	5.82	5.17	4.76	4.47	4.26	4.09	3.96	3.85	3.68	3.50	3.32	3.22	3.12	3.02	2.92	2.81	2.69
21	9.83	6.89	5.73	5.09	4.68	4.39	4.18	4.01	3.88	3.77	3.60	3.43	3.24	3.15	3.05	2.95	2.84	2.73	2.61
22	9.73	6.81	5.65	5.02	4.61	4.32	4.11	3.94	3.81	3.70	3.54	3.36	3.18	3.08	2.98	2.88	2.77	2.66	2.55
23	9.63	6.73	5.58	4.95	4.54	4.26	4.05	3.88	3.75	3.64	3.47	3.30	3.12	3.02	2.92	2.82	2.71	2.60	2.48
24	9.55	6.66	5.52	4.89	4.49	4.20	3.99	3.83	3.69	3.59	3.42	3.25	3.06	2.97	2.87	2.77	2.66	2.55	2.43
25	9.48	6.60	5.46	4.84	4.43	4.15	3.94	3.78	3.64	3.54	3.37	3.20	3.01	2.92	2.82	2.72	2.61	2.50	2.38
26	9.41	6.54	5.41	4.79	4.38	4.10	3.89	3.73	3.60	3.49	3.33	3.15	2.97	2.87	2.77	2.67	2.56	2.45	2.33
27	9.34	6.49	5.36	4.74	4.34	4.06	3.85	3.69	3.56	3.45	3.28	3.11	2.93	2.83	2.73	2.63	2.52	2.41	2.29
28	9.28	6.44	5.32	4.70	4.30	4.02	3.81	3.65	3.52	3.41	3.25	3.07	2.89	2.79	2.69	2.59	2.48	2.37	2.25
29	9.23	6.40	5.28	4.66	4.26	3.98	3.77	3.61	3.48	3.38	3.21	3.04	2.86	2.76	2.66	2.56	2.45	2.33	2.21
30	9.18	6.35	5.24	4.62	4.23	3.95	3.74	3.58	3.45	3.34	3.18	3.01	2.82	2.73	2.63	2.52	2.42	2.30	2.18
40	8.83	6.07	4.98	4.37	3.99	3.71	3.51	3.35	3.22	3.12	2.95	2.78	2.60	2.50	2.40	2.30	2.18	2.06	1.93
60	8.49	5.79	4.73	4.14	3.76	3.49	3.29	3.13	3.01	2.90	2.74	2.57	2.39	2.29	2.19	2.08	1.96	1.83	1.69
120	8.18	5.54	4.50	3.92	3.55	3.28	3.09	2.93	2.81	2.71	2.54	2.37	2.19	2.09	1.98	1.87	1.75	1.61	1.43
$+\infty$	7.88	5.30	4.28	3.72	3.35	3.09	2.90	2.74	2.62	2.52	2.36	2.19	2.00	1.90	1.79	1.67	1.53	1.36	1.00

（续表）

$\alpha=0.001$

n_2 \ n_1	1	2	3	4	5	6	7	8	9	10	12	15	20	24	30	40	60	120	$+\infty$
1	4053+	5000+	5404+	5625+	5765+	5860+	5929+	5982+	6023+	6057+	6107+	6158+	6210+	6235+	6261+	6288+	6314+	6340+	6367+
2	998.5	999.0	999.2	999.2	999.3	999.3	999.4	999.4	999.4	999.4	999.4	999.4	999.4	999.5	999.5	999.5	999.5	999.5	999.5
3	167.0	148.5	141.1	137.1	134.6	132.8	131.6	130.6	129.9	129.2	128.3	127.4	126.4	125.9	125.4	125.0	124.5	124.0	123.5
4	74.14	61.25	56.18	53.44	51.71	50.53	49.66	49.00	48.47	48.05	47.41	46.76	46.10	45.77	45.43	45.09	44.75	44.40	44.05
5	47.18	37.12	33.20	31.09	29.75	28.83	28.16	27.65	27.24	26.92	26.42	25.91	25.39	25.13	24.87	24.60	24.33	24.06	23.79
6	35.51	27.00	23.70	21.92	20.80	20.03	19.46	19.03	18.69	18.41	17.99	17.56	17.12	16.90	16.67	16.44	16.21	15.98	15.75
7	29.25	21.69	18.77	17.20	16.21	15.52	15.02	14.63	14.33	14.08	13.71	13.32	12.93	12.73	12.53	12.33	12.12	11.91	11.70
8	25.41	18.49	15.83	14.39	13.48	12.86	12.40	12.05	11.77	11.54	11.19	10.84	10.48	10.30	10.11	9.92	9.73	9.53	9.33
9	22.86	16.39	13.90	12.56	11.71	11.13	10.70	10.37	10.11	9.89	9.57	9.24	8.90	8.72	8.55	8.37	8.19	8.00	7.81
10	21.04	14.91	12.55	11.28	10.48	9.93	9.52	9.20	8.96	8.75	8.45	8.13	7.80	7.64	7.47	7.30	7.12	6.94	6.76
11	19.69	13.81	11.56	10.35	9.58	9.05	8.66	8.35	8.12	7.92	7.63	7.32	7.01	6.85	6.68	6.52	6.35	6.18	6.00
12	18.64	12.97	10.80	9.63	8.89	8.38	8.00	7.71	7.48	7.29	7.00	6.71	6.40	6.25	6.09	5.93	5.76	5.59	5.42
13	17.82	12.31	10.21	9.07	8.35	7.86	7.49	7.21	6.98	6.80	6.52	6.23	5.93	5.78	5.63	5.47	5.30	5.14	4.97
14	17.14	11.78	9.73	8.62	7.92	7.44	7.08	6.80	6.58	6.40	6.13	5.85	5.56	5.41	5.25	5.10	4.94	4.77	4.60
15	16.59	11.34	9.34	8.25	7.57	7.09	6.74	6.47	6.26	6.08	5.81	5.54	5.25	5.10	4.95	4.80	4.64	4.47	4.31
16	16.12	10.97	9.01	7.94	7.27	6.80	6.46	6.19	5.98	5.81	5.55	5.27	4.99	4.85	4.70	4.54	4.39	4.23	4.06

（续表）

n_2 \ n_1	1	2	3	4	5	6	7	8	9	10	12	15	20	24	30	40	60	120	$+\infty$
17	15.72	10.66	8.73	7.68	7.02	6.56	6.22	5.96	5.75	5.58	5.32	5.05	4.78	4.63	4.48	4.33	4.18	4.02	3.85
18	15.38	10.39	8.49	7.46	6.81	6.35	6.02	5.76	5.56	5.39	5.13	4.87	4.59	4.45	4.30	4.15	4.00	3.84	3.67
19	15.08	10.16	8.28	7.27	6.62	6.18	5.85	5.59	5.39	5.22	4.97	4.70	4.43	4.29	4.14	3.99	3.84	3.68	3.51
20	14.82	9.95	8.10	7.10	6.46	6.02	5.69	5.44	5.24	5.08	4.82	4.56	4.29	4.15	4.00	3.86	3.70	3.54	3.38
21	14.59	9.77	7.94	6.95	6.32	5.88	5.56	5.31	5.11	4.95	4.70	4.44	4.17	4.03	3.88	3.74	3.58	3.42	3.26
22	14.38	9.61	7.80	6.81	6.19	5.76	5.44	5.19	4.99	4.83	4.58	4.33	4.06	3.92	3.78	3.63	3.48	3.32	3.15
23	14.20	9.47	7.67	6.70	6.08	5.65	5.33	5.09	4.89	4.73	4.48	4.23	3.96	3.82	3.68	3.53	3.38	3.22	3.05
24	14.03	9.34	7.55	6.59	5.98	5.55	5.23	4.99	4.80	4.64	4.39	4.14	3.87	3.74	3.59	3.45	3.29	3.14	2.97
25	13.88	9.22	7.45	6.49	5.89	5.46	5.15	4.91	4.71	4.56	4.31	4.06	3.79	3.66	3.52	3.37	3.22	3.06	2.89
26	13.74	9.12	7.36	6.41	5.80	5.38	5.07	4.83	4.64	4.48	4.24	3.99	3.72	3.59	3.44	3.30	3.15	2.99	2.82
27	13.61	9.02	7.27	6.33	5.73	5.31	5.00	4.76	4.57	4.41	4.17	3.92	3.66	3.52	3.38	3.23	3.08	2.92	2.75
28	13.50	8.93	7.19	6.25	5.66	5.24	4.93	4.69	4.50	4.35	4.11	3.86	3.60	3.46	3.32	3.18	3.02	2.86	2.69
29	13.39	8.85	7.12	6.19	5.59	5.18	4.87	4.64	4.45	4.29	4.05	3.80	3.54	3.41	3.27	3.12	2.97	2.81	2.64
30	13.29	8.77	7.05	6.12	5.53	5.12	4.82	4.58	4.39	4.24	4.00	3.75	3.49	3.36	3.22	3.07	2.92	2.76	2.59
40	12.61	8.25	6.59	5.70	5.13	4.73	4.44	4.21	4.02	3.87	3.64	3.40	3.14	3.01	2.87	2.73	2.57	2.41	2.23
60	11.97	7.77	6.17	5.31	4.76	4.37	4.09	3.86	3.69	3.54	3.32	3.08	2.83	2.69	2.55	2.41	2.25	2.08	1.89
120	11.38	7.32	5.78	4.95	4.42	4.04	3.77	3.55	3.38	3.24	3.02	2.78	2.53	2.40	2.26	2.11	1.95	1.77	1.54
$+\infty$	10.83	6.91	5.42	4.62	4.10	3.74	3.47	3.27	3.10	2.96	2.74	2.51	2.27	2.13	1.99	1.84	1.66	1.45	1.00

附录七　检验相关系数的临界值表

$$P(|r_{xy}|>r_\alpha)=\alpha$$

n \ α	0.10	0.05	0.02	0.01	0.001
1	0.98769	0.99692	0.999507	0.999877	0.9999988
2	0.9000	0.9500	0.9800	0.9900	0.9990
3	0.8054	0.8783	0.9343	0.9587	0.9912
4	0.7293	0.8114	0.8822	0.91720	0.97406
5	0.6694	0.7545	0.8329	0.8345	0.95074
6	0.6215	0.7067	0.7887	0.8743	0.92493
7	0.5822	0.6664	0.7498	0.7977	0.8982
8	0.5494	0.6319	0.7155	0.7646	0.8721
9	0.5214	0.6021	0.6851	0.7348	0.8471
10	0.4933	0.5760	0.6581	0.7079	0.8233
11	0.4762	0.5529	0.6339	0.6835	0.8010
12	0.4575	0.5324	0.6120	0.6674	0.7800
13	0.4409	0.5139	0.5923	0.6411	0.7603
14	0.4259	0.4973	0.5742	0.6226	0.7420
15	0.4124	0.4821	0.5577	0.6055	0.7246
16	0.4000	0.4683	0.5425	0.5897	0.7048
17	0.3887	0.4555	0.5285	0.5751	0.6932
18	0.3783	0.4438	0.5155	0.5614	0.6787
19	0.3687	0.4329	0.5034	0.5487	0.6652
20	0.3598	0.4227	0.4921	0.5368	0.6524
25	0.3233	0.3809	0.4451	0.4869	0.5974
30	0.2960	0.3494	0.4093	0.4487	0.5541
35	0.2746	0.3246	0.3810	0.4182	0.5189
40	0.2573	0.3044	0.3578	0.3932	0.4896
45	0.2428	0.2875	0.3384	0.3721	0.4648
50	0.2306	0.2732	0.3218	0.3541	0.4433
60	0.2108	0.2500	0.2948	0.3248	0.4078
70	0.1954	0.2319	0.2737	0.3017	0.3799
80	0.1829	0.2172	0.2565	0.2830	0.3568
99	0.1726	0.2050	0.2422	0.2673	0.3375
100	0.1638	0.1946	0.2301	0.2540	0.3211